```
  self.rect.y = screen.get_height() - self.rect.height - 20

f update(self):
  pos = pygame.mouse.get_pos()
  self.rect.x = pos[0]
```

ABOUT eHappy STUDIO

關於文淵閣工作室

常常聽到很多讀者跟我們說：我就是看您們的書學會用電腦的。是的！這就是我們寫書的出發點和原動力，想讓每個讀者都能看我們的書跟上軟體的腳步，讓軟體不只是軟體，而是提昇個人效率的工具。

文淵閣工作室是一個致力於資訊圖書創作二十餘載的工作團隊，擅長用循序漸進、圖文並茂的寫法，介紹難懂的 IT 技術，並以範例帶領讀者學習程式開發的大小事。我們不賣弄深奧的專有名辭，奮力堅持吸收新知的態度，誠懇地與讀者分享在學習路上的點點滴滴，讓軟體成為每個人改善生活應用、提昇工作效率的工具。舉凡應用軟體、網頁互動、雲端運算、程式語法、App 開發，都是我們專注的重點，衷心期待能盡我們的心力，幫助每一位讀者燃燒心中的小宇宙，用學習的成果在自己的領域裡發光發熱！我們期待自己能在每一本創作中注入快快樂樂的心情來分享，也期待讀者能在這樣的氛圍下快快樂樂的學習。

文淵閣工作室讀者服務資訊

如果您在閱讀本書時有任何的問題或是許多的心得要與所有人一起討論共享，歡迎光臨文淵閣工作室網站，或者使用電子郵件與我們聯絡。

文淵閣工作室網站 **http://www.e-happy.com.tw**

服務電子信箱 **e-happy@e-happy.com.tw**

Facebook 粉絲團 **http://www.facebook.com/ehappytw**

總監製 / 鄧文淵

監督 / 李淑玲

行銷企劃 / David · Cynthia

責任編輯 / 邱文諒 · 鄭挺穗

執行編輯 / 邱文諒 · 鄭挺穗 · 黃信溢

企劃編輯 / 黃信溢

PREFACE

前言

Python 因為其可應用範圍廣及可延伸主題多，且學習門檻相對低，故成為目前最熱門的程式語言。筆者在了解了眾多入門使用者可能遇到的困難及瓶頸，規劃出相對應的章節，希望讀者能在這樣的安排下快速進入 Python 程式的開發領域，並能進一步將成品應用在實務當中。

本書規劃了 Python 快速入門與專題應用二大架構，讓初學者能藉由章節的進行，循序漸進的熟悉程式語法的內容，最後能進行專題的開發。

本書編寫特點如下：

1. 快速建置開發環境，熟悉編輯器與執行方式，並詳細說明如何因應需求建置不同的虛擬環境，讓使用者能夠快速的切換，以利程式的開發與測試。
2. 詳述 Python 的語法，由程式結構、變數、資料型態、運算式及判斷式進行引導，再深入迴圈、串列、元組、字典及函式等重要內容。每個單元都會利用實際的範例進行教學，再加上整合的範例加深學習的印象。
3. 針對 Python 的特性以不同的章節介紹重要的功能，包括檔案批次處理、SQLite 資料庫、網頁資料分析擷取、圖表繪製與分析，讓使用者能由相關的模組中學習到進階的技巧，並能扎實的了解使用的方式。
4. 實戰是最好的學習成效驗收，本書利用不同主題的專案進行開發，讓您體驗到不同的領域。包括利用 Python 來操作 Facebook、YouTube 影片下載、LINE Bot、公開資料的擷取應用、臉部辨識與驗證碼圖片破解、Firebase 即時資料庫、批次更改大量資料與搜尋、多媒體播放器、線上訂票程式等，都是十分有趣而實用的主題，可以立即升級您的學習層次。
5. Python 執行所需的環境如何分享給其他朋友或客戶？內容特別加入了 Python 編譯打包成執行檔案的教學，讓程式可以直接分享，直接執行！
6. 提供重點內容影音教學，除了環境佈置與程式包裝之外，每個實戰的專題都錄製了操作教學影片，閱讀內容操作時輔以影片，更能提升學習效率。

希望本書內容能對於初學入門的朋友有所幫助，讓我們一起進入 Python 的世界！

文淵閣工作室

SUPPORTING MEASURE

學習資源說明

為了確保您在學習本書內容時能得到完整的學習效果，並能快速練習或觀看範例效果，本書在光碟中提供了許多相關的學習配套供讀者練習與參考。

光碟內容

1. **本書範例**：將各章範例的完成檔依章節名稱放置各資料夾中。
2. **教學影片**：在應用程式開發過程中的許多學習重點，有時經由教學影片的導引，會勝過閱讀大量的說明文字。作者特別針對書本中較為繁瑣但是在操作上十分重要的地方，錄製成教學影片。讀者可以依照影片裡的操作，搭配書本中的說明進行學習，相信會有加乘的效果。

   提供教學影片的章節，在目錄會有一個 影片圖示，讀者可以對照使用。

* Appendix A~E 等 5 章的內容以 PDF 形式呈現，收錄於書附光碟。

專屬網站資源

為了加強讀者服務，並持續更新書上相關的資訊的內容，我們特地提供了本系列叢書的相關網站資源，您可以由文章列表中取得書本中的勘誤、更新或相關資訊消息，更歡迎您加入我們的粉絲團，讓所有資訊一次到位不漏接。

藏經閣專欄　http://blog.e-happy.com.tw/?tag= 程式特訓班

程式特訓班粉絲團　https://www.facebook.com/eHappyTT

注意事項

本光碟內容是提供給讀者自我練習以及學校補教機構於教學時練習之用，版權分屬於文淵閣工作室與提供原始程式檔案的各公司所有，請勿複製本光碟做其他用途。

CONTENTS

本書目錄

Chapter 01 建置 Python 開發環境

1.1 Python 程式語言簡介 1-2
1.1.1 Python 程式語言發展史 1-2
1.1.2 Python 程式語言的特色 1-3
1.2 建置 Anaconda 開發環境 1-4
1.2.1 安裝 Anaconda 模組 1-4
1.2.2 Anaconda Prompt 管理模組 1-6
1.2.3 Anaconda Prompt 執行 Python 程式檔案 1-8
1.2.4 Anaconda Prompt 建立虛擬環境 1-9
1.3 Spyder 編輯器 1-13
1.3.1 啟動 Spyder 編輯器及檔案管理 1-13
1.3.2 Spyder 簡易智慧輸入 1-15
1.3.3 程式除錯 1-15
1.4 Jupyter Notebook 編輯器 1-17
1.4.1 啟動 Jupyter Notebook 及建立檔案 1-17
1.4.2 Jupyter Notebook 簡易智慧輸入 1-18
1.4.3 Jupyter Notebook 執行程式 1-19
1.4.4 線上執行 Python 1-20

Chapter 02 基本語法與結構控制

2.1 變數與資料型態 2-2
2.1.1 變數 2-2
2.1.2 變數命名規則 2-3
2.1.3 數值、布林與字串資料型態 2-4
2.1.4 print 及 type 命令 2-5
2.1.5 資料型態轉換 2-8

2.2 運算式........2-9
2.2.1 input 命令........2-9
2.2.2 算術運算子........2-10
2.2.3 關係運算子........2-10
2.2.4 邏輯運算子........2-11
2.2.5 複合指定運算子........2-12
2.3 判斷式........2-14
2.3.1 程式流程控制........2-14
2.3.2 單向判斷式（if…）........2-14
2.3.3 雙向判斷式（if…else）........2-16
2.3.4 多向判斷式（if…elif…else）........2-17
2.3.5 巢狀判斷式........2-19

Chapter 03 迴圈、資料結構及函式

3.1 迴圈........3-2
3.1.1 串列 (List)........3-2
3.1.2 range 函式........3-4
3.1.3 for 迴圈........3-5
3.1.4 巢狀 for 迴圈........3-6
3.1.5 break 及 continue 命令........3-7
3.1.6 for…else 迴圈........3-9
3.1.7 while 迴圈........3-10
3.2 串列、元組及字典........3-13
3.2.1 進階串列操作........3-13
3.2.2 元組 (Tuple)........3-16
3.2.3 字典 (Dict)........3-17
3.2.4 進階字典操作........3-19
3.3 函式........3-22
3.3.1 自訂函式........3-22
3.3.2 不定數目參數函式........3-24

3.3.3 變數有效範圍 3-25
3.3.4 內建函式....................3-26
3.3.5 import 模組 3-29

Chapter 04 檔案處理與 SQLite 資料庫

4.1 檔案和目錄管理 4-2
4.1.1 os 模組....................4-2
4.1.2 os.path 模組....................4-3
4.1.3 os.walk() 方法 4-5
4.1.4 shutil 模組 4-6
4.1.5 glob 模組 4-7

4.2 File 檔案 4-8
4.2.1 open() 開啟檔案的語法 4-8
4.2.2 檔案處理....................4-12
4.2.3 檔案應用....................4-15

4.3 SQLite 資料庫....................4-22
4.3.1 管理 SQLite 資料庫....................4-22
4.3.2 以 DB Browser for SQLite 建立 SQLite 資料庫 4-23
4.3.3 使用 sqlite3 模組 4-25
4.3.4 cursor 查詢資料 4-28
4.3.5 SQLite 資料庫應用....................4-29

Chapter 05 網頁資料擷取與分析

5.1 網址解析....................5-2
5.2 網頁資料擷取 5-4
5.2.1 使用 requests 讀取網頁原始碼 5-4
5.2.2 尋找指定的字串 5-5
5.2.3 使用正規表示式擷取網頁內容....................5-6

5.3 網頁分析....................5-11
5.3.1 HTML 網頁架構....................5-11

5.3.2 使用 Google Chrome 網頁開發人員工具 5-12
5.3.3 使用網頁原始碼搜尋 5-13
5.3.4 使用 Beautifulsoup 網頁解析模組....5-13

5.4 網路爬蟲....5-19
5.4.1 取得台灣彩券威力彩開獎結果....5-19
5.4.2 下載指定網站的圖檔....5-22

Chapter 06 網頁測試自動化

6.1 檢查網站資料是否更新....6-2
6.1.1 使用 hashlib 模組....6-2
6.1.2 以 md5 檢查網站內容是否更新....6-2
6.1.3 應用：讀取政府公開資料....6-3

6.2 工作排程自動下載....6-8

6.3 Selenium：瀏覽器自動化操作....6-14
6.3.1 使用 Selenium....6-14
6.3.2 尋找網頁元素....6-16
6.3.3 應用：自動登入 Google 網站....6-18

6.4 瀏覽器自動化實例....6-22

Chapter 07 圖表繪製

7.1 Matplotlib 模組....7-2
7.1.1 Matplotlib 基本繪圖....7-2
7.1.2 plot 方法參數及圖表設定....7-3
7.1.3 Matplotlib 顯示中文....7-6
7.1.4 柱狀圖及圓餅圖....7-7
7.1.5 應用：桃園市大溪區戶數統計圖....7-10

7.2 Bokeh 模組....7-13
7.2.1 Bokeh 基本繪圖....7-13
7.2.2 line 方法參數及圖表設定....7-15

7.2.3 散點圖.....7-17
7.2.4 應用：以 Bokeh 繪製大溪區戶數統計圖.....7-20

Chapter 08 實戰：Facebook 貼文與照片下載

8.1 認識 Facebook 圖形 API.....8-2
8.1.1 使用 Facebook 圖形 API 測試工具 測試.....8-2
8.1.2 使用 Python 程式存取 cURL.....8-6

8.2 使用 facebook-sdk 存取資料.....8-9
8.2.1 安裝 facebook-sdk 模組.....8-9
8.2.2 以 facebook-sdk 存取 Facebook.....8-9
8.2.3 應用：Facebook 下載照片.....8-10

8.3 實戰：粉絲專頁投票抽獎機.....8-15

Chapter 09 實戰：YouTube 影片下載器

9.1 Pytube：下載 YouTube 影片模組.....9-2
9.1.1 Pytube 模組基本使用方法.....9-2
9.1.2 影片名稱及存檔路徑.....9-3
9.1.3 影片格式.....9-5

9.2 Tkinter：圖形使用者介面模組.....9-9
9.2.1 建立主視窗 (Tk).....9-9
9.2.2 標籤 (Label) 及按鈕元件 (Button).....9-10
9.2.3 文字區塊 (Text) 及文字編輯 (Entry) 元件.....9-14
9.2.4 選項按鈕 (Radiobutton) 及核取方塊 (Checkbutton).....9-17
9.2.5 排版方式.....9-21
9.2.6 視窗區塊 (Frame).....9-24

9.3 實戰：YouTube 影片下載器.....9-25
9.3.1 應用程式總覽.....9-25
9.3.2 介面配置.....9-26
9.3.3 事件處理.....9-27

Chapter 10

實戰：LINE Bot 聊天機器人

10.1 LINE 開發者帳號 10-2
10.1.1 申請 LINE 開發者帳號 10-2
10.1.2 加入 LINE Bot 做朋友 10-5
10.2 「鸚鵡」LINE Bot 10-7
10.2.1 取得 LINE Bot API 程式所需資訊 10-7
10.2.2 安裝 LINE Bot SDK 10-8
10.2.3 使用 Django 建立網站 10-8
10.2.4 使用 ngrok 建立 https 伺服器 10-12
10.2.5 設定 LINE Bot 的 Webhook URL 10-14
10.3 實戰：圖文式 LINE Bot 10-16
10.3.1 建立圖文選單 10-16
10.3.2 LINE Bot API 10-18
10.3.3 應用程式總覽 10-19

Chapter 11

實戰：PM2.5 即時監測顯示器

11.1 Pandas：強大的資料處理模組 11-2
11.1.1 建立 DataFrame 資料 11-2
11.1.2 取得 DataFrame 資料 11-4
11.1.3 修改及排序 DataFrame 資料 11-9
11.1.4 刪除 DataFrame 資料 11-10
11.1.5 匯入資料 11-11
11.1.6 繪製線形圖 11-14
11.2 實戰：PM2.5 即時監測顯示器 11-15
11.2.1 應用程式總覽 11-15
11.2.2 PM2.5 開放資料結構 11-16
11.2.3 介面配置 11-17
11.2.4 事件處理及函式 11-20

Chapter 12 實戰：臉部辨識及驗證碼圖片破解

12.1 OpenCV：臉部辨識應用 12-2
12.1.1 以 OpenCV 讀取及顯示圖形 12-2
12.1.2 儲存影像檔 12-5
12.1.3 OpenCV 基本繪圖 12-6
12.1.4 使用 OpenCV 進行臉部辨識 12-9
12.1.5 擷取臉部圖形及存檔 12-11
12.1.6 擷取攝影機影像 12-14
12.1.7 實戰：臉部辨識登入 12-16
12.2 Tesseract：驗證碼辨識 12-20
12.2.1 簡易 OCR - Tesseract 模組 12-20
12.2.2 驗證碼辨識的原理 12-22
12.2.3 實戰：驗證碼破解 12-25

Chapter 13 實戰：Firebase 即時資料庫應用

13.1 Firebase 即時資料庫 13-2
13.1.1 Firebase 即時資料庫簡介 13-2
13.1.2 建立 Firebase 即時資料庫 13-2
13.1.3 新增 Firebase 即時資料庫資料 13-5
13.1.4 設定資料庫的權限 13-6
13.2 連結 Firebase 資料庫 13-7
13.2.1 使用 python-firebase 模組 13-7
13.2.2 firebase 物件的方法 13-7
13.3 實戰：英文單字王 Firebase 版 13-18
13.3.1 英文單字王標準版 13-18
13.3.2 英文單字王進階版 13-26

Chapter 14 實戰：批次更改資料夾檔案名稱與搜尋

14.1 檔案管理應用 14-2
14.1.1 實戰：依指定的編號儲存檔案....14-2
14.1.2 實戰：大批檔案複製搬移及重新命名 14-4
14.1.3 實戰：找出重複的照片....14-6
14.1.4 實戰：更改圖檔為相同的大小....14-8

14.2 在多檔中尋找指定的文字 14-10
14.2.1 實戰：在多文字檔中搜尋....14-10
14.2.2 實戰：在 Word 檔中搜尋....14-11

Chapter 15 實戰：音樂播放器

15.1 關於音樂與音效的播放 15-2
15.1.1 使用 pygame 模組 15-2
15.1.2 mixer 物件....15-2

15.2 音效播放....15-3
15.2.1 Sound 物件....15-3
15.2.2 實戰：音效播放器....15-3

15.3 音樂播放....15-7
15.3.1 music 物件....15-7
15.3.2 實戰：MP3 音樂播放器....15-7

Chapter 16 實戰：自動化高鐵訂票

16.1 Katalon Recorder 擴充功能....16-2
16.1.1 安裝 Katalon Recorder....16-2
16.1.2 使用 Katalon Recorder....16-3
16.1.3 以程式操作瀏覽器....16-5

16.2 擷取網頁元素圖形 16-7
16.2.1 儲存瀏覽器頁面圖形 16-7
16.2.2 擷取圖形 16-8

16.3 實戰：自動化高鐵訂票 16-10
16.3.1 應用程式總覽 16-10
16.3.2 訂票程式碼 16-11

Appendix A 擴充實戰：Word 文件處理
（PDF 電子書，請見書附光碟）
A.1 以 Win32com 模組處理 Word 文件 A-2
A.1.1 建立新檔及儲存檔案 A-2
A.1.2 開啟檔案及顯示檔案內容 A-5
A.1.3 範圍格式設定 A-6
A.1.4 表格處理 A-9
A.1.5 加入圖片 A-11
A.1.6 取代文字 A-12
A.2 實戰：菜單自動產生器及批次置換文字 A-14
A.2.1 應用一：自動建立菜單 Word 文件 A-14
A.2.2 應用二：批次置換 Word 檔案的文字 A-18

Appendix B 擴充實戰：PyGame 遊戲開發
（PDF 電子書，請見書附光碟）
B.1 Pygame 入門教學 B-2
B.1.1 Pygame 程式基本架構 B-2
B.1.2 基本繪圖 B-4
B.1.3 載入圖片 B-7
B.1.4 繪製文字 B-8
B.2 Pygame 動畫處理 B-9
B.2.1 動畫處理基本程式架構 B-9
B.2.2 水平移動的藍色球體 B-10
B.2.3 自由移動的藍色球體 B-11
B.2.4 角色類別 (Sprite) B-12
B.2.5 碰撞偵測 B-15

B.2.6 鍵盤事件 B-17
B.2.7 滑鼠事件 B-19

B.3 實戰：打磚塊遊戲 B-21
B.3.1 應用程式總覽 B-21
B.3.2 球體、磚塊、滑板角色類別 B-22
B.3.3 自訂函式及主程式 B-25

Appendix C 將 Python 打包成執行檔

（PDF 電子書，請見書附光碟）

C.1 打包前的準備工作 C-2
C.2 實作 exe 執行檔 C-3
C.3 包裝專題執行檔 C-5

Appendix D Python 的類別、物件與自製模組開發

（PDF 電子書，請見書附光碟）

D.1 類別與物件 D-2
D.2 類別封裝 D-5
D.3 類別繼承 D-6
D.4 多型 (polymorphism) D-9
D.5 多重繼承 D-11
D.6 類別應用 D-12
D.7 建立 Python 專案 D-13
D.8 打造自己的模組 D-17

Appendix E Python 軟硬整合：使用 Arduino

（PDF 電子書，請見書附光碟）

E.1 使用 Python 控制 Arduino E-2
E.2 PyFirmata 模組 E-4
E.3 pySerial 模組 E-10

建置 Python 開發環境

Python 程式語言是一種物件導向、直譯式的電腦程式語言。根據權威機構統計，Python 與 C、Java 為目前最受歡迎的程式語言前三名。

Python 可在多種平台開發執行，本書以 Windows 系統做為開發平台，並以 Anaconda 模組做為開發環境，不但包含超過 300 種常用的科學資料分析模組，還內建 Spyder (IDLE 編輯器加強版) 編輯器及 Jupyter Notebook 編輯器。

Anaconda 內建 Spyder 做為開發 Python 程式的編輯器，除了可以撰寫及執行 Python 程式，還提供簡單智慧輸入及強悍的程式除錯功能。

1.1 Python 程式語言簡介

Python 程式語言是由吉多范羅蘇姆 (Guido van Rossum) 所創建，是一種物件導向、直譯式的電腦程式語言。根據一些較權威的機構如 IEEE、CodeEval 統計，Python 與 C、Java 為目前最受歡迎的程式語言前三名。

1.1.1 Python 程式語言發展史

在 80 年代，IBM 和蘋果公司掀起了個人電腦浪潮，但這些個人電腦的配置很低階，例如早期的蘋果個人電腦只有 8MHz 的 CPU 和 128KB 的 RAM 記憶體，因此所有編譯器的主要工作是做優化，以便讓程序能夠運行。為了增進效率，程式語言 (如 C、Pascal 等) 也迫使程式設計師像電腦一樣思考，以便能寫出更符合機器口味的程序。在那個時代，程式設計師恨不得能榨取電腦每一寸的能力，然而這樣的需求卻導致程式語言更加艱澀。

1989 年 12 月，吉多范羅蘇姆於荷蘭國家數學及計算機科學研究所開發出 Python 程式語言，Python 擁有 C 語言的強大功能，能夠全面調用電腦的各種功能接口，同時容易學習及使用，又具備良好的擴展性。1991 年推出第一個 Python 編譯器後，受到廣大程式設計師的喜愛。

Python 2.0 於 2000 年 10 月 16 日發布，實現了完整的垃圾回收，並且支援 Unicode。同時，整個開發過程更加透明，社群對開發進度的影響逐漸擴大。

Python 3.0 於 2008 年 12 月 3 日發布，此版不完全相容之前的 Python 原始碼。不過，很多新特性後來也被移植到舊的 Python 2.x 版本。

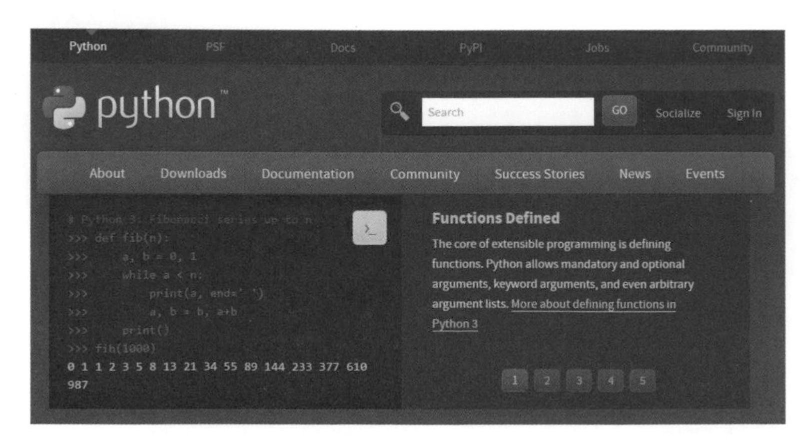

1.1.2 Python 程式語言的特色

Python 語言會受到如此多程式設計師的青睞，當然有其獨到之處。下面將詳述 Python 程式語言的特色，讓讀者了解 Python 的威力與定位，進而能將 Python 發揮的更徹底，同時也堅定大家使用 Python 的決心。

- **簡單易學**：Python 的語法很簡單，閱讀一個良好的 Python 程式就像是讀英語一樣，但不同的是 Python 的語法要求非常嚴格！學習時能更專注於解決問題而不是語言本身。
- **免費且開源**：Python 是一種自由並且開放原始碼軟體。換句話說，你可以自由地發布這個軟件的拷貝、閱讀原始碼、修改原始碼、把它的一部分用於新的自由軟體中。
- **高階程式語言**：Python 是一種高階程式語言，程式設計師撰寫程式時，無需考慮一些底層細節，例如如何管理記憶體等。
- **可移植性**：由於 Python 的開源特性，能讓 Python 被移植在許多平臺上，例如：Linux、Windows、FreeBSD、Macintosh、Solaris、OS/2、Amiga、AROS、AS/400、BeOS、OS /390、z/OS、Palm OS、QNX、VMS、Psion、Acom RISC OS、VxWorks、PlayStation、Sharp Zaurus、Windows CE。
- **直譯式程式語言**：Python 語言寫的程式不需要編譯成二進位代碼，而是可以直接從原始碼運行。在電腦內部，Python 解譯器會把原始碼轉換成稱為字節碼的中間形式，然後再把它翻譯成電腦使用的機器語言並運行，這也使得 Python 程式更加易於移植。
- **可嵌入性**：Python 語言可與 C 語言互相嵌入運用。設計者可以將部分程式用 C 或 C++ 撰寫，然後在 Python 程式中使用它們；也可以把 Python 程式嵌入到 C 或 C++ 程式中。
- **豐富且多元的模組**：Python 提供許多內建的標準模組，還有許多第三方開發的高品質模組。它可以幫助你處理各種工作，包括正規表達式、單元測試、資料庫、網頁瀏覽器、CGI、FTP、電子郵件、XML、XML-RPC、HTML、密碼系統、GUI（圖形用戶界面）等。

1.2 建置 Anaconda 開發環境

Python 可在多種平台開發執行，本書以 Windows 系統做為開發平台。

Python 系統內建 IDLE 編輯器可撰寫及執行 Python 程式，但功能過於陽春，本書以 Anaconda 模組做為開發環境，不但包含超過 300 種常用的科學及資料分析模組，還內建 Spyder (IDLE 編輯器加強版) 編輯器及 Jupyter Notebook 編輯器。

1.2.1 安裝 Anaconda 模組

Anaconda 模組擁有下列特點，使其成為初學者最適當的 Python 開發環境：

- 內建眾多流行的科學、工程、數據分析的 Python 模組。
- 完全免費及開源。
- 支援 Linux、Windows 及 Mac 平台。
- 支援 Python 2.x 及 3.x，且可自由切換。
- 內建 Spyder 編譯器。
- 包含 jupyter notebook 環境。

安裝 Anaconda 的步驟為：

1. 在瀏覽器開啟 Anaconda 官網「https://www.anaconda.com/download」下載頁面，點選 **Download Anaconda Distribution** 下方 Windows 系統圖示。

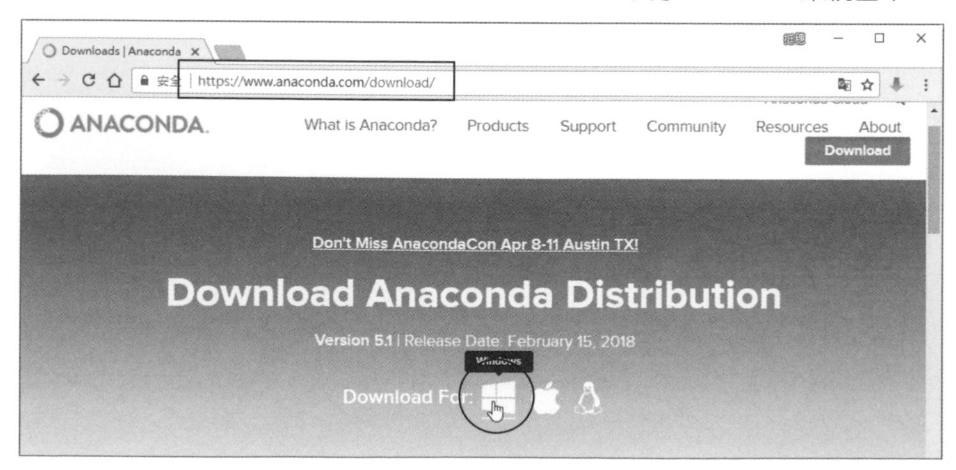

2. 下載檔案分為 Python 3.x、Python2.x 及 64 位元、32 位元四種版本，使用

者依據需求點選適當版本 (本書範例在 Python 3.6、64 位元環境下操作)。

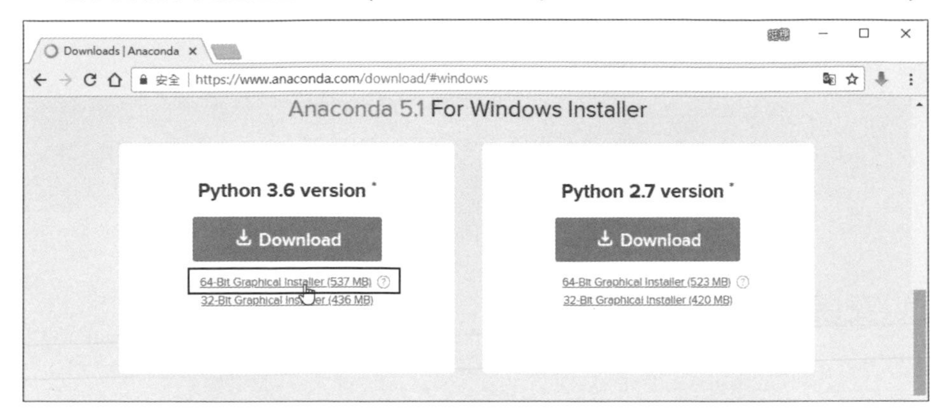

3. 在下載的 <Anaconda3-5.1.0-Windows-x86_64.exe> 按滑鼠左鍵兩下開始安裝，於開始頁面按 **Next** 鈕，再於版權頁面按 **I Agree** 鈕。

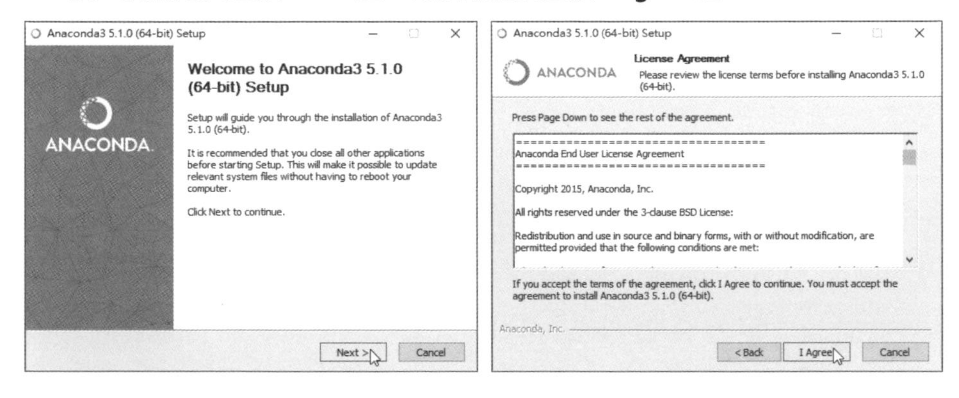

4. 核選 **All Users** 後按 **Next** 鈕，再按 **Next** 鈕，核選 **Add Anaconda to the system PATH enviroment variable** 加入環境變數，按 **Insall** 鈕安裝。

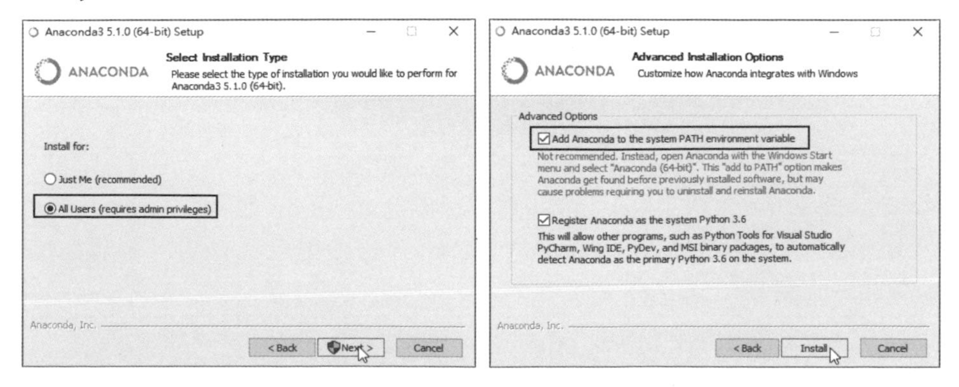

5. 安裝需一段時間才能完成。安裝完成後按 **Next** 鈕，再按 **Skip** 鈕跳過安裝

VSCode 編輯器，最後按 **Finish** 鈕結束安裝。執行 **開始 / 所有程式**，即可在 **Anaconda3** 中見到 6 個項目，較常使用的功能是 **Anaconda Prompt**、**Jupyter Notebook** 及 **Spyder**。

1.2.2 Anaconda Prompt 管理模組

Anaconda Prompt 命令視窗類似 Windows 系統「命令提示字元」，可以輸入命令，按 **Enter** 鍵就會執行。Anaconda Prompt 命令視窗會在標題列顯示「Anaconda Prompt」，做為與 Windows 系統「命令提示字元」的區別。Anaconda Prompt 命令視窗預設路徑為 <C:\Users\ 電腦名稱 >。

執行 **開始 / 所有程式 / Anaconda3 (64-bit) / Anaconda Prompt** 即可開啟 Anaconda Prompt 命令視窗。

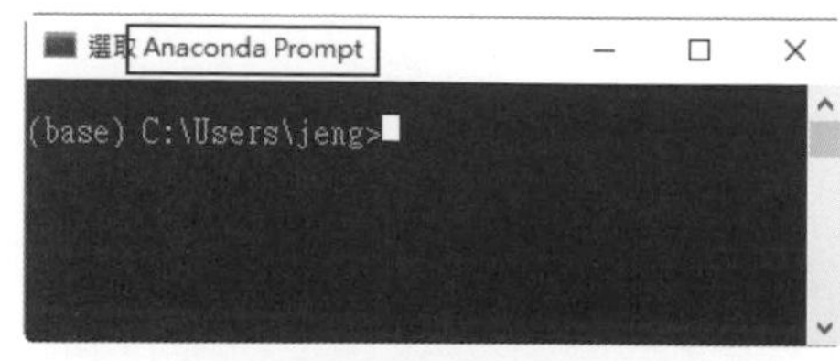

▲ Anaconda Prompt

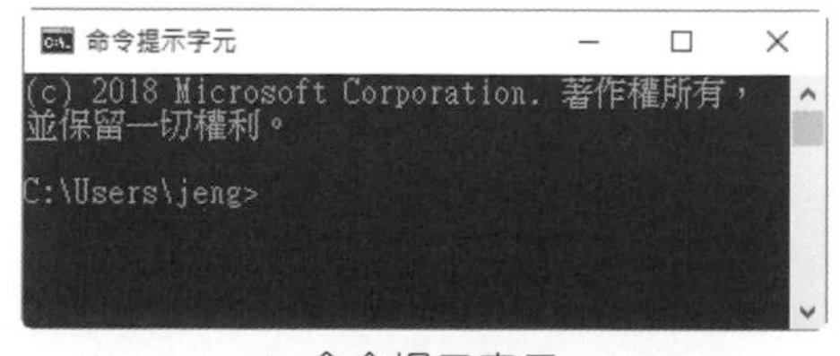

▲ 命令提示字元

Anaconda Prompt 最常使用的功能是管理模組。Python 最為程式設計師稱道的就是擁有數量龐大的模組，大部分功能都有現成的模組可以使用，不必程式設計師花費時間精力自行開發。由於安裝 Anaconda 時已安裝了許多常用模組，程式設計師要使用新模組時，可以先檢查系統中是否已安裝，避免重複安裝。

顯示 Anaconda 已安裝模組的命令為：

```
conda list
```

命令視窗會按照字母順序顯示已安裝模組的名稱及版本：

```
Anaconda Prompt
(base) C:\Users\jeng>conda list
# packages in environment at C:\ProgramData\Anaconda3:
#
# Name                    Version                   Build  Channel
_ipyw_jlab_nb_ext_conf    0.1.0            py36he6757f0_0
absl-py                   0.2.0                     <pip>
alabaster                 0.7.10           py36hcd07829_0
altgraph                  0.15                      <pip>
anaconda                  custom           py36h363777c_0
anaconda-client           1.6.9                    py36_0
anaconda-navigator        1.7.0                    py36_0
anaconda-project          0.8.2            py36hfad2e28_0
asn1crypto                0.24.0                   py36_0
astor                     0.6.2                     <pip>
astroid                   1.6.1                    py36_0
astropy                   2.0.3            py36hfa6e2cd_0
```

如果確定模組已安裝，為確保模組是最新版本，可執行更新模組命令進行更新：

```
conda update 模組名稱
```

例如更新「ipython」模組：

```
conda update ipython
```

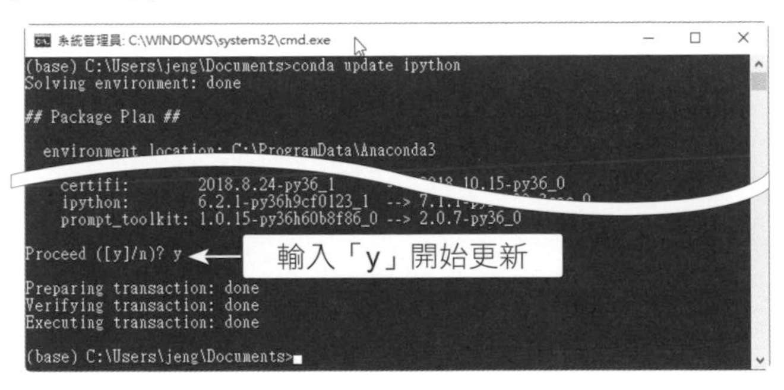

更新及移除模組命令需有系統管理員權限

在 Windows 10 系統執行更新及移除模組命令需有系統管理員權限，必須以系統管理員身分開啟 Anaconda Prompt 命令視窗，開啟方法為：在 **開始 / Anaconda3 (64-bit) / Anaconda Prompt** 按滑鼠右鍵，於快顯功能表點選 **更多 / 以系統管理員身分執行**。

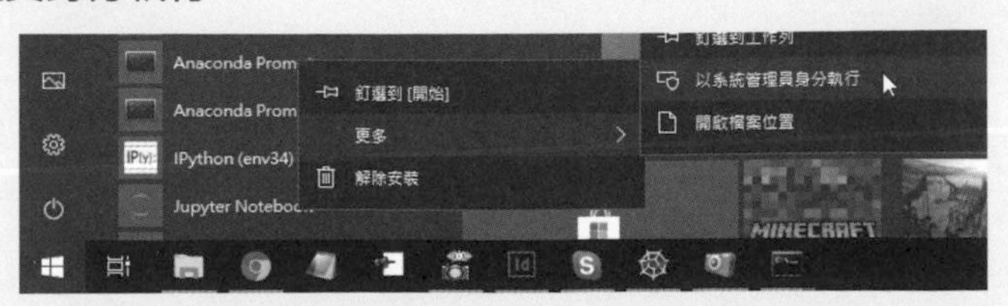

若模組未安裝則可進行安裝，安裝模組的命令有兩種。第一種命令為：

```
conda install 模組名稱
```

例如安裝「numpy」模組：

```
conda install numpy
```

安裝畫面與更新模組雷同：會搜尋模組後顯示模組資訊，使用者輸入「y」後開始安裝模組。

第二種命令為：

```
pip install 模組名稱
```

安裝模組命令

多數模組可使用上述兩種安裝模組命令任何一種命令安裝，但某些模組只能使用特定安裝模組命令才能安裝，建議嘗試安裝命令的順序為 **conda**、**pip**。

若確定模組不再使用，可以將其移除以節省硬碟空間並提升效率。移除模組的命令為：

```
conda uninstall 模組名稱
```

例如移除「numpy」模組：

```
conda uninstall numpy
```

pip 命令語法與 conda 完全相同，只要將 conda 改為 pip 即可，例如以 pip 命令移除模組的命令為「pip uninstall 模組名稱」。

1.2.3 Anaconda Prompt 執行 Python 程式檔案

使用者可以在 Anaconda Prompt 命令視窗中執行 Python 程式。以書附光碟第一章 <sum.py> 為例，其程式碼為：

```
a = 12
b = 34
sum = a + b
print("總和 = " + str(sum))
```

執行結果是列印「總和 = 46」(詳細程式教學請參考第二章)。

將書附光碟複製到 D 磁碟機 <pythonex> 資料夾，則 <sum.py> 的路徑為 <d:\pythonex\ch01\sum.py> 進行操作。

在 Anaconda Prompt 命令視窗中執行 Python 程式的命令為：

```
python 檔案路徑
```

例如執行下列命令：

```
python d:\pythonex\ch01\sum.py
```

執行結果如下左圖。

若是要重複執行相同資料夾中多個 Python 檔案，每次都輸入完整路徑非常麻煩，可先切換到該資料夾，再執行「python 檔案名稱」即可，如下右圖。

```
C:\WINDOWS\system32\cmd.exe
(base) C:\Users\jeng\Documents>python d:\pythonex\ch01\sum.py
總和 = 46

(base) C:\Users\jeng\Documents>
```

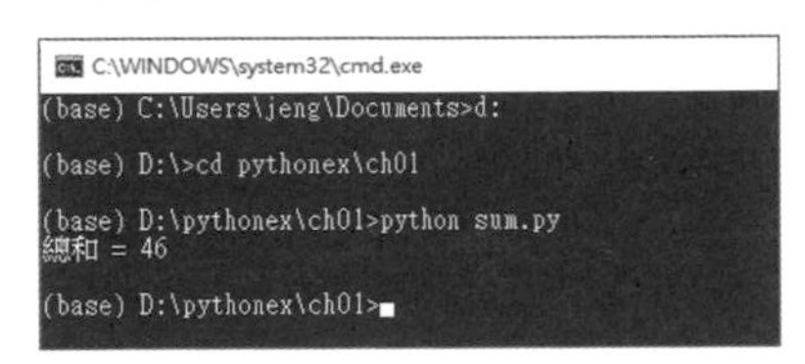

1.2.4 Anaconda Prompt 建立虛擬環境

Python 2.x 程式與 Python 3.x 並不相容，也就是 Python 2.x 的程式檔案無法在 Python 3.x 環境中執行。1.2.1 節安裝 Anaconda 時選擇了 Python 3.x 環境，要如何執行 Python 2.x 程式呢？難道要再安裝一套 Python 2.x 環境的 Anaconda 嗎？只要建立 Anaconda 虛擬環境可解決此一棘手問題。

Anaconda 虛擬環境可以產生全新的 Python 環境，而且虛擬環境的數量並沒有限制，使用者可根據需求建立多個虛擬環境。建立指定 Python 版本虛擬環境的命令為：

```
conda create -n 虛擬環境名稱 python=版本 anaconda
```

例如建立名稱為「python27env」，版本 2.x 的 Python 虛擬環境 (最好取有意義的名稱，「python27」表示此為 Python 2.7，「env」表示為虛擬環境)：

```
conda create -n python27env python=2.7 anaconda
```

建立虛擬環境需要相當長的時間 (約數十分鐘)，佔用的硬碟空間也不小 (約 1 至 1.5 GB)。虛擬環境的實體位置在 <C:\Users\ 電腦名稱 \AppData\Local\conda\conda\envs> 資料夾中，會以虛擬環境名稱建立資料夾儲存虛擬環境所有檔案。

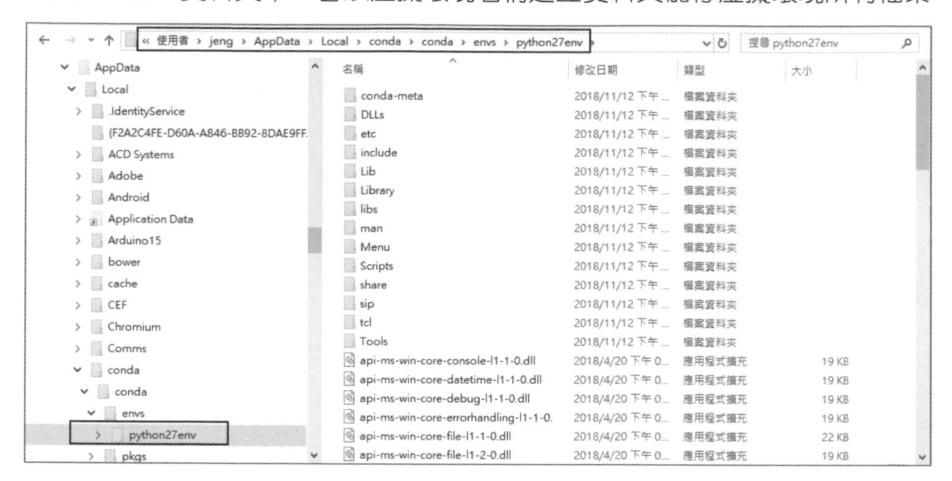

切換到虛擬環境的命令為：

```
activate 虛擬環境名稱
```

例如切換到 python27env 虛擬環境：

```
activate python27env
```

由 Anaconda Prompt 命令視窗中每列的提示文字可判斷目前處於哪一個 Python 版本環境：

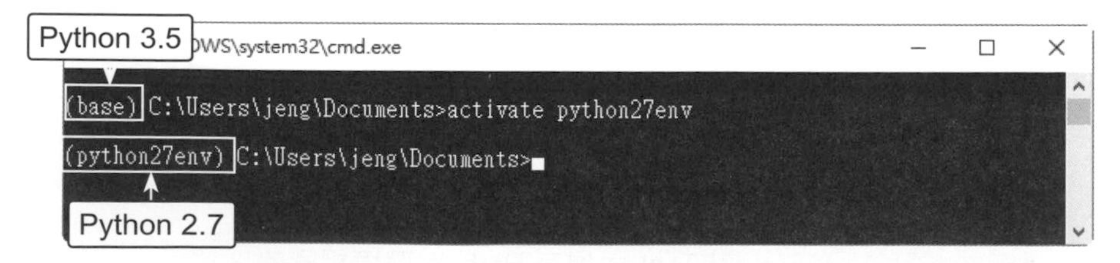

虛擬環境的操作方式與 Anaconda 環境完全相同。

開啟虛擬環境的另一種方式：Anaconda 建立虛擬環境時，會在程式集中以虛擬環境名稱建立各種捷徑，方便使用各種虛擬環境功能。

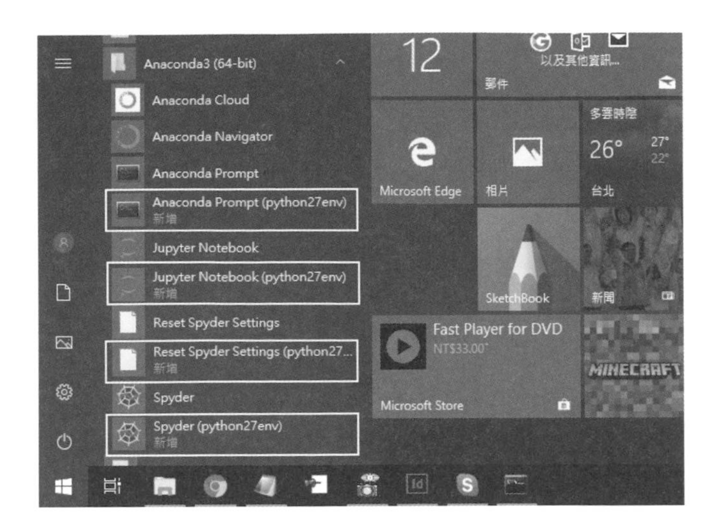

執行 **開始 / 所有程式 / Anaconda3 (64-bit) / Anaconda Prompt (python27env)** 即可開啟 python27env 虛擬環境的 Anaconda Prompt 命令視窗。

關閉虛擬環境回到原來 Python 環境的命令為：

```
deactivate
```

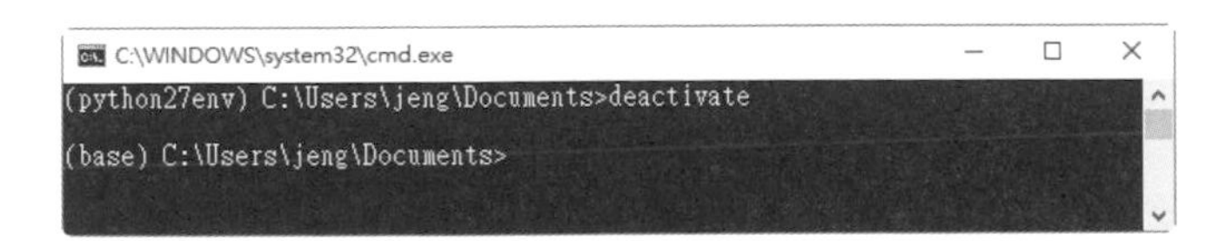

複製現有 Python 環境：有時需要測試一些模組或程式，又擔心會破壞現有 Python 環境，造成無法回復的狀況。Anaconda 允許建立一個與現有 Python 環境完全相同的虛擬環境，如此就可在虛擬環境中盡情操作。複製現有 Python 環境的命令為：

```
conda create -n 虛擬環境名稱 --clone root
```

例如建立名稱為 Anaconda35Test 與現有 Python 環境相同的虛擬環境：

```
conda create -n Anaconda35Test --clone root
```

建立多個虛擬環境後，可使用下列命令查看目前所有虛擬環境名稱：

```
conda info -e
```

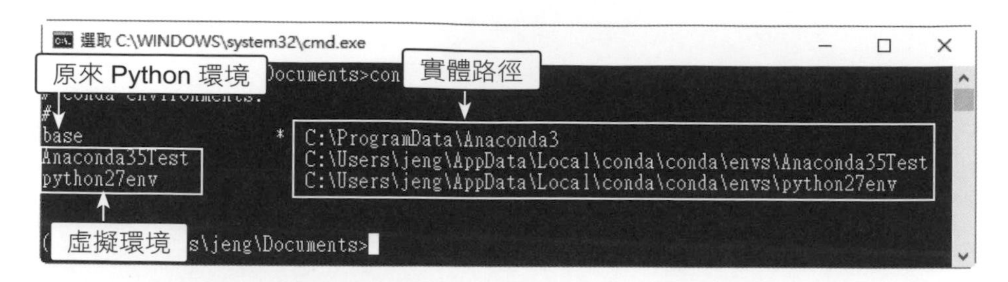

若是虛擬環境不再使用可將其移除，命令為：

```
conda remove -n 虛擬環境名稱 --all
```

例如移除 python27env 虛擬環境：

```
conda remove -n python27env --all
```

1.3 Spyder 編輯器

Anaconda 內建 Spyder 做為開發 Python 程式的編輯器。在 Spyder 中可以撰寫及執行 Python 程式，Spyder 還提供簡單智慧輸入及強悍的程式除錯功能。 另外，Spyder 也內建了 IPython 命令視窗。

1.3.1 啟動 Spyder 編輯器及檔案管理

執行 **開始 / 所有程式 / Anaconda3 (64-bit) / Spyder** 即可開啟 Spyder 編輯器，編輯器左方為程式編輯區，可在此區撰寫程式；右上方為物件、變數、檔案瀏覽區；右下方為命令視窗區，包含 IPython 命令視窗及 History log 視窗，可在此區域用交談模式立即執行使用者輸入的 Python 程式碼。

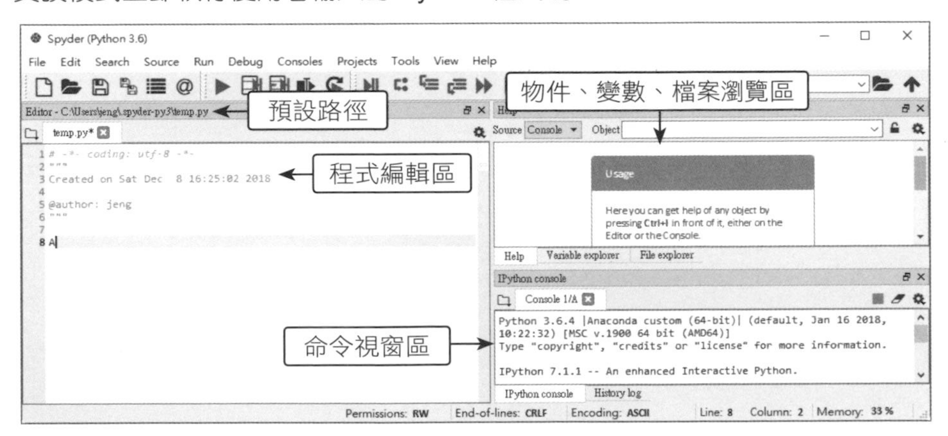

檔案開啟

啟動 Spyder 後，預設編輯的檔案為 <c:\users\ 電腦名稱 \.spyder-py3\temp.py>。若要建立新的 Python 程式檔，可執行 **File / New file** 或點選工具列 鈕，撰寫程式完成後要記得存檔。

要開啟已存在的 Python 程式檔，可執行 **File / Open** 或點選工具列 鈕，於 **Open file** 對話方塊點選檔案即可開啟。

Spyder 另外提供兩種快速開啟檔案的方法：第一種是從檔案總管將檔案拖曳到 Spyder 程式編輯區就會開啟該檔案，例如拖曳 <d:\pythonex\ch01\loop.py> 到 Spyder 程式編輯區：

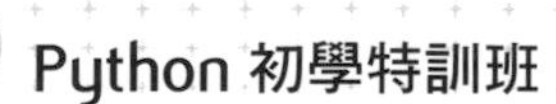

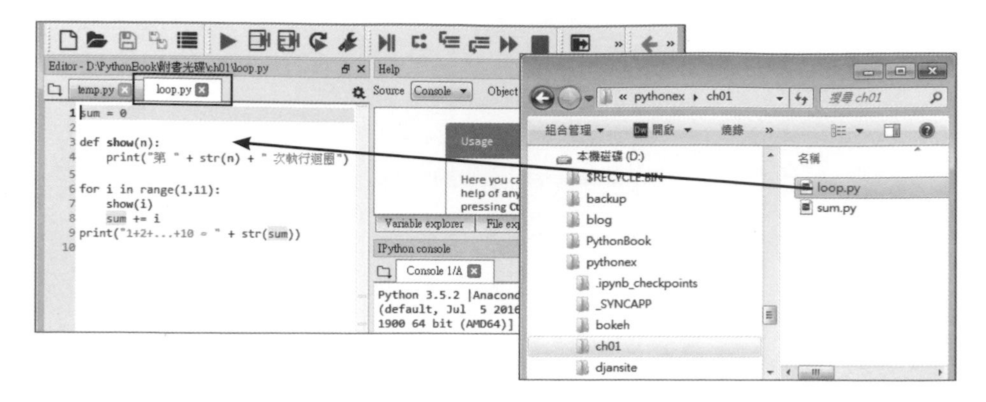

第二種方法更方便，從檔案總管將檔案拖曳到快速啟動列 Spyder 圖示就會切換到 Spyder 應用程式，再拖曳到 Spyder 程式編輯區即會開啟該檔案，例如拖曳 <d:\pythonex\ch01\loop.py>：

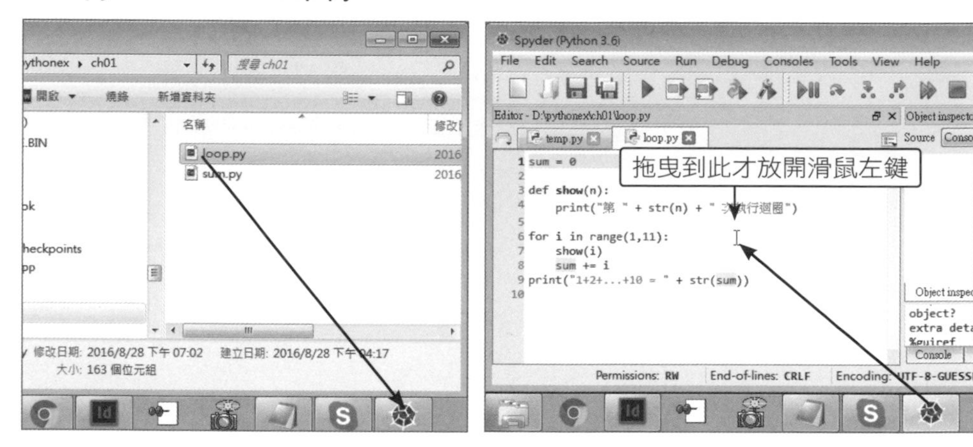

執行程式

執行 **Run / Run** 或點選工具列 ▶ 鈕就會執行程式，執行結果會在命令視窗區顯示，例如下圖為 <loop.py> 的執行結果。

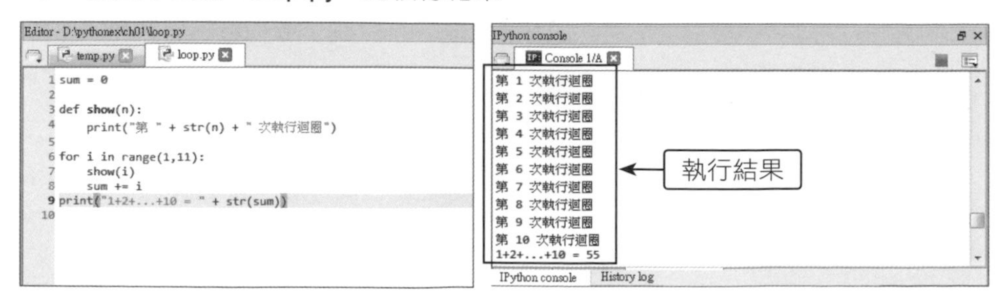

1.3.2 Spyder 簡易智慧輸入

Spyder 簡易智慧輸入功能與 IPython 命令視窗雷同，但操作方式比 IPython 命令視窗方便。使用者在 Spyder 程式編輯區輸入部分文字後按 **Tab** 鍵，系統會列出所有可用的項目讓使用者選取，列出項目除了內建的命令外，還包括自行定義的變數、函式、物件等。例如在 <loop.py> 輸入「s」後按 **Tab** 鍵：

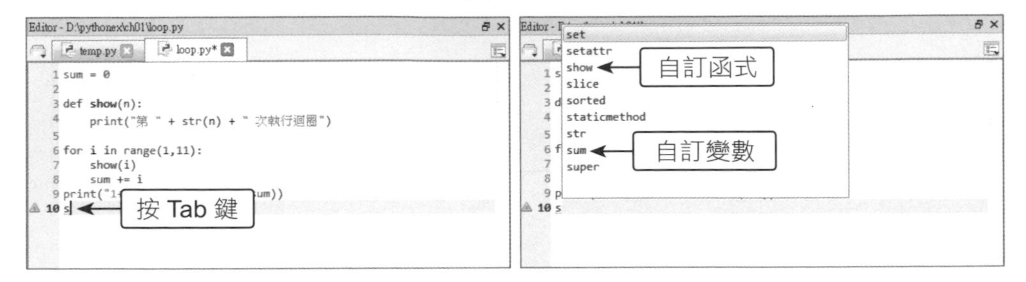

使用者可按「↑」鍵或「↓」鍵移動選取項目，找到正確項目按 **Enter** 鍵就完成輸入。例如輸入「show」：

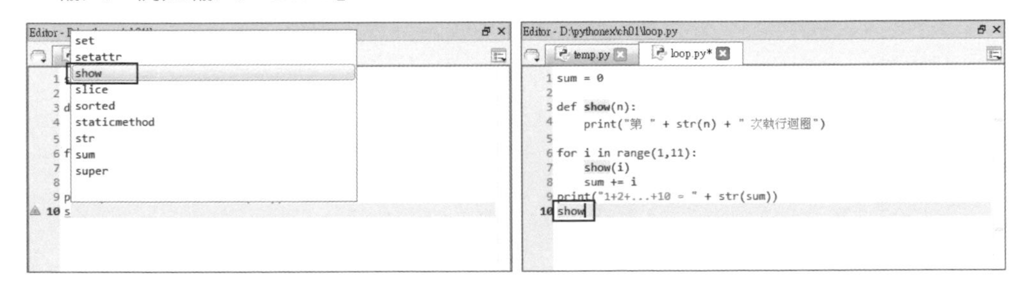

1.3.3 程式除錯

如何除錯，一直是程式設計師困擾的問題，如果沒有良好的除錯工具及技巧，面對較複雜的程式，將會束手無策。

於 Spyder 輸入 Python 程式碼時，系統會隨時檢查語法是否正確，若有錯誤會在該列程式左方標示 ⚠ 圖示；將滑鼠移到 ⚠ 圖示片刻，會提示錯誤訊息。

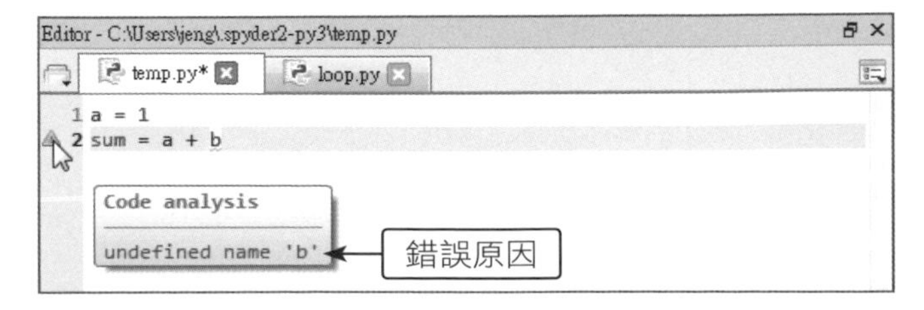

即使程式碼語法都正確，執行時仍可能發生一些無法預期的錯誤。Spyder 的除錯工具相當強大，足以應付大部分除錯狀況。

首先為程式設定中斷點：設定的方式為點選要設定中斷點的程式列，按 **F12** 鍵；或在要設定中斷點的程式列左方快速按滑鼠左鍵兩下，程式列左方會顯示紅點，表示該列為中斷點。程式中可設定多個中斷點。

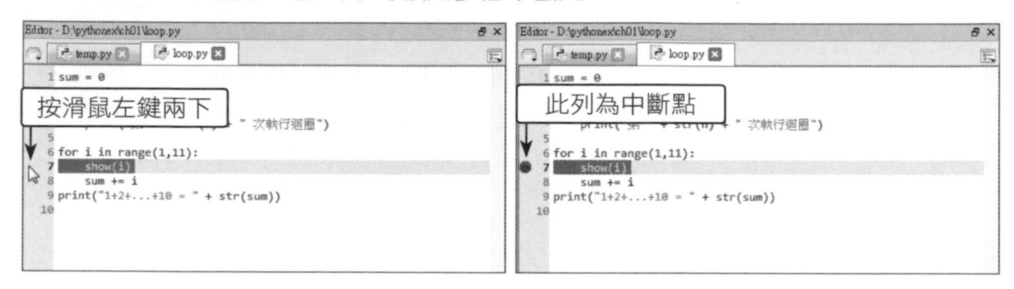

以除錯模式執行程式：點選工具列 ▶‖ 鈕會以除錯模式執行程式，程式執行到中斷點時會停止（中斷點程式列尚未執行）。於 Spyder 編輯器右上方區域點選 Variable explorer 頁籤，會顯示所有變數值讓使用者檢視。

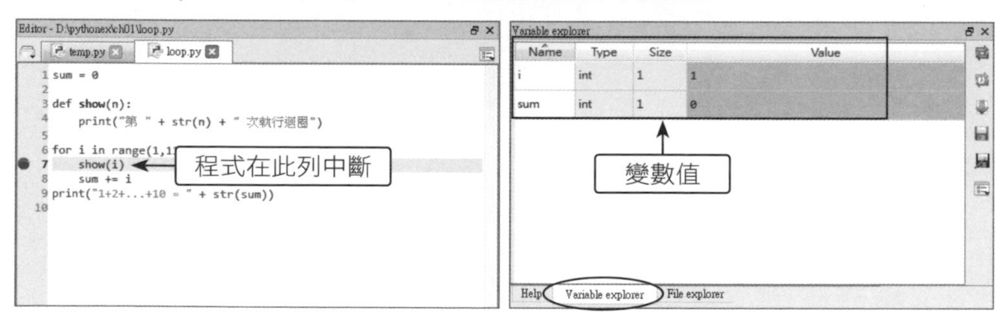

除錯工具列：Spyder 除錯工具列有各種執行的方式，如單步執行、執行到下一個中斷點等，程式設計師可視需求執行，配合觀查變數值達成除錯任務。

- ▶‖：以除錯方式執行程式。
- 單步執行，不進入函式。
- 單步執行，會進入函式。
- 程式繼續執行，直到由函式返回或下一個中斷點才停止執行。
- ▶▶：程式繼續執行，直到下一個中斷點才停止執行。
- ■：終止除錯模式回到正常模式。

1.4 Jupyter Notebook 編輯器

Jupyter Notebook 是一個 Ipython 的 Web 擴充模組，能讓使用者在瀏覽器中撰寫及執行程式。

1.4.1 啟動 Jupyter Notebook 及建立檔案

執行 **開始 / 所有程式 / Anaconda3 (64-bit) / Jupyter Notebook** 即可在瀏覽器中開啟 Jupyter Notebook 編輯器。由網址列「localhost:8888/」可知是系統在本機建立一個網頁伺服器，預設的路徑為 <c:\Users\ 電腦名稱 >，下方會列出預設路徑中所有資料夾及檔案，新建的檔案也會儲存於此路徑中。右上方有 **Upload** 及 **New** 兩個按鈕：

- **Upload**：上傳檔案到預設路徑中。
- **New**：建立新檔案或資料夾。

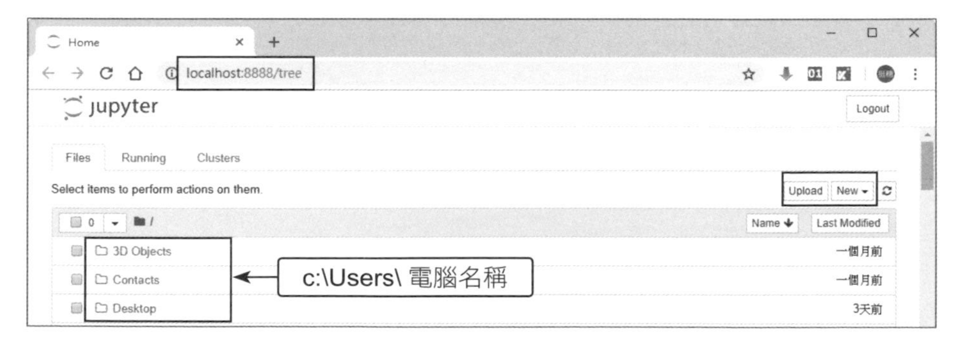

建立 Jupyter Notebook 檔案：點選 **New** 鈕，在下拉式選單中點選 **Python [Root]** 項目就可建立 Python 程式檔 (點選 **TextFile** 項目建立文字檔，**Folder** 項目建立資料夾)。

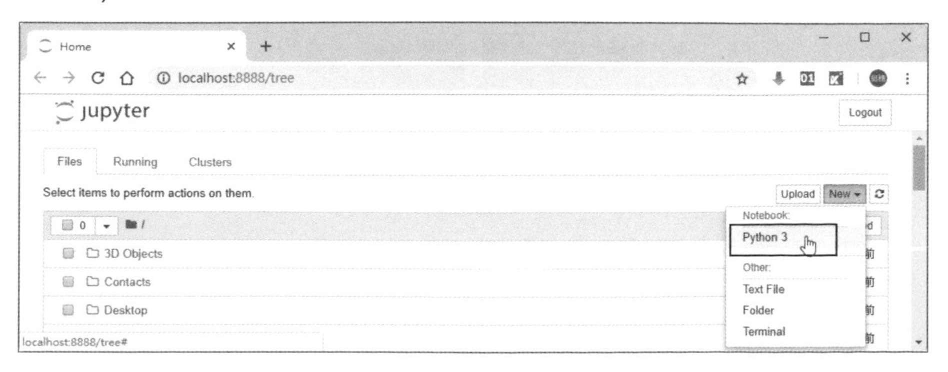

Jupyter Notebook 是以 Cell 做為輸入及執行的單位，程式設計師在 Cell 中撰寫及執行程式，一個檔案可包含多個 Cell；建立新檔案時，預設產生一個空 Cell 讓程式設計師輸入程式碼。

預設檔案名稱為「Untitled」，點選檔案名稱即可加以修改，於 **Rename Notebook** 對話方塊輸入新檔案名稱，按 **Rename** 鈕完成修改。

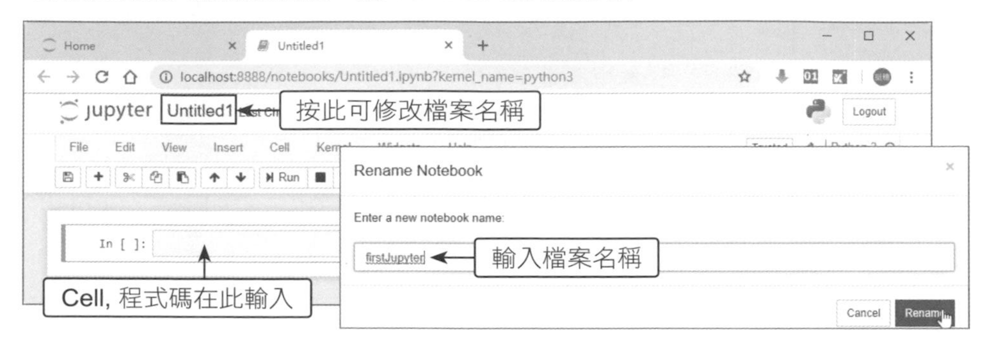

新建立的檔案儲存於預設路徑中 (<c:\Users\ 電腦名稱 >)。

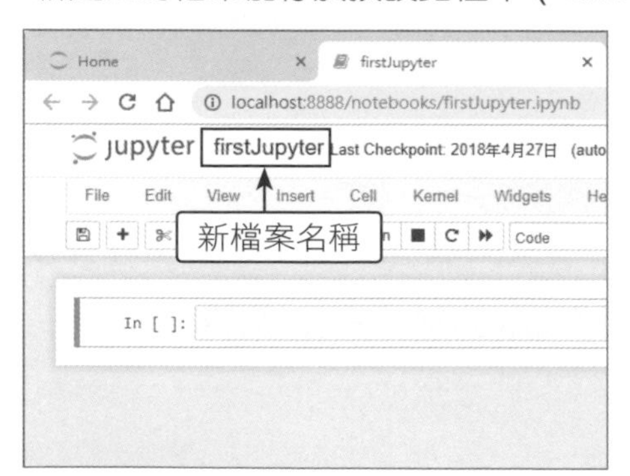

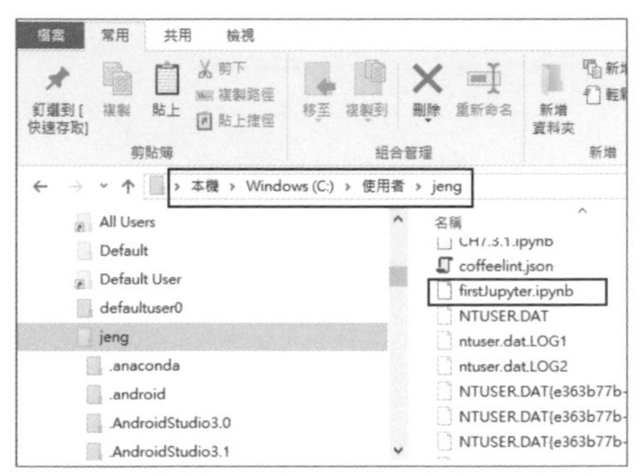

1.4.2 Jupyter Notebook 簡易智慧輸入

Jupyter Notebook 簡易智慧輸入功能與 Spyder 編輯器雷同，但操作方式比 Spyder 編輯器方便。使用者在 Jupyter Notebook 的 Cell 輸入部分文字後按 **Tab** 鍵，系統會列出所有可用的項目讓使用者選取，列出項目比 Spyder 編輯器多 (包括 IPython 命令)。例如輸入「p」後按 **Tab** 鍵，列出的項目非常多；接著輸入「r」後按 **Tab** 鍵，列出的項目只剩「pr」開頭的項目：

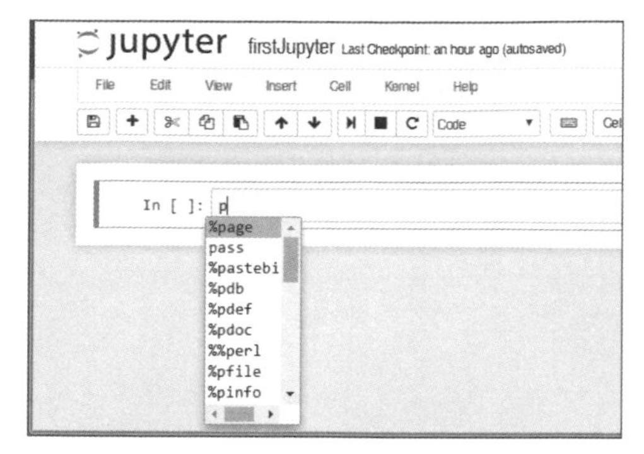

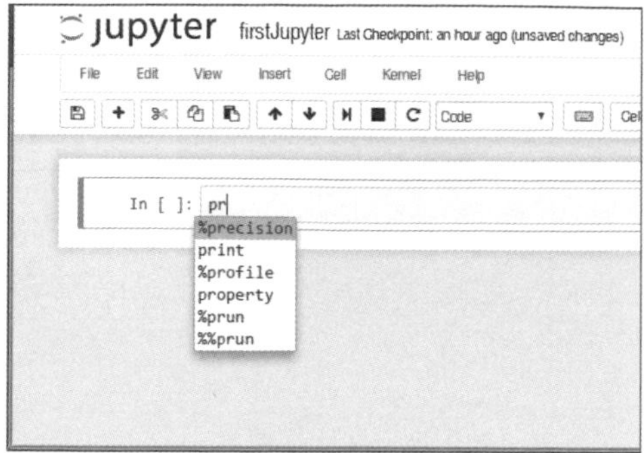

使用者可按「↑」鍵或「↓」鍵移動選取項目，找到正確項目按 **Enter** 鍵就完成輸入。例如輸入「print」：

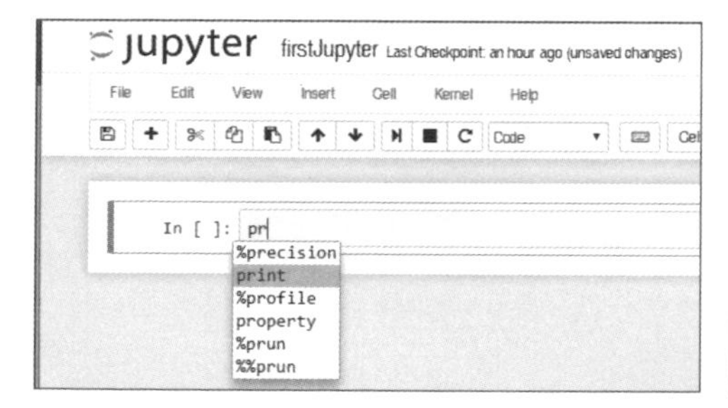

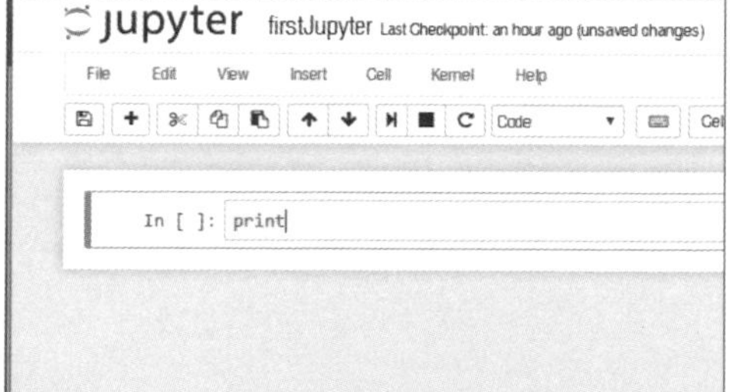

1.4.3 Jupyter Notebook 執行程式

Jupyter Notebook 有三種執行程式的方式：按工具列 Run 鈕、按 **Ctrl-Enter** 鍵及按 **Shift-Enter** 鍵，執行結果會顯示在 Cell 下方。

按工具列 Run 鈕及按 **Shift-Enter** 鍵執行完程式後會將游標移到下一個 Cell (如果下一個 Cell 不存在，會先建立再移到下一個 Cell)，按 **Ctrl-Enter** 鍵執行完程式後則游標會停留在原有 Cell。

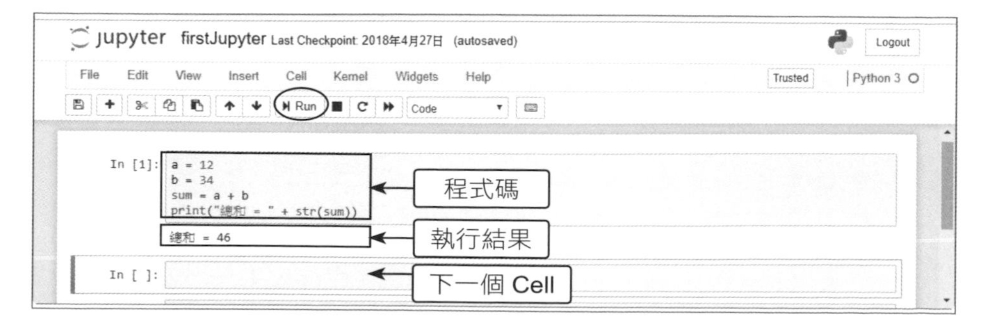

啟動時開啟舊檔：如果要在啟動 Jupyter Notebook 時繼續編輯已存在的檔案，可在啟動頁面點選檔案名稱即可 (附加檔名為「.ipynb」)。例如啟動 Jupyter Notebook 後開啟 <firstJupyter.ipynb>：

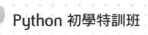

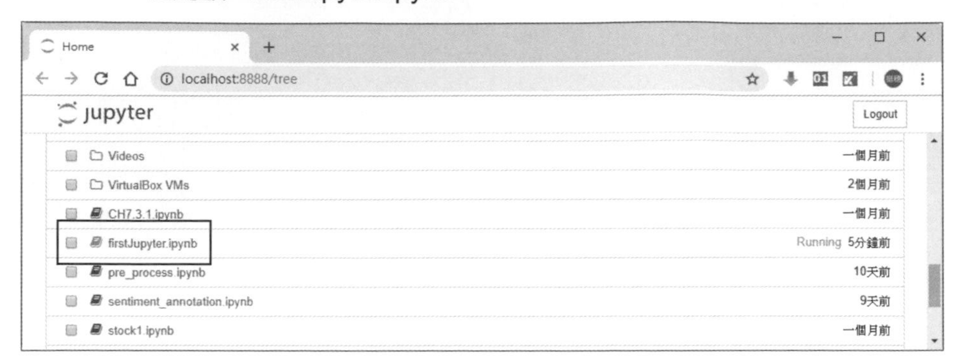

注意：Jupyter Notebook 建立的檔案附加檔名為「.ipynb」，無法直接在 Python 環境中編譯執行，必須將程式碼複製後貼入 Spyder 編輯器或其他文字編輯器，並以附加檔名為「.py」存檔，才能在 Python 環境中編譯執行。

1.4.4 線上執行 Python

網路上有許多線上撰寫及執行 Python 程式的網站可供學習，將程式存在雲端，無論身在何處，只要能啟動瀏覽器就能使用線上 Python 環境。此處介紹「repl.it」網站，網址為「https://repl.it/languages/python3」，使用方法非常簡單，在左方輸入程式碼後，按上方 **run** 鈕或 **Ctrl-Enter** 鍵就會執行程式，執行結果會顯示於右方。按 **save** 鈕可將檔案存於雲端 (需先註冊帳號並登入才能存檔)。

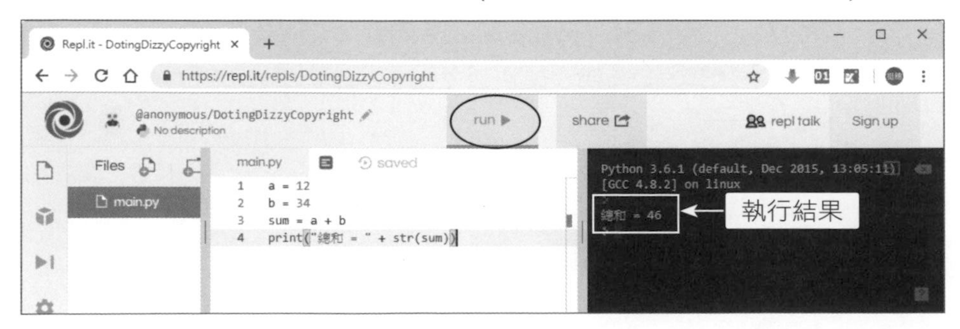

基本語法與結構控制

變數顧名思義，是一個隨時可能改變內容的容器名稱，當設計者使用一個變數時，應用程式就會配置一塊記憶體給此變數使用，以變數名稱做為辨識此塊記憶體的標誌，系統會根據資料型態決定配置的記憶體大小，設計者就可在程式中將各種值存入該變數中。

用來指定資料做哪一種運算的是「運算子」，進行運算的資料稱為「運算元」。

程式的執行方式有循序式及跳躍式兩種，循序式是程式碼由上往下依序一列一列的執行。如果遇到需要決策時，可依結果執行不同的程式碼，這種方式就是跳躍式執行。

2.1 變數與資料型態

任何程式都會使用變數，通常用來儲存暫時的資料，例如計算成績的系統，會宣告多個變數存放國文、英文、數學等科目的成績。

應用程式可能要處理五花八門的資料型態，所以有必要將資料加以分類，不同的資料型態給予不同的記憶體配置，如此才能使變數達到最佳的運作效率。

2.1.1 變數

「變數」顧名思義，是一個隨時可能改變內容的容器名稱，就像家中的收藏箱可以放入各種不同的東西。你需要多大的收藏箱呢？那就要看此收藏箱究竟要收藏什麼東西而定。在程式中使用變數也是一樣，當設計者使用一個變數時，應用程式就會配置一塊記憶體給此變數使用，以變數名稱做為辨識此塊記憶體的標誌，系統會根據資料型態決定配置的記憶體大小，設計者就可在程式中將各種值存入該變數中。

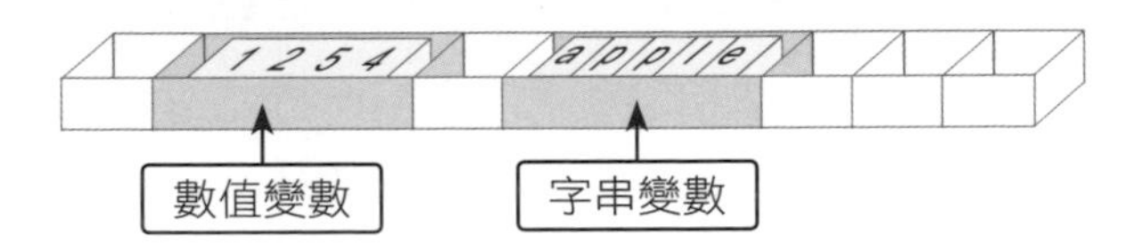

Python 變數不需宣告就可使用，語法為：

```
變數名稱 = 變數值
```

例如變數 score 的值為 80：

```
score = 80
```

使用變數時不必指定資料型態，Python 會根據變數值設定資料型態，例如上述 score 的資料型態整數 (int)。又如：

```
fruit = "香蕉"  #fruit 的資料型態為字串
```

Python 註解符號

「#」為 Python的註解符號，執行時「#」後面的程式碼不會執行，直接跳到下一列程式碼執行。

如果多個變數具有相同變數值，可以一起指定變數值，例如變數 a、b、c 的值皆為 20：

```
a = b = c = 20
```

也可以在同一列指定多個變數，變數之間以「,」分隔。例如變數 age 的值為 18，name 的值為「林大山」：

```
age, name = 18, "林大山"
```

如果變數不再使用，可以將變數刪除以節省記憶體。刪除變數的語法為：

```
del 變數名稱
```

例如刪除變數 score：

```
del score
```

2.1.2 變數命名規則

為變數命名必須遵守一定規則，否則在程式執行時會產生錯誤。Python 變數的命名規則為：

- 變數名稱的第一個字母必須是大小寫字母、_、中文。
- 只能由大小寫字母、數字、_、中文組成變數名稱。
- 英文字母大小寫視為不同變數名稱。
- 變數名稱不能與 Python 內建的保留字相同。

Python 常見的保留字有：

acos	and	array	asin	assert	atan
break	class	close	continue	cos	Data
def	del	e	elif	else	except
exec	exp	fabs	float	finally	floor
for	from	global	if	import	in
input	int	is	lambda	log	log10
not	open	or	pass	pi	print
raise	range	return	sin	sqrt	tan
try	type	while	write	zeros	

雖然 Python 3.x 的變數名稱支援中文，但建議最好不要使用中文做為變數命名，不但在撰寫程式時輸入麻煩，而且會降低程式的可攜性。

下表是一些錯誤變數名稱的範例：

屬性	說明
7eleven	第一個字元不能是數字
George&Mary	不能包含特殊字元「&」
George Mary	不能包含空白字元
if	Python 的保留字

2.1.3 數值、布林與字串資料型態

Python 數值資料型態主要有整數 (int) 及浮點數 (float)。整數是指不含小數點的數值，浮點數則指包含小數點的數值，例如：

```
num1 = 34    # 整數
num2 = 67.83    # 浮點數
```

若整數數值要指定為浮點數資料型態，可為其加上小數點符號，例如：

```
num3 = 34.0    # 浮點數
```

Python 布林資料型態 (bool) 只有兩個值：True 及 False (注意「T」及「F」是大寫)，此種變數通常是在條件運算中使用，程式可根據布林變數的值判斷要進行何種運作。例如：

```
flag = True
```

Python 字串資料型態 (str) 是變數值以一對雙引號 (「"」) 或單引號 (「'」) 包起來，例如：

```
str1 = "這是字串"
```

如果字串要包含引號本身 (雙引號或單引號)，可使用另一種引號包住字串，例如：

```
str2 = '小明說："你好！"'  # 變數值為「小明說："你好！"」
```

若字串需含有特殊字元如 Tab、換行等，可在字串中使用脫逸字元：脫逸字元是以「\」為開頭，後面跟著一定格式的字元代表特定意義的特殊字元。下表為 Python 的脫逸字元：

脫逸字元	意義	脫逸字元	意義
\'	單引號「'」	\"	雙引號「"」
\\	反斜線「\」	\n	換行
\r	游標移到列首	\t	Tab 鍵
\v	垂直定位	\a	響鈴
\b	後退鍵 (BackSpace)	\f	換頁
\x	以十六進位表示字元	\o	以八進位表示字元

例如：

```
str3 = "大家好！\n歡迎光臨！"  #「歡迎光臨！」會顯示於第二列
```

2.1.4 print 及 type 命令

print 命令能列印指定項目的內容，語法為：

```
print(項目1[,項目2,……, sep=分隔字元, end=結束字元])
```

- **項目 1, 項目 2,……**：print 命令可以一次列印多個項目資料，項目之間以逗號「,」分開。
- **sep**：分隔字元，如果列印多個項目，項目之間以分隔符號區隔，預設值為一個空白字元 (" ")。
- **end**：結束字元，列印完畢後自動加入的字元，預設值為換列字元 ("\n")，所以下一次執行 print 命令會列印在下一列。

例如：

```
print("多吃水果")  #多吃水果
print(100, "多吃水果", 60)  #100 多吃水果 60
print(100, "多吃水果", 60, sep="&")  #100&多吃水果&60,下次列印於下一列
print(100, 60, sep="&", end="")  #100&60,下次列印於同一列
```

print 命令支援參數格式化功能，即以「%s」代表字串、「%d」代表整數、「%f」代表浮點數，語法為：

```
print(項目 % (參數列))
```

例如以參數格式化方式列印字串及整數：

```
name = "林小明"
score = 80
print("%s 的成績為 %d" % (name, score))  #林小明 的成績為 80
```

參數格式化方式可以精確控制列印位置，讓輸出的資料整齊排列，例如：

- %5d：固定列印 5 個字元，若少於 5 位數，會在數字左方填入空白字元 (若大於 5 位數則會全部列印)。
- %5s：固定列印 5 個字元，若字串少於 5 個字元，會在字串左方填入空白字元 (若大於 5 個字元則會全部列印)。
- %8.2f：固定列印 8 個字元 (含小數點)，小數固定列印 2 位數。若整數少於 5 位數 (8-3=5)，會在數字左方填入空白字元；若小數少於 2 位數，會在數字右方填入「0」字元。

例如浮點數格式化列印範例：

```
price = 23.8
print("價格為%8.2f" % price)  #價格為   23.80, 23左方有3個空白字元
```

也可使用字串的 format 方法來做格式化，以一對大括號「{}」表示參數的位置，語法為：

```
print(字串.format(參數列))
```

例如以字串的 format 方法列印字串及整數：

```
name = "林小明"
score = 80
print("{} 的成績為 {}".format(name, score))  #林小明 的成績為 80
```

第一對大括號代表 name 變數，第二對大括號代表 score 變數。

type 命令會取得項目的資料型態，如果使用者不確定某些項目的資料型態，可用 type 命令確認，語法為：

```
type(項目)
```

例如：

```
print(type(56))  #<class 'int'>
print(type("How are you?"))  #<class 'str'>
print(type(True))  #<class 'bool'>
```

範例：格式化列印

以 print 命令列印成績單。

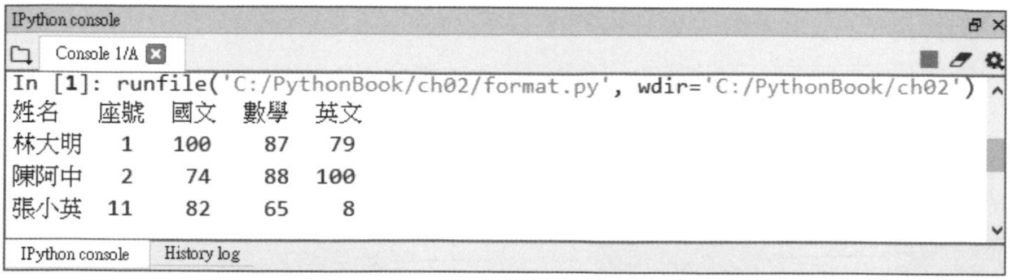

```
IPython console
Console 1/A
In [1]: runfile('C:/PythonBook/ch02/format.py', wdir='C:/PythonBook/ch02')
姓名   座號  國文  數學  英文
林大明   1   100    87   79
陳阿中   2    74    88  100
張小英  11    82    65    8
IPython console  History log
```

程式碼：ch02\format.py

```
1 print("姓名    座號  國文   數學   英文")
2 print("%3s   %2d    %3d    %3d   %3d" % ("林大明", 1, 100, 87, 79))
3 print("%3s   %2d    %3d    %3d   %3d" % ("陳阿中", 2, 74, 88, 100))
4 print("%3s   %2d    %3d    %3d   %3d" % ("張小英", 11, 82, 65, 8))
```

程式說明

- 2　　座號佔 2 個字元，姓名、國文、數學、英文都佔 3 個字元。

2.1.5 資料型態轉換

變數的資料型態非常重要，通常相同資料型態才能運算。Python 具有簡單的資料型態自動轉換功能：如果是整數與浮點運算，系統會先將整數轉換為浮點數再運算，運算結果為浮點數，例如：

```
num1 = 5 + 7.8   # 結果為 12.8，浮點數
```

若是數值與布林值運算，系統會先將布林值轉換為數值再運算，True 轉換為 1，False 轉換為 0。例如：

```
num2 = 5 + True   # 結果為 6，整數
```

如果系統無法自動進行資料型態轉換，就需以資料型態轉換命令強制轉換。Python 強制資料型態轉換命令有：

- **int()**：強制轉換為整數資料型態。
- **float()**：強制轉換為浮點數資料型態。
- **str()**：強制轉換為字串資料型態。

例如對整數與字串做加法運算會產生錯誤：

```
num3 = 23 + "67"   # 錯誤，字串無法進行加法運算
```

將字串轉換為整數再進行運算就可正常執行：

```
num3 = 23 + int("67")   # 正確，結果為 90
```

以 print 列印字串時，若將字串和數值組合會產生錯誤：

```
score = 60
print("小明的成績為 " + score)   # 錯誤，數值無法自動轉換為字串
```

將數值轉換為字串再進行組合就可正常執行：

```
score = 60
print("小明的成績為 " + str(score))   # 正確，結果為「小明的成績為 60」
```

2.2 運算式

運算式是什麼？從小老師就告訴我們，一切數學都由「一加一等於二」開始，所以這是數學中最重要的定律。「一加一」就是運算式典型的例子。

用來指定資料做哪一種運算的是「運算子」，進行運算的資料稱為「運算元」。例如：「2 + 3」中的「+」是運算子，「2」及「3」是運算元。

運算子依據運算元的個數分為單元運算子及二元運算子：

單元運算子：只有一個運算元，例如「-100」中的「-」(負)、「not x」中的「not」等，單元運算子是位於運算元的前方。

二元運算子：具有兩個運算元，例如「100 - 30」中的「-」(減)、「x and y」中的「and」，二元運算子是位於兩個運算元的中間。

2.2.1 input 命令

print 命令是輸出資料，input 命令與 print 命令相反，是讓使用者由「標準輸入」裝置輸入資料，如果沒有特別設定，標準輸入是指鍵盤。input 命令也是使用相當頻繁的命令，例如教師若要利用電腦幫忙計算成績，則需先由鍵盤輸入學生成績。

input 命令的語法為：

```
變數 = input([ 提示字串 ])
```

使用者輸入的資料是儲存於指定的變數中。

「提示字串」是輸出一段提示訊息，告知使用者如何輸入。輸入資料時，當使用者按下 **Enter** 鍵後就視為輸入結束，input 命令會將使用者輸入的資料存入變數中。例如讓使用者輸入數學成績，再列印成績的程式碼為：

```
score = input("請輸入數學成績： ")
print(score)
```

執行結果為：

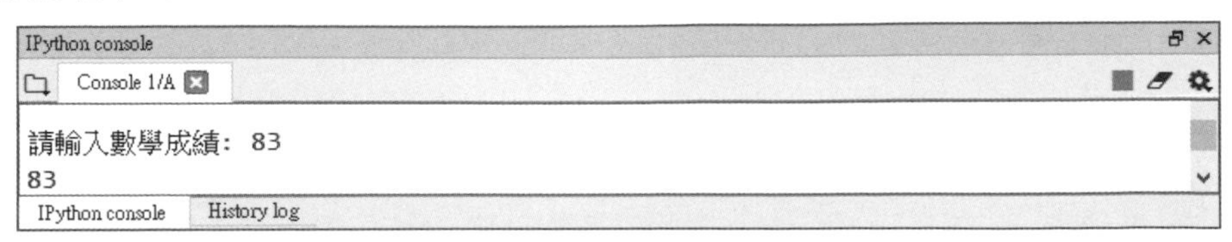

2.2.2 算術運算子

用於執行一般數學運算的運算子稱為「算術運算子」。

運算子	意義	範例	範例結果
+	兩運算元相加	12+3	15
-	兩運算元相減	12-3	9
*	兩運算元相乘	12*3	36
/	兩運算元相除	32/5	6.4
%	取得餘數	32%5	2
//	取得整除的商數	32//5	6
**	(運算元 1) 的 (運算元 2) 次方	7**2	$7^2 = 49$

注意「/」、「%」及「//」三個運算子與除法有關，第二個運算元不能為零，否則會出現「ZeroDivisionError」的錯誤。

2.2.3 關係運算子

關係運算子會比較兩個運算式，若比較結果正確，就傳回 True，若比較結果錯誤，就傳回 False。設計者可根據比較結果，進行不同處理程序。

運算子	意義	範例	範例結果
==	運算式 1 是否等於運算式 2	(6+9==2+13) (8+9==2+13)	True False
!=	運算式 1 是否不等於運算式 2	(8+9!=2+13) (6+9!=2+13)	True False
>	運算式 1 是否大於運算式 2	(8+9>2+13) (6+9>2+13)	True False
<	運算式 1 是否小於運算式 2	(5+9<2+13) (8+9<2+13)	True False
>=	運算式 1 是否大於或等於運算式 2	(6+9>=2+13) (3+9>=2+13)	True False
<=	運算式 1 是否小於或等於運算式 2	(3+9<=2+13) (8+9<=2+13)	True False

2.2.4 邏輯運算子

邏輯運算子通常是結合多個比較運算式來綜合得到最終比較結果，用於較複雜的比較條件。

運算子	意義	範例	範例結果
not	傳回與原來比較結果相反的值，即比較結果是 True，就傳回 False；比較結果是 False，就傳回 True。	not(3>5) not(5>3)	True False
and	只有兩個運算元的比較結果都是 True 時，才傳回 True，其餘情況皆傳回 False。	(5>3) and (9>6) (5>3) and (9<6) (5<3) and (9>6) (5<3) and (9<6)	True False False False
or	只有兩個運算元的比較結果都是 False 時，才傳回 False，其餘情況皆傳回 True。	(5>3) or (9>6) (5>3) or (9<6) (5<3) or (9>6) (5<3) or (9<6)	True True True False

「and」是兩個運算元都是 True 時其結果才是 True，相當於數學上兩個集合的交集，如下圖：

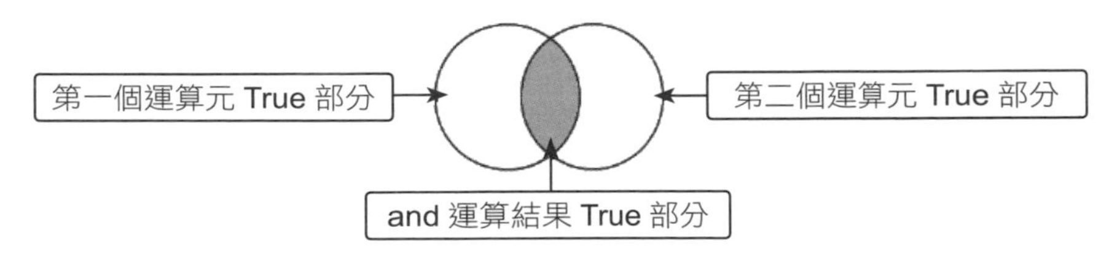

「or」是只要其中一個運算元是 True 時其結果就是 True，相當於數學上兩個集合的聯集，如下圖：

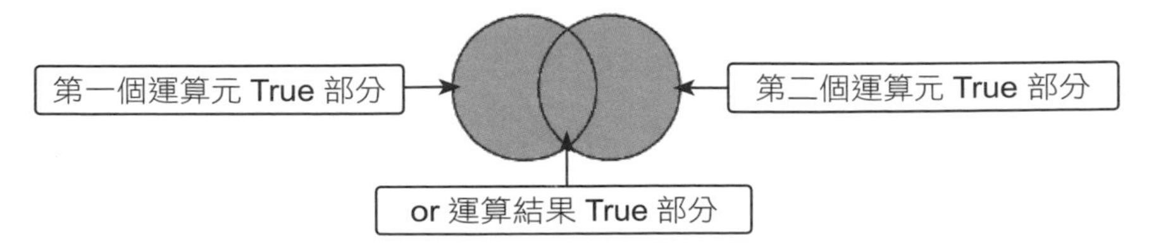

2.2.5 複合指定運算子

在程式中，某些變數值常需做某種規律性改變，例如：在迴圈中需將計數變數做特定增量。一般的做法是將變數值進行運算後再指定給原來的變數，例如：下面例子說明將變數 i 的值增加 3：

```
i = i + 3
```

這樣的寫法似乎有些累贅，因為同一個變數名稱重複寫了兩次。複合指定運算子就是為簡化此種敘述產生的運算子，將運算子置於「=」前方來取代重複的變數名稱。例如：

```
i += 3  # 即 i = i + 3
i -= 3  # 即 i = i - 3
```

複合指定運算子同時做了「執行運算」及「指定」兩件工件。

下表是以 i 變數值為 10 來計算範例結果：

運算子	意義	範例	範例結果
+=	相加後再指定給原變數	i += 5	15
-=	相減後再指定給原變數	i -= 5	5
*=	相乘後再指定給原變	i *= 5	50
/=	相除後再指定給原變數	i /= 5	2
%=	相除得到餘數後再指定給原變數	i %= 5	0
//=	相除得到整除商數後再指定給原變數	i //= 5	2
**=	做指數運算後再指定給原變數	i **= 3	1000

範例：計算總分及平均成績

讓使用者輸入三科成績後計算總分及平均。

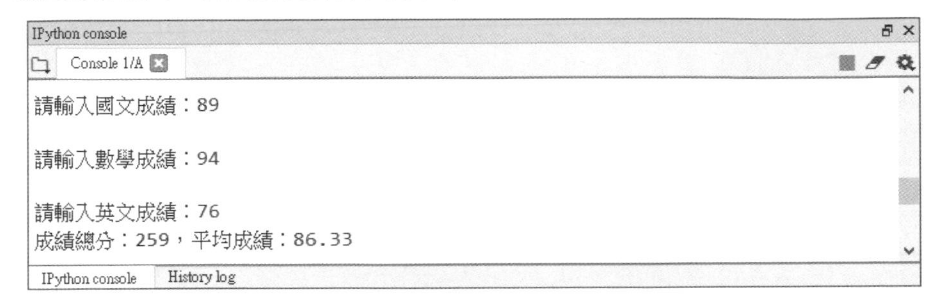

程式碼：ch02\score.py

```
1 nat = input("請輸入國文成績：")
2 math = input("請輸入數學成績：")
3 eng = input("請輸入英文成績：")
4 sum = int(nat) + int(math) + int(eng)  #輸入值需轉換為整數
5 average = sum / 3
6 print("成績總分：%d，平均成績：%5.2f" % (sum, average))
```

- 1-3　使用 input 命令讓使用者輸入三科成績。
- 4　先將輸入的成績轉換為整數資料型態，再計算其總和。
- 5　計算平均成績。
- 6　列印計算結果。

「+」運算子的功能

運算子「+」可用於數值運算，也可用於字串組合，使用時需特別留意運算元的資料型態。

運算子「+」用於數值運算時是計算兩個運算元的總和，例如：

```
23 + 45  #結果為68
```

運算子「+」用於字串組合時是將兩個運算元的字元組合在一起，例如：

```
"23" + "45"  #結果為2345
```

input 命令取得的是字串，上述程式第 **4** 列若沒有將字串轉換為數值，將執行三個字串組合，第 **5** 列程式會產生字串無法進行除法的錯誤

2.3 判斷式

在日常生活中，我們經常會遇到一些需要做決策的情況，然後再依決策結果從事不同的事件，例如：暑假到了，如果所有學科都及格的話，媽媽就提供經費讓自己與朋友出國旅遊；如果有某些科目當掉，暑假就要到校重修了！程式設計也一樣，常會依不同情況進行不同處理方式，這就是「判斷式」。

2.3.1 程式流程控制

程式的執行方式有循序式及跳躍式兩種，循序式是程式碼由上往下依序一列一列的執行，到目前為止的範例都是這種模式。程式設計也和日常生活雷同，常會遇到一些需要做決策的情況，再依決策結果執行不同的程式碼，這種方式就是跳躍式執行。

Python 流程控制命令分為兩大類：

- **判斷式**：根據關係運算或邏輯運算的條件式來判斷程式執行的流程，若條件式結果為 True，就執行跳躍。判斷式命令只有一個：

```
if…elif…else
```

- **迴圈**：根據關係運算或邏輯運算條件式的結果為 True 或 False 來判斷，以決定是否重複執行指定的程式。迴圈指令包括：(迴圈將在下一章詳細說明)

```
for
while
```

2.3.2 單向判斷式 (if…)

「if…」為單向判斷式，是 if 指令中最簡單的型態，語法為：

```
if (條件式):  #「(條件式)」的括號也可省略，即「if 條件式:」亦可
    程式區塊
```

當條件式為 True 時，就會執行程式區塊的敘述；當條件式為 False 時，則不會執行程式區塊的敘述。

條件式可以是關係運算式，例如：「x>2」；也可以是邏輯運算式，例如：「x>2 or x<5」，如果程式區塊只有一列程式碼，則可以合併為一列，直接寫成：

```
if (條件式):  程式碼
```

以下是單向判斷式的流程圖：

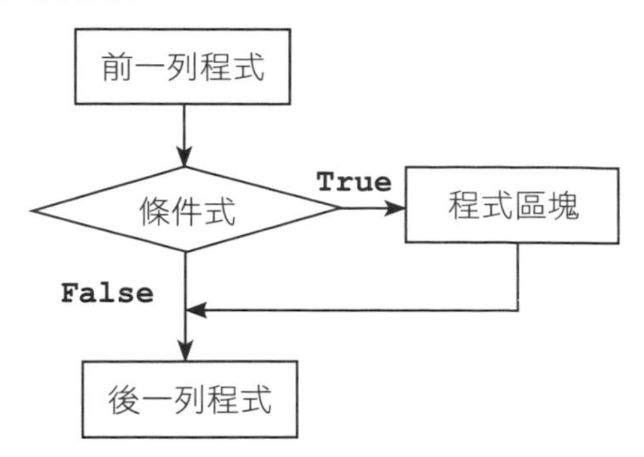

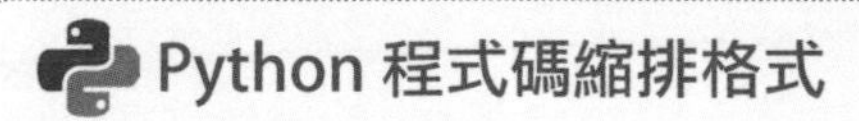

Python 程式碼縮排格式

大部分語言如 C、Java 等，多是以一對大括號「{}」來表示程式區塊，例如：

```
if(score>=60) {
grade = "及格";
}
sum = sum + score
```

程式區塊

下一列程式

Python 語言以冒號「:」及縮排來表示程式區塊，縮排為 1 個 Tab 鍵或 4 個空白鍵，例如：

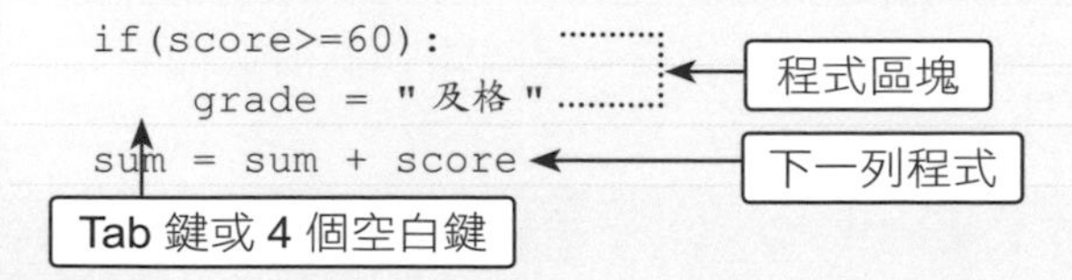

範例：密碼輸入判斷

讓使用者輸入密碼，如果輸入的密碼正確（1234），會顯示「歡迎光臨！」；如果輸入的密碼錯誤，則不會顯示歡迎訊息。

```
IPython console
Console 1/A

請輸入密碼：1234
歡迎光臨！

IPython console | History log
```

```
IPython console
Console 1/A

請輸入密碼：5678

In [6]:

IPython console | History log
```

程式碼：ch02\password1.py

```
1 pw = input("請輸入密碼：")
2 if(pw=="1234"):
3     print("歡迎光臨！")
```

程式說明

■ 2-3　預設的密碼為「1234」，若輸入的密碼正確，就執行第 3 列程式列印訊息；若輸入的密碼錯誤就結束程式。

因為此處 if 程式區塊的程式碼只有一列，所以第 2-3 列可改寫為：

```
if(pw=="1234"): print("歡迎光臨！")
```

2.3.3 雙向判斷式（if…else）

感覺上「if」語法並不完整，因為如果條件式成立就執行程式區塊內的內容，如果條件式不成立也應該做某些事來告知使用者。例如密碼驗證時，若密碼錯誤應顯示訊息告知使用者，此時就可使用「if…else…」雙向判斷式。

「if…else…」為雙向判斷式，語法為：

```
if (條件式):  #「(條件式)」的括號也可省略，即「if 條件式:」亦可
    程式區塊一
else:
    程式區塊二
```

當條件式為 True 時，會執行 if 後的程式區塊一；當條件式為 False 時，會執行 else 後的程式區塊二，程式區塊中可以是一列或多列程式碼，如果程式區塊中的程式碼只有一列，可以合併為一列。

以下是雙向選擇流程控制的流程圖：

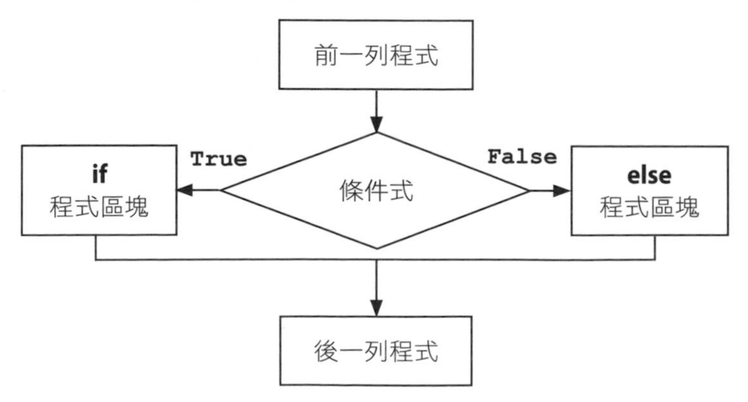

範例：進階密碼判斷

讓使用者輸入密碼，如果輸入的密碼正確（1234），會顯示「歡迎光臨！」；如果輸入的密碼錯誤，則會顯示密碼錯誤訊息。

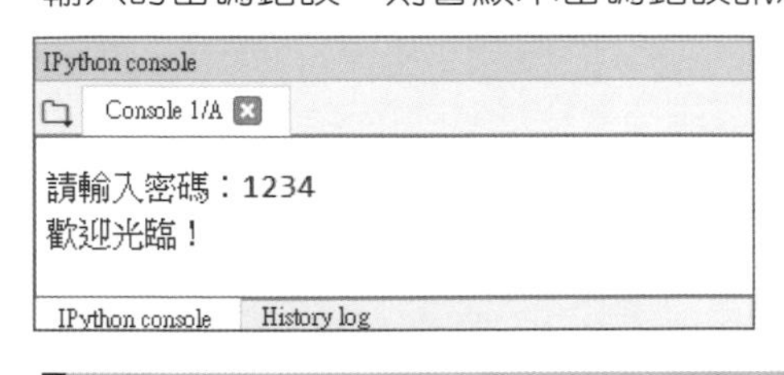
IPython console
Console 1/A
請輸入密碼：1234
歡迎光臨！
IPython console
History log

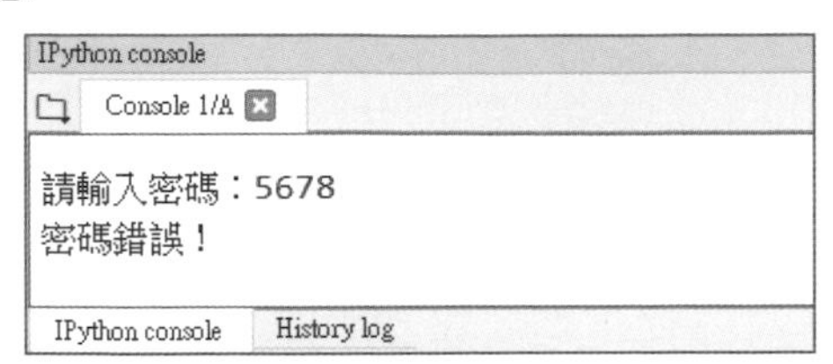
IPython console
Console 1/A
請輸入密碼：5678
密碼錯誤！
IPython console
History log

程式碼：ch02\password2.py

```
1 pw = input("請輸入密碼：")
2 if(pw=="1234"):
3     print("歡迎光臨！")
4 else:
5     print("密碼錯誤！")
```

程式說明

- 2-3　若輸入的密碼正確，就執行第 3 列程式，顯示歡迎訊息。
- 4-5　若輸入的密碼錯誤，就執行第 5 列程式，顯示密碼錯誤訊息。注意第 4 列要由開頭處輸入「else:」。

2.3.4 多向判斷式（if…elif…else）

事實上，大部分人們所遇到複雜的情況，並不是一個條件就能解決，例如處理學生的成績，不是單純的及格與否，及格者還需依其分數高低給予許多等第（優、甲、乙等），這時就是多向判斷式「if…elif…else」的使用時機。

「if…elif…else」可在多項條件式中，擇一選取，如果條件式為 True 時，就執行相對應的程式區塊，如果所有條件式都是 False，則執行 else 後的程式區塊；若省略 else 敘述，則條件式都是 False 時，將不執行任何程式區塊。「if…elif…else」的語法為：

```
if (條件式一) :
    程式區塊一
elif (條件式二):
   程式區塊二
elif (條件式三):
    .........
else:
   程式區塊else
```

如果「條件式一」為 True 時，執行程式區塊一，然後跳離 if 多項條件式；「條件式一」為 False 時，則繼續檢查「條件式二」，若「條件式二」為 True 時，執行程式區塊二，其餘依此類推。如果所有的條件式都是 False，則執行 else 後的程式區塊。

以下是多向判斷式流程控制的流程圖 (以設定兩個條件式為例)：

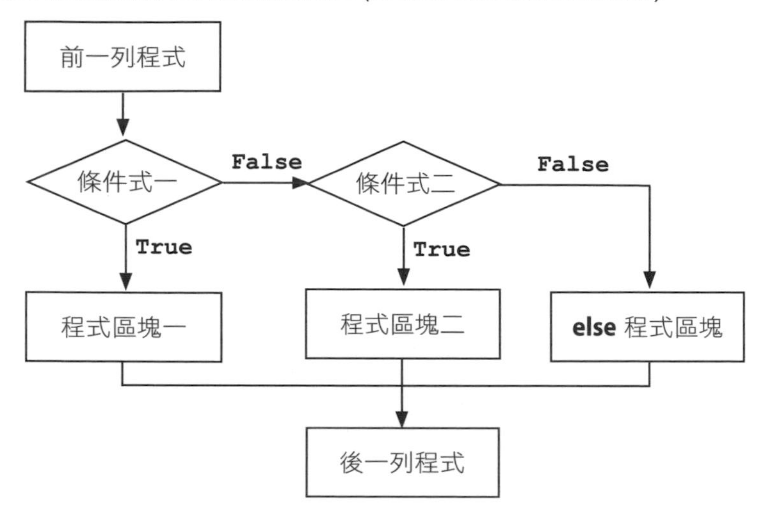

範例：判斷成績等第

讓使用者輸入成績，若成績在 90 分以上就顯示「優等」，80-89 分顯示「甲等」，70-79 分顯示「乙等」，60-69 分顯示「丙等」，60 分以下顯示「丁等」。

```
IPython console
Console 1/A
請輸入成績：92
優等
IPython console   History log
```

```
IPython console
Console 1/A
請輸入成績：85
甲等
IPython console   History log
```

```
IPython console
Console 1/A
請輸入成績：61
丙等
IPython console   History log
```

```
IPython console
Console 1/A
請輸入成績：48
丁等
IPython console   History log
```

程式碼：ch02\grade.py

```
1 score = input("請輸入成績：")
2 if(int(score) >= 90):
3     print("優等")
4 elif(int(score) >= 80):
5     print("甲等")
6 elif(int(score) >= 70):
7     print("乙等")
8 elif(int(score) >= 60):
9     print("丙等")
10 else:
11     print("丁等")
```

程式說明

- 2-3　若輸入的成績在 90 分以上就列印「優等」。
- 4-5　若輸入的成績在 80 分以上就列印「甲等」。
- 10-11　若前面條件都不成立表示分數在 60 分以下，列印「丁等」。

2.3.5 巢狀判斷式

在判斷式 (if…elif…else) 之內可以包含判斷式，稱為巢狀判斷式。系統並未規定巢狀判斷式的層數，要加多少層判斷式都可以，但層數太多會降低程式可讀性，而且維護較困難。

範例：百貨公司折扣戰

讓顧客輸入購買金額，若金額在 100000 元以上就打八折，金額在 50000 元以上就打八五折，金額在 30000 元以上就打九折，金額在 10000 元以上就打九五折。

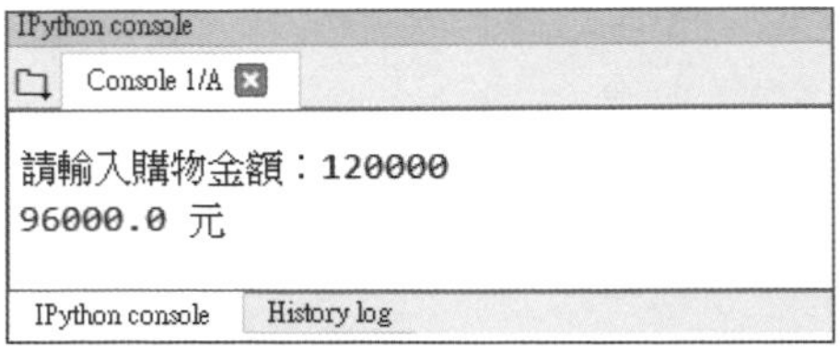

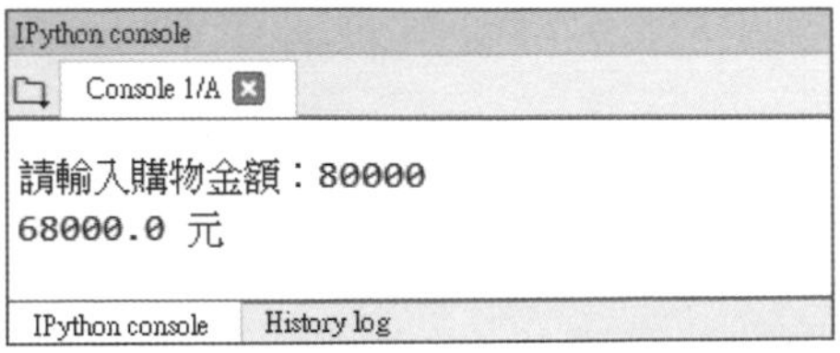

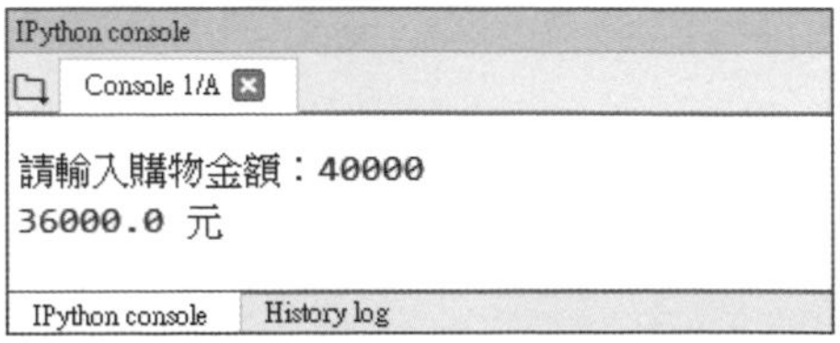

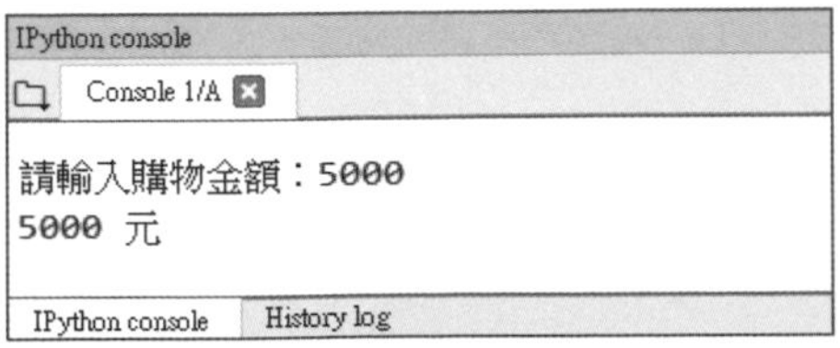

```
IPython console
Console 1/A
請輸入購物金額：120000
96000.0 元
IPython console  History log
```

```
IPython console
Console 1/A
請輸入購物金額：80000
68000.0 元
IPython console  History log
```

```
IPython console
Console 1/A
請輸入購物金額：40000
36000.0 元
IPython console  History log
```

```
IPython console
Console 1/A
請輸入購物金額：5000
5000 元
IPython console  History log
```

程式碼：ch02\discount.py

```
1 money = int(input("請輸入購物金額："))
2 if(money >= 10000):
3     if(money >= 100000):
4         print(str(money * 0.8), end=" 元\n")   #八折
5     elif(money >= 50000):
6         print(str(money * 0.85), end=" 元\n")   #八五折
7     elif(money >= 30000):
8         print(str(money * 0.9), end=" 元\n")   #九折
9     else:
10        print(str(money * 0.95), end=" 元\n")   #九五折
11 else:
12     print(str(money), end=" 元\n")   #未打折
```

程式說明

- 1　由於輸入的金額還要加以計算，所以轉換為整數資料型態。
- 2　2 及 11 列為外層判斷式，若金額達 10000 元以上就執行 3-10 列的內層判斷式。
- 3-4　若金額達 100000 元以上就執行第 4 列將金額打八折。由於第 1 列已將 money 轉為整數，第 4 列列印時需再轉為字串。使用 end 參數加入「元」並且換行。
- 5-8　分別打八五折及九折。
- 9-10　內層判斷式結束：金額在 10000-30000 元間打九五折。
- 11-12　外層判斷式：金額未達 10000 元不打折。

迴圈、資料結構及函式

Python 中 for 迴圈用於執行固定次數的迴圈，while 迴圈用於執行次數不固定的迴圈。

串列的功能與變數類似，能提供儲存資料的記憶體空間。每一個串列擁有一個名稱，做為識別該串列的標誌，串列中每一個資料稱為元素，如此就可輕易儲存大量的資料儲存空間。

元組的結構與串列完全相同，不同處在於元組的元素個數及元素值皆不能改變。

字典的結構也與串列類似，其元素是以「鍵 - 值」對方式儲存，這樣就可使用「鍵」來取得「值」。

在一個較大型的程式中，通常會將具有特定功能或經常重複使用的程式，撰寫成獨立的小單元，稱為「函式」，當程式需要時即可呼叫函式執行。

3.1 迴圈

電腦最擅長處理的工作就是執行重複的事情，而日常生活中到處充斥著這種不斷重複的現象，例如家庭中每個月固定要繳的各種帳單、子女每天要做的功課等，這些如果能以電腦來加以管理，將可減輕許多負擔。Python 程式中，專門用來處理這種重複事件的命令稱為「迴圈」。

Python 迴圈命令有 2 個：for 迴圈用於執行固定次數的迴圈，while 迴圈用於執行次數不固定的迴圈。

3.1.1 串列 (List)

程式中的資料通常是以變數來儲存，如果有大量資料需要儲存時，就必須宣告龐大數量的變數。例如：某學校有 500 位學生，每人有 10 科成績，就必須有 5000 個變數才能完全存放這些成績，程式設計者要如何宣告 5000 個變數呢？在程式中又如何明確的存取某一特定的變數呢？

串列 (又稱為「清單」或「列表」)，與其他語言的「陣列 (Array)」相同，其功能與變數相類似，是提供儲存資料的記憶體空間。每一個串列擁有一個名稱，做為識別該串列的標誌；串列中每一個資料稱為「元素」，每一個串列元素相當於一個變數，如此就可輕易儲存大量的資料儲存空間。要存取串列中特定元素，是以元素在串列中的位置做為索引，即可存取串列元素。

串列的使用方式是將元素置於中括號 ([]) 中，元素之間以逗號分隔，語法為：

```
串列名稱 = [ 元素 1, 元素 2, ……]
```

各個元素資料型態可以相同，也可以不同，例如：

```
list1 = [1, 2, 3, 4, 5]  #元素皆為整數
list2 = ["香蕉", "蘋果", "橘子"]  #元素皆為字串
list3 = [1, "香蕉", True]  #包含不同資料型態元素
```

取得元素值的方法是將索引值置於中括號內，注意索引值是從 0 開始計數：第一個元素值索引值為 0，第二個元素值索引值為 1，依此類推。索引值不可超出串列的範圍，否則執行時會產生錯誤。例如：

```
list4 = ["香蕉", "蘋果", "橘子"]
print(list4[1])  #蘋果
print(list4[3])  #錯誤，索引值超過範圍
```

索引值可以是負值，表示由串列的最後向前取出，「-1」表示最後一個元素，「-2」表示倒數第二個元素，依此類推。同理，負數索引值不可超出串列的範圍，否則執行時會產生錯誤。例如：

```
list4 = ["香蕉", "蘋果", "橘子"]
print(list4[-1])  #橘子
print(list4[-4])  #錯誤，索引值超過範圍
```

串列的元素可以是另一個串列，這樣就形成多維串列。多維串列元素的存取是使用多個中括號組合，例如下面是二維串列的範例，其串列元素是帳號、密碼組成的串列：

```
list5 = [["joe","1234"], ["mary","abcd"], ["david","5678"]]
print(list5[1])  #["mary","abcd"], 元素為串列
print(list5[1][1])  #abcd
```

範例：串列初值設定

建立一個包含三個整數元素的串列，代表學生三科成績，再依序顯示各科成績。

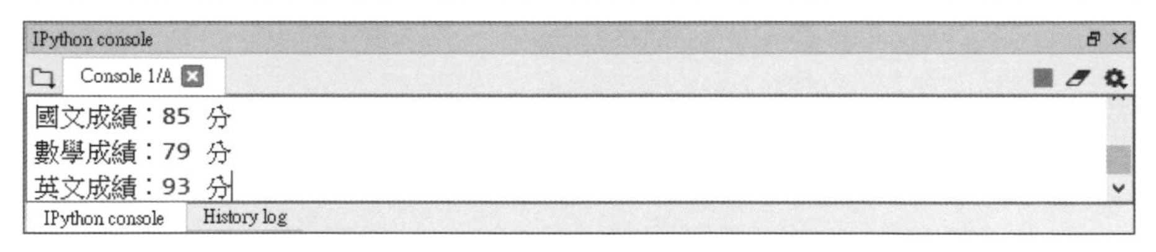

程式碼：ch03\list1.py

```
1 score = [85, 79, 93]
2 print("國文成績：%d 分" % score[0])
3 print("數學成績：%d 分" % score[1])
4 print("英文成績：%d 分" % score[2])
```

程式說明

- 1　建立串列。
- 2-4　依序顯示各科成績。

3.1.2 range 函式

串列中常使用整數循序串列，例如「1,2,3,……」，尤其是迴圈最常使用，range 函式的功能就是建立整數循序串列。

range 函式的語法有三種，分別是 1 個、2 個或 3 個參數。1 個參數的語法為：

```
串列變數 = range(整數值)
```

產生的串列是 0 到「整數值 - 1」的串列，例如：

```
r1 = range(5)
```

r1 是一個 0 到 4 的數列，列印時會顯示「range(0, 5)」。若要顯示 r1，需將其轉換為串列：

```
print(list(r1))  #[0,1,2,3,4]
```

range 函式包含 2 個參數的語法為：

```
串列變數 = range(起始值, 終止值)
```

產生的串列是由起始值到「終止值 - 1」的串列，例如：

```
r2 = range(3, 8)  #list(r2)=[3,4,5,6,7]
```

起始值及終止值皆可為負整數，例如：

```
r3 = range(-6, -2)  #list(r3)=[-6,-5,-4,-3]
```

如果起始值大於或等於終止值，產生的是空串列 (串列中無任何元素)。

range 函式包含 3 個參數的語法為：

```
串列變數 = range(起始值, 終止值, 間隔值)
```

產生的串列是由起始值開始，每次會遞增間隔值，直到「終止值 - 1」為止的串列，例如：

```
r4 = range(3, 8, 1)  #list(r4)=[3,4,5,6,7]
r5 = range(3, 8, 2)  #list(r5)=[3,5,7] , 元素值每次增加 2
```

間隔值也可為負整數，此時起始值必須大於終止值，產生的串列是由起始值開始，每次會遞增間隔值 (因間隔值為負數，所以數值為遞減)，直到「終止值 + 1」為止的串列，例如：

```
r6 = range(8, 3, -1)  #list(r6)=[8,7,6,5,4]
```

3.1.3 for 迴圈

for 迴圈通常用於執行固定次數的迴圈，其基本語法結構為：

```
for 變數 in 串列:
  程式區塊
```

執行 for 迴圈時，系統會將串列的元素依序做為變數的值，每次設定變數值後就會執行「程式區塊」一次，即串列有多少個元素，就會執行多少次「程式區塊」。以實例解說：

```
1 list1 = ["香蕉", "蘋果", "橘子"]
2 for s in list1:        #執行結果為：香蕉,蘋果,橘子,
3     print(s, end=",")
```

開始執行 for 迴圈時，變數 s 的值為「香蕉」，第 3 列程式列印「香蕉,」；然後回到第 2 列程式設定變數 s 的值為「蘋果」，再執行第 3 列程式列印「蘋果,」；同理回到第 2 列程式設定變數 s 的值為「橘子」，再執行第 3 列程式列印「橘子,」，串列元素都設定完畢，程式就結束迴圈。

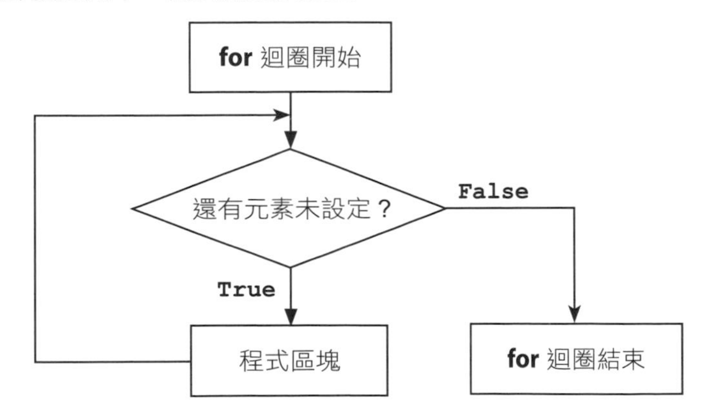

使用 range 函式可以設定 for 迴圈的執行次數，例如要列印全班成績，若班上有 30 位同學，列印程式碼為：

```
for i in range(1,31):
    列印程式碼
```

注意第 2 個參數(終止值)是 31。

範例：計算正整數總和

讓使用者輸入一個正整數，程式會計算由 1 到該整數的總和。

```
IPython console
Console 1/A

請輸入正整數：100
1 到 100 的整數和為 5050

IPython console  History log
```

程式碼：ch03\numtotal.py

```
1 sum = 0
2 n = int(input("請輸入正整數："))
3 for i in range(1, n+1):
4     sum += i
5 print("1 到 %d 的整數和為 %d" % (n, sum))
```

程式說明

- 2　取得輸入資料並轉為整數。
- 3-4　以迴圈計算總和。注意第 3 列程式第 2 個參數需用「n+1」。

3.1.4 巢狀 for 迴圈

與「if…elif…else」相同，for 迴圈中也可以包含 for 迴圈，稱為巢狀 for 迴圈。

使用巢狀 for 迴圈時需特別注意執行次數問題，其執行次數是各層迴圈的乘積，若執行次數太多會耗費相當長時間，可能讓使用者以為電腦當機，例如：

```
n = 0
for i in range(1,10001):
    for j in range(1,10001):
        n += 1
print(n)
```

外層迴圈及內層迴圈都是一萬次，則「n += 1」會執行一億次 (10000x10000)，執行時間視 CPU 速度約需十餘秒到數十秒。

巢狀迴圈最具代表性的範例就是九九乘法表，只要短短 5 列程式碼就能列印出完整的九九乘法列表。

範例：九九乘法表

利用兩層 for 迴圈列印九九乘法表。

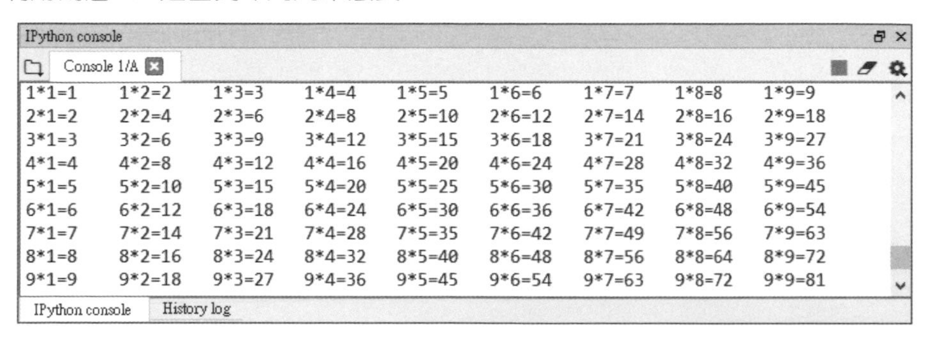

程式碼：ch03\ninenine.py

```
1 for i in range(1,10):
2     for j in range(1,10):
3         product = i * j
4         print("%d*%d=%-2d   " % (i, j, product), end="")
5     print()
```

程式說明

- 1-2　內外兩層各執行 9 次的 for 迴圈。
- 4　列印乘法算式：格式「-2d」表示列印佔 2 個字元的整數，並靠左對齊；「end=""」表示不換行，在同一列列印。
- 5　內層迴圈執行完後換行。

3.1.5 break 及 continue 命令

迴圈執行時，如果要中途結束迴執行，可使用 break 命令強制離開迴圈，例如：

```
for i in range(1,11):
    if(i==6):
        break
    print(i, end=",")      # 執行結果：1,2,3,4,5,
```

迴圈執行時，「i=1」不符合「i==6」的條件式，會列印「1,」；同理，i 為 2 到 5 時都不符合「i==6」的條件式，因此皆會列印數字；當「i=6」時符合「i==6」的條件式，就執行 break 命令離開迴圈而結束程式。

continue 命令則是在迴圈執行中途暫時停住不往下執行，而跳到迴圈起始處繼續執行，例如：

```
for i in range(1,11):
    if(i==6):
        continue
    print(i, end=",")    # 執行結果：1,2,3,4,5,7,8,9,10,
```

迴圈執行時，「i=1」不符合「i==6」的條件式，會列印「1,」；迴圈依序進行，只有當「i=6」時符合「i==6」的條件式，就執行 continue 命令跳到迴圈起始處繼續執行，因此並未列印「6,」。

範例：樓層命名

輸入大樓的樓層數後，如果是三層以下，會正常顯示樓層命名；如果是四層（含）以上，顯示樓層命名時會跳過四樓不顯示。

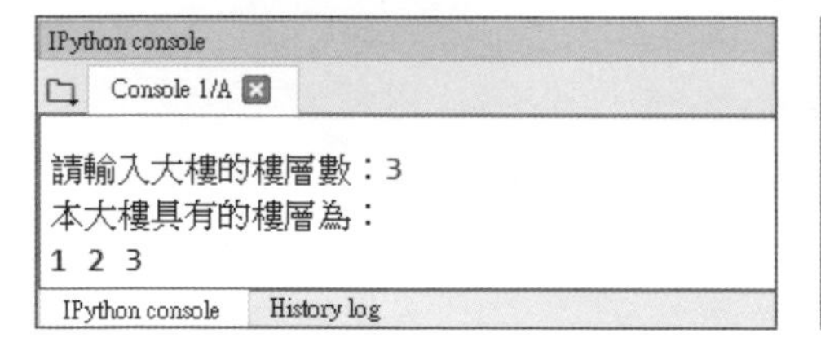
IPython console
Console 1/A
請輸入大樓的樓層數：3
本大樓具有的樓層為：
1 2 3
IPython console
History log

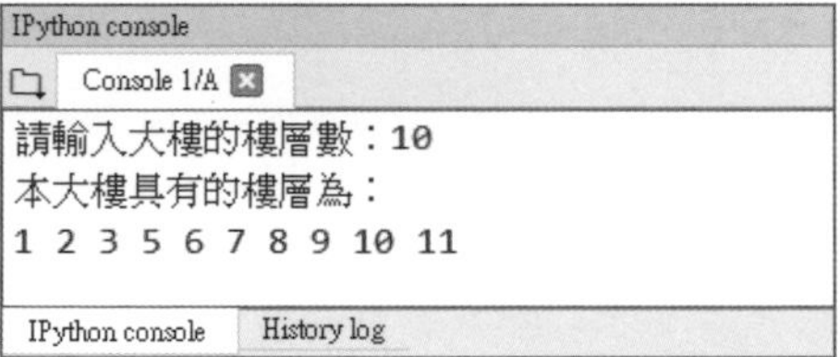
IPython console
Console 1/A
請輸入大樓的樓層數：10
本大樓具有的樓層為：
1 2 3 5 6 7 8 9 10 11
IPython console
History log

程式碼：ch03\floor.py

```
1 n = int(input("請輸入大樓的樓層數："))
2 print("本大樓具有的樓層為：")
3 if(n > 3):
4     n += 1
5 for i in range(1, n+1):
6     if(i==4):
7         continue
8     print(i, end=" ")
9 print()
```

程式說明

- 3-4　當樓層大於 4 層樓時，因為第 4 層跳過，所以命名樓層數會比輸入值多 1，例如輸入樓數為「10」，需命名到 11 樓，所以將樓層加 1。
- 6-7　樓層為 4 時就以 continue 命令跳過命名。

3.1.6 for…else 迴圈

for…else 迴圈通常會和 if 及 break 命令配合使用，其語法為：

```
for 變數 in 串列:
  程式區塊一
  if(條件式):
     程式區塊二
     break
else:
  程式區塊三
```

如果 for 迴圈正常執行完每一次程式區塊一 (即每一次條件式都不成立，for 迴圈不是經過 break 命令離開迴圈)，就會執行 else 的程式區塊三；若迴圈中任何一次條件式成立就以 break 命令離開迴圈，將不會執行 else 的程式區塊三。

舉例來說，數學上判斷某數是否為質數的方法：以某數逐一除以 2 到「某數 - 1」，如果有任何一次能夠整除就表示某數不是質數，若全部都無法整除，就表示某數是質數。以 11 為例說明：以 11 逐一除以 2 到 10，結果都無法整除，表示 11 是質數；又如 15：以 15 逐一除以 2 到 14，結果 3 可以整除，表示 15 不是質數。

下面以判斷質數的範例說明 for…else 迴圈：

範例：判斷質數

讓使用者輸入一個大於 1 的整數，判斷該數是否為質數。

```
IPython console
Console 1/A

請輸入大於 1 的整數：2
2 是質數！

IPython console  History log
```

```
IPython console
Console 1/A

請輸入大於 1 的整數：27
27 不是質數！

IPython console  History log
```

```
IPython console
Console 1/A

請輸入大於 1 的整數：29
29 是質數！

IPython console  History log
```

```
IPython console
Console 1/A

請輸入大於 1 的整數：1957
1957 不是質數！

IPython console  History log
```

程式碼：ch03\prime.py

```
1 n = int(input("請輸入大於 1 的整數："))
2 if(n==2):
3     print("2 是質數！")
4 else:
5     for i in range(2, n):
6         if(n % i == 0):
7             print("%d 不是質數！" % n)
8             break
9     else:
10        print("%d 是質數！" % n)
```

程式說明

- 2-3　數值 2 無法以正常質數判斷方式處理，所以輸入 2 就直接列印「2 是質數！」。
- 5-10　數值大於 2 的質數判斷方式。
- 5　執行 2 到「輸入數值 - 1」迴圈。
- 6-8　逐一執行迴圈，只要任何一次整除，就以 break 命令跳出迴圈，表示該數不是質數。
- 9-10　若所有 6-8 列程式皆未整除，表示並未以 break 命令跳出迴圈，就執行 9-10 列，列印該數是質數。

3.1.7 while 迴圈

while 迴圈通常用於沒有固定次數的情況，其基本語法結構為：

```
while(條件式):   #「(條件式)」的括號可省略
    程式區塊
```

如果條件式的結果為 True 就執行程式區塊，若條件式的結果為 False，就結束 while 迴圈繼續執行 while 迴圈後面的程式碼。例如：

```
1 total = n = 0
2 while(n < 10):
3     n += 1
4     total += n
5 print(total)  #1+2+……+10=55
```

迴圈開始時「n=0」，符合「n<10」條件，所以執行第 3-4 列程式將 n 加 1 並

計算總和，然後回到第 2 列迴圈起始處，依此類推。直到「n=10」時，不符合「n<10」條件就跳出 while 迴圈。

while 迴圈的流程如下：

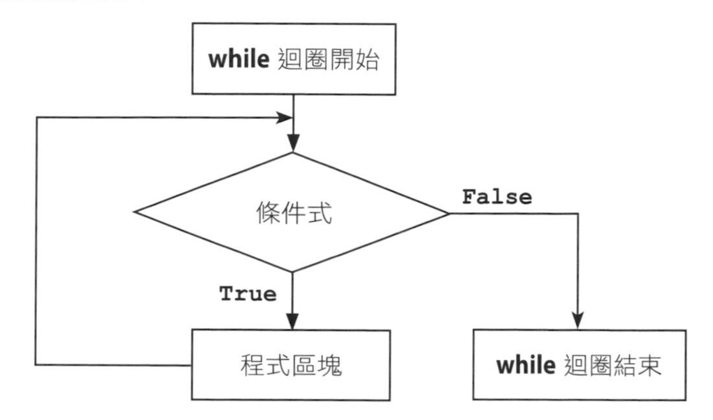

在使用 while 迴圈時要特別留意，必須設定條件判斷的中止條件，以便可以停止迴圈的執行，否則會陷入無窮迴圈的窘境。例如：

```
1 total = n = 0
2 while(n < 10):
3     total += n
4 print(total)
```

因為設計者忘記將 n 的值遞增，造成 n 的值永遠為 0，而使條件式永遠為 True，無法離開迴圈。執行時，程式將宛如當機，沒有任何回應。此時唯有按 **Ctrl + C** 鍵中斷程式執行，才能恢復系統運作。

範例：while 迴圈計算班級成績

小美是一位教師，請你以 while 迴圈方式為小美設計一個輸入成績的程式，如果輸入「-1」表示成績輸入結束，在輸入成績結束後顯示班上總成績及平均成績。

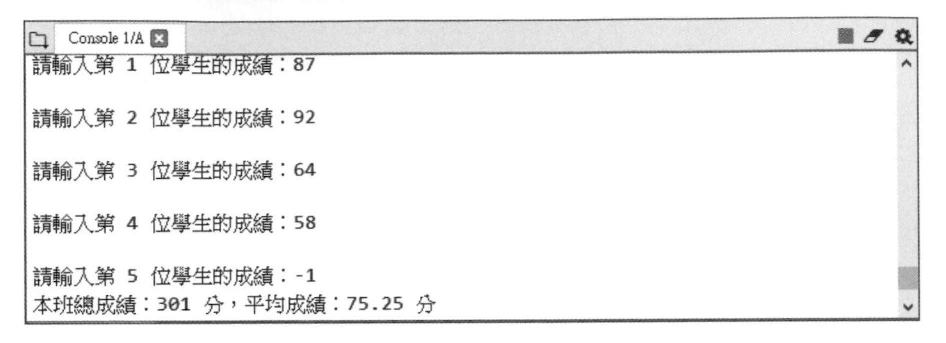

程式碼：ch03\while1.py

```
1 total = person = score = 0
2 while(score != -1):
3     person += 1
4     total += score
5     score = int(input("請輸入第 %d 位學生的成績：" % person))
6 average = total / (person - 1)
7 print("本班總成績：%d 分，平均成績：%5.2f 分" % (total, average))
```

程式說明

- 1　　total 為總分，person 為學生人數，score 為學生成績。
- 2-5　　如果學生成績不是 -1 就執行 3-5 列程式，若學生成績是 -1 就跳出迴圈執行第 6 列程式。
- 3-5　　讓使用者輸入成績並計算總分。
- 6　　計算平均分數。

3.2 串列、元組及字典

前一節已提及一個串列名稱可以儲存多個資料 (每個資料稱為「元素」)，Python 中還有元組 (Tuple) 及字典 (Dict)，具有儲存多個資料的特性。

3.2.1 進階串列操作

串列在 Python 中應用非常廣泛，因此有許多進階方法可對串列進行操作，以滿足各種需求。下表為串列的常用方法：(表中 list1=[1,2,3,4,5,6]，x=[8,9]，n、n1、n2、n3 為整數)

方法	意義	範例	範例結果
list1*n	串列重複 n 次	list2=list1*2	list2=[1,2,3,4,5,6,1,2,3,4,5,6]
list1[n1:n2]	取出 n1 到 n2-1 元素	list2=list1[1:4]	list2=[2,3,4]
list1[n1:n2:n3]	同上，取出間隔為 n3	list2=list1[1:4:2]	list2=[2,4]
del list1[n1:n2]	刪除 n1 到 n2-1 元素	del list1[1:4]	list1=[1,5,6]
del list1[n1:n2:n3]	同上，刪除間隔為 n3	del list1[1:4:2]	list1=[1,3,5,6]
n=len(list1)	取得串列元素數目	n=len(list1)	n=6
n=min(list1)	取得元素最小值	n=min(list1)	n=1
n=max(list1)	取得元素最大值	n=max(list1)	n=6
n=list1.index(n1)	第 1 次 n1 元素的索引值	n=list1.index(3)	n=2
n=list1.count(n1)	n1 元素出現的次數	n=list1.count(3)	n=1
list1.append(n1)	將 n1 做為元素加在串列最後	list1.append(8)	list1=[1,2,3,4,5,6,8]
list1.extend(x)	將 x 中元素逐一做為元素加在串列最後	list1.extend(x)	list1=[1,2,3,4,5,6,8,9]
list1.insert(n,n1)	在位置 n 加入 n1 元素	list1.insert(3,8)	list1=[1,2,3,8,4,5,6]
n=list1.pop()	取出最後 1 個元素並由串列中移除元素	n=list1.pop()	n=6, list1=[1,2,3,4,5]
list1.remove(n1)	移除第 1 次的 n1 元素	list1.remove(3)	list1=[1,2,4,5,6]
list1.reverse()	反轉串列順序	list1.reverse()	list1=[6,5,4,3,2,1]
list1.sort()	將串列由小到大排序	list1.sort()	list1=[1,2,3,4,5,6]

以 append 或 insert 方法增加串列元素

串列設定初始值後，如果要增加串列元素，不能直接以索引方式設定，必須以 append 或 insert 方法才能增加串列元素。append 方法是將元素加在串列最後面，例如：

```
list1 = [1,2,3,4,5,6]
list1.append(8)   #list1=[1,2,3,4,5,6,8]
list1[7] = 8   # 錯誤，索引超出範圍
```

insert 方法是將元素加在串列的指定位置，索引值若超過串列元素索引值，會將元素加在串列最後位置。例如：

```
list1 = [1,2,3,4,5,6]
list1.insert(3, 8)   #list1=[1,2,3,8,4,5,6]
list1.insert(17, 9)   #[1,2,3,8,4,5,6,9]
```

範例：以串列計算班級成績

小明是一位教師，請為小明設計一個輸入成績的程式，學生成績需存入串列做為串列元素，如果輸入「-1」表示成績輸入結束，最後顯示班上總成績及平均成績。

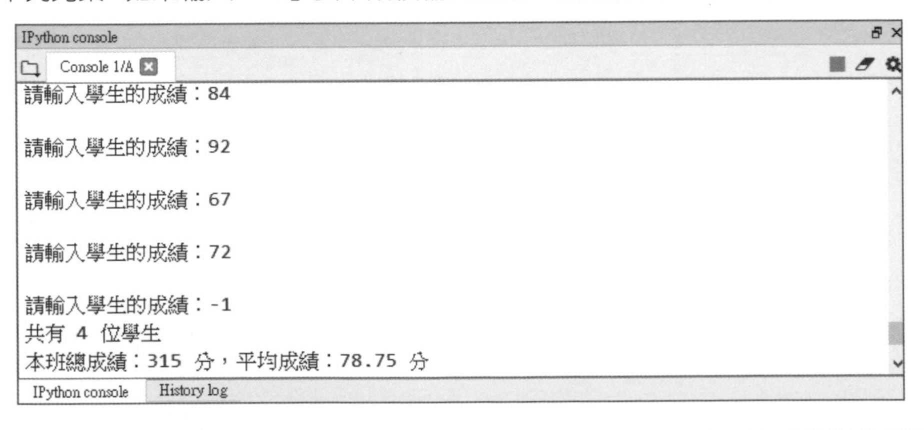

程式碼：ch03\append1.py

```
1 score = []
2 total = inscore = 0
3 while(inscore != -1):
4     inscore = int(input(" 請輸入學生的成績："))
5     score.append(inscore)
6 print(" 共有 %d 位學生 " % (len(score) - 1))
```

```
 7 for i in range(0, len(score) - 1):
 8     total += score[i]
 9 average = total / (len(score) - 1)
10 print(" 本班總成績：%d 分，平均成績：%5.2f 分 " % (total, average))
```

程式說明

- 1　建立空串列。
- 2　total 儲存總成績，inscore 儲存輸入的成績。
- 5　將輸入成績存入串列。
- 6　「len(score)」取得串列元素數目，「-1」不算學生成績，故需減 1。
- 7-8　以 for 迴圈逐一計算學生總分。

append 與 extend 方法的區別

append 及 extend 方法都是將資料加在串列最後面，不同處在於 append 方法的參數可以是元素，也可以是串列。如果是串列，會將整個串列當成一個元素加入串列，例如：

加入一個元素

```
list1 = [1,2,3,4,5,6]
list1.append(7)   #list1=[1,2,3,4,5,6,7]
list1.append([8,9])   #list1=[1,2,3,4,5,6,7,[8,9]]
```

extend 方法的參數只可以是串列，不可以是元素。extend 方法會將串列中的元素做為個別元素逐一加入串列，例如：

加入 2 個元素

```
list1 = [1,2,3,4,5,6]
list1.extend(7)   # 錯誤，只能是串列
list1.extend([8,9])   #list1=[1,2,3,4,5,6,8,9]
```

pop 方法

pop 方法的功能是由串列中取出元素，同時串列會將該元素移除。pop 方法可以有參數，也可以沒有參數：如果沒有參數，就取出最後 1 個元素；如果有參數，參數的資料型態為整數，就取出以參數為索引值的元素。

```
list1 = [1,2,3,4,5,6]
n = list1.pop()   #n=6, list1=[1,2,3,4,5]
n = list1.pop(3)   #n=4, list1=[1,2,3,5]
```

3.2.2 元組 (Tuple)

元組的結構與串列完全相同，不同處在於元組的元素個數及元素值皆不能改變，而串列則可以改變，所以一般將元組說成是「不能修改的串列」。

元組的使用方式是將元素置於小括號中 (串列是中括號)，元素之間以逗號分隔，語法為：

```
元組名稱 = ( 元素 1, 元素 2, ……)
```

例如：

```
tuple1 = (1, 2, 3, 4, 5)  # 元素皆為整數
tuple2 = (1, " 香蕉 ", True)  # 包含不同資料型態元素
```

元組的使用方式與串列相同，但不能修改元素值，否則會產生錯誤，例如：

```
tuple3 = (" 香蕉 ", " 蘋果 ", " 橘子 ")
print(tuple3[1])  # 蘋果
tuple3[1] = " 芭樂 "  # 錯誤，元素值不能修改
```

串列的進階方法也可用於元組，但因為元組不能改變元素值，所以會改變元素個數或元素值的方法都不能在元組使用，例如 append、insert 等方法。

```
tuple4 = (1, 2, 3, 4, 5)
n = len(tuple4)  #n=5
tuple4.append(8)  # 錯誤，不能增加元素
```

比較起來，串列的功能遠比元組強大，使用元組有什麼好處呢？元組的優點為：

- **執行速度比串列快**：因為其內容不會改變，因此元組的內部結構比串列簡單，執行速度較快。
- **存於元組的資料較為安全**：因為其內容無法改變，不會因程式設計的疏忽而變更資料內容。

串列和元組互相轉換

串列和元組結構相似，只是元素是否可以改變而已，有時程式執行過程中有互相轉換的需求。Python 提供 list 命令將元組轉換為串列，tuple 命令將串列轉換為元組。

元組轉換為串列的範例：

```
tuple1 = (1,2,3,4,5)
list1 = list(tuple1)  #元組轉換為串列
list1.append(8)  #正確，在串列中新增元素
```

串列轉換為元組的範例：

```
list2 = [1,2,3,4,5]
tuple2 = tuple(list2)  #串列轉換為元組
tuple2.append(8)  #錯誤，元組不能增加元素
```

3.2.3 字典 (Dict)

串列資料依序排列，若要取得串列內特定資料，必須知道其在串列中的位置，例如一個水果價格的串列：

```
list1 = [20, 50, 30]  #分別為香蕉、蘋果、橘子的價格
```

若要得知蘋果的價格，就要知道蘋果價格是串列第 2 個元素，再使用「list1[1]」取出蘋果價格，是不是很不方便呢？

字典的結構也與串列類似，其元素是以「鍵 - 值」對方式儲存，這樣就可使用「鍵」來取得「值」。字典是將元素置於一對大括號「{}」中，其語法為：

```
字典名稱 = { 鍵 1: 值 1, 鍵 2: 值 2, ……}
```

例如：

```
dict1 = {"香蕉":20, "蘋果":50, "橘子":30}
```

取得字典元素值的方法是以「鍵」做為索引來取得「值」，例如：

```
print(dict1["蘋果"])  #50
```

由於字典是使用「鍵」做為索引來取得「值」，因此「鍵」必須是唯一，而「值」則可以重複。如果「鍵」重複的話，則前面的「鍵」會被覆蓋，只有最後的「鍵」有效，例如：

```
dict2 = {"香蕉":20, "蘋果":50, "橘子":30, "香蕉":25}
print(dict2["香蕉"])  #25
```

元素在字典中的排列順序是隨機的，與設定順序不一定相同，例如：

```
dict1 = {"香蕉":20, "蘋果":50, "橘子":30}
print(dict1)  #結果：{"蘋果":50, "香蕉":20, "橘子":30}
```

由於元素在字典中的排列順序是隨機的，所以不能以位置數值做為索引。另外，若輸入的「鍵」不存在也會產生錯誤，例如：

```
dict1 = {"香蕉":20, "蘋果":50, "橘子":30}
print(dict1[0])  #錯誤
print(dict1["鳳梨"])  #錯誤
```

修改元素值的方法是對「鍵」設定新「值」，新元素值會取代舊元素值，例如：

```
dict1 = {"香蕉":20, "蘋果":50, "橘子":30}
dict1["橘子"] = 60
print(dict1["橘子"])  #60
```

新增元素的方法是設定新「鍵」及新「值」，例如：

```
dict1 = {"香蕉":20, "蘋果":50, "橘子":30}
dict1["鳳梨"] = 40
print(dict1)  #{"香蕉":20, "蘋果":50, "橘子":30, "鳳梨":40}
```

刪除字典則有三種情況。第一種是刪除字典中特定元素，語法為：

```
del 字典名稱[鍵]
```

第二種是刪除字典中所有元素，語法為：

```
字典名稱.clear()
```

第三種是刪除字典，字典刪除後該字典就不存在，語法為：

```
del 字典名稱
```

例如：

```
dict1 = {"香蕉":20, "蘋果":50, "橘子":30}
del dict1["蘋果"]  #刪除「"蘋果":50」元素
dict1.clear()  #刪除所有元素
del dict1  #刪除dict1字典
```

3.2.4 進階字典操作

與串列相同，有許多進階方法可對字典進行操作，下表為字典的常用方法：(表中 dict1={"joe":5,"mary":8}，n 為整數，b 為布林變數)

方法	意義	範例	範例結果
len(dict1)	取得字典元素個數	n=len(dict1)	n=2
dict1.clear()	移除所有字典元素	dict2=dict1.clear()	dict2 為空字典
dict1.copy()	複製字典	dict2=dict1.copy()	dict2={"joe":5, "mary":8}
dict1.get(鍵 , 值)	取得「鍵」對應的「值」，若「鍵」不存在就傳回參數中的「值」	n=dict1.get("joe")	n=5
鍵 in dict1	檢查「鍵」是否存在	b="joe" in dict1	b=True
dict1.items()	取得以「鍵 - 值」組為元素的組合	dict2=dict1.items()	dict2=[("joe":5), ("mary":8)]
dict1.keys()	取得以「鍵」為元素的組合	dict2=dict1.keys()	dict2=["joe", "mary"]
dict1. setdefault(鍵 , 值)	與 get() 類似，若「鍵」不存在就以參數的「鍵 - 值」建立新元素	n=dict1. setdefault("joe")	n=5
dict1.values()	取得以「值」為元素的組合	dict2=dict1.values()	dict2=[5,8]

keys 、values 及 items 方法

字典的 keys() 方法可取得所有「鍵」組成的組合，資料型態為 dict_keys；values() 方法可取得所有「值」組成的組合，資料型態為 dict_values。可將 keys 及 values 方法取得的資料以 list 函式轉換為串列，轉成串列才能取得元素值，將兩者組合就可列印字典全部內容。

範例：顯示字典內容 (一)

先建立 3 筆字典資料：「鍵」為學生姓名，「值」為學生成績，再以程式新增 2 筆資料，最後以 keys 及 values 方法顯示字典內容。

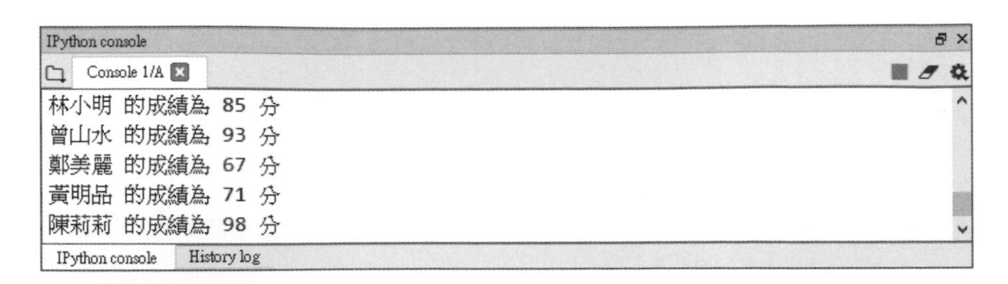

程式碼：ch03\dictshow1.py

```
1 dict1={"林小明":85, "曾山水":93, "鄭美麗":67}
2 dict1["黃明品"] = 71
3 dict1["陳莉莉"] = 98
4 listkey = list(dict1.keys())
5 listvalue = list(dict1.values())
6 for i in range(len(listkey)):
7     print("%s 的成績為 %d 分" % (listkey[i], listvalue[i]))
```

程式說明

- 1　　建立 3 筆資料的字典。
- 2-3　　以程式新增 2 筆資料。
- 4-5　　以 keys 及 values 方法取得「鍵」及「值」組合，並轉換為串列。
- 6-7　　以 for 迴圈逐筆顯示字典資料。

items() 方法可取得所有「鍵 - 值」組成的組合，資料型態為 dict_items，因其中包含了「鍵」及「值」資料，故使用 items() 方法顯示字典內容更為方便。

範例：顯示字典內容 (二)

範例內容及執行結果與上一個範例相同。

程式碼：ch03\dictshow2.py

```
1 dict1={"林小明":85, "曾山水":93, "鄭美麗":67}
2 dict1["黃明品"] = 71
3 dict1["陳莉莉"] = 98
4 listitem = dict1.items()
5 for name, score in listitem:
6     print("%s 的成績為 %d 分" % (name, score))
```

程式說明

- 5-6　　可同時取得「鍵」和「值」資料顯示。

get 及 setdefault 方法

get 方法可取得「鍵」對應的「值」，語法為：

```
字典名稱 .get( 鍵 [, 預設值 ])
```

第 2 個參數「預設值」可有可無。get 方法執行結果可能有三種情況：

- 「鍵」存在，不論是否設定「預設值」，皆傳回字典中對應的「值」。
- 「鍵」不存在，也沒有設定「預設值」，會傳回「None」。
- 「鍵」不存在，但有設定「預設值」，會傳回預設值。

例如：

```
dict1 = {"香蕉":20, "蘋果":50, "橘子":30}
n=dict1.get("蘋果")  #n=50
n=dict1.get("蘋果", 100)  #n=50
n=dict1.get("鳳梨")  #n=None
n=dict1.get("鳳梨", 100)  #n=100
```

setdefault 方法的使用方式、功能及傳回值與 get 方法完全相同。setdefault 方法和 get 方法不同處在於字典的內容。get 方法不會改變字典的內容；setdefault 方法若「鍵」存在，字典的內容不會改變，若「鍵」不存在，則會將「鍵 - 值」對加入字典做為元素：若有設定預設值，加入的是「鍵 : 預設值」，若沒有設定預設值，加入的是「鍵 :None」。

下面示範 setdefault 使用方法：

```
dict1 = {"香蕉":20, "蘋果":50, "橘子":30}
n=dict1.setdefault("蘋果")  #n=50, dict1 未改變
n=dict1.setdefault("蘋果", 100)  #n=50, dict1 未改變
n=dict1.setdefault("鳳梨")  #n=None, dict1 = {"香蕉":20, "蘋果":50,
        "橘子":30, "鳳梨":None}
n=dict1.setdefault("鳳梨", 100)  #n=100, dict1 = {"香蕉":20,
        "蘋果":50, "橘子":30, "鳳梨":100}
```

3.3 函式

在一個較大型的程式中，通常會將具有特定功能或經常重複使用的程式，撰寫成獨立的小單元，稱為「函式」，並賦予函式一個名稱，當程式需要時就可以呼叫該函式執行。

使用函式的程式設計方式具有下列好處：

- 將大程式切割後由多人撰寫，有利於團隊分工，可縮短程式開發的時間。
- 可縮短程式的長度，程式碼也可重複使用，當再開發類似功能的產品時，只需稍微修改即可以套用。
- 程式可讀性高，易於除錯和維護。

3.3.1 自訂函式

建立函式的語法為：

```
def 函式名稱 ([ 參數 1, 參數 2, ……]):
      程式區塊
      [return 回傳值 1, 回傳值 2, ……]
```

- **參數串列** (參數 1, 參數 2, ……)：可有可無，參數串列是用來接收由呼叫函式傳遞進來的資料，如果有多個參數，則參數之間必須用逗號「 ,」分開。
- **回傳值串列** (回傳值 1, 回傳值 2, ……)：可有可無，回傳值串列是執行完函式後傳回主程式的資料，若有多個回傳值，則回傳值之間必須用逗號「 ,」分開，主程式則要有多個變數來接收回傳值。

例如：建立名稱為 SayHello() 的函式，可以顯示「歡迎光臨 !」(沒有傳回值)。

```
def SayHello():
   print( "歡迎光臨 !")
```

再如：建立名稱為 GetArea() 的函式，以參數傳入矩形的寬及高，計算矩形面積後將面積值傳回。

```
def GetArea(width, height):
   area = width * height
   return area
```

函式建立後並不會執行，必須在主程式中呼叫函式，才會執行函式，呼叫函式的語法為：

```
[變數 =] 函式名稱 ([參數串列])
```

如果函式有傳回值，可以使用變數來儲存返回值，例如：

```
def GetArea(width, height):
  area = width * height
  return area
ret1 = GetArea(6,9)   #ret1=54
```

範例：攝氏溫度轉華氏溫度

輸入攝氏溫度，求華氏溫度。

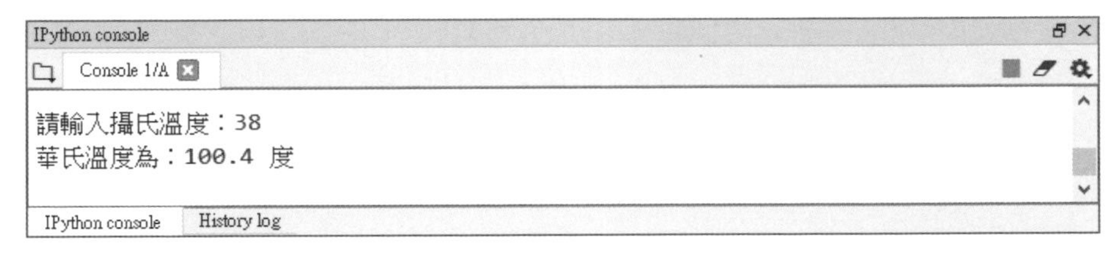

程式碼：ch03\ctof.py

```
1 def ctof(c):
2     f = c * 1.8 + 32
3     return f
4
5 inputc = float(input("請輸入攝氏溫度："))
6 print("華氏溫度為：%5.1f 度" % ctof(inputc))
```

程式說明

- 1-3　攝氏轉華氏溫度的公氏為「攝氏 * 1.8 + 32」，參數為攝氏溫度。
- 5　將輸入的文字轉為浮點數，方便後續計算。
- 6　呼叫 ctof 函式後列印傳回值。

如果參數的數量較多，常會搞錯參數順序而導致錯誤結果，呼叫函式時可以輸入參數名稱，此種方式與參數順序無關，可以減少錯誤。不過輸入參數名稱方式會多輸入不少文字，降低建立程式效率。例如下面三種呼叫方式結果相同：

```
def GetArea(width, height):
  return width * height
ret1 = GetArea(6, 9)   #ret1=54
```

```
ret2 = GetArea(width=6, height=9)   #ret2=54
ret3 = GetArea(height=9, width=6)   #ret3=54
```

參數預設值

建立函式時可以為參數設定預設值，呼叫函式時，如果沒有傳入該參數時，就會使用預設值。參數設定預設值的方法為「參數 = 值」，例如：

```
def GetArea(width, height=12):
    return width * height
ret1 = GetArea(6)   #ret1=72 (6*12)
ret1 = GetArea(6, 9)   #ret1=54 (6*9)
```

設定預設值的參數必須置於參數串列最後，否則執行時會產生錯誤，例如：

```
def GetArea(width, height=12):   # 正確
def GetArea(width=18, height):   # 錯誤，需將「width=18」移到後面
```

3.3.2 不定數目參數函式

參數的數目固定有時會造成一些困擾，例如加法函式，一般加法函式是 2 個數值相加：

```
def add(n1, n2):
    return n1 + n2
```

但此函式無法用於 3 個數值相加。當然，我們可以再建立一個傳入 3 個參數的函式，那 4 個數值相加、5 個數值相加呢？ Python 建立函式時可以讓函式接受沒有預先設定的參數個數，方法是在參數名稱前加星號「*」，語法為：

```
def 函式名稱(* 參數):
    ......
```

例如建立不定參數數目的函式 func1：

```
def func1(*args):
    ......
```

Python 會以元組的方式將所有參數存於 args 中，設計者再以處理元組的方法即可取得所有參數。

範例：多數值加法器

建立不定參數數目的函式，此函式可以計算 2 個、3 個、4 個、……數值總和。

```
不定數目參數範例：
2 個參數：4 + 5 = 9
3 個參數：4 + 5 + 12 = 21
4 個參數：4 + 5 + 12 + 8 = 29
```

程式碼：ch03\calsum.py

```
 1 def calsum(*params):
 2     total = 0
 3     for param in params:
 4         total += param
 5     return total
 6 
 7 print("不定數目範例：")
 8 print("2 個參數：calsum(4,5) = %d" % calsum(4,5))
 9 print("3 個參數：calsum(4,5,12) = %d" % calsum(4,5,12))
10 print("4 個參數：calsum(4,5,12,8) = %d" % calsum(4,5,12,8))
```

程式說明

- 1　建立不定參數數目的函式 calsum。
- 3-4　傳入的參數以元組儲存於 params 中，第 3 列將元組內元素逐一取出，第 4 列計算總和。

3.3.3 變數有效範圍

變數依其有效範圍分為全域變數及區域變數：

- **全域變數**：定義在函式外的變數，其有效範圍是整個 Python 檔案。
- **區域變數**：定義在一個函式中的變數，其有效範圍是在該函式內。

若有相同名稱的全域變數與區域變數，以區域變數優先：在函式內，會使用區域變數，在函式外，因區域變數不存在，故使用全域變數。

```
1 def scope():
2     var1 = 1
3     print(var1, var2)  #1 20
```

```
 4
 5 var1 = 10
 6 var2 = 20
 7 scope()
 8 print(var1, var2)    #10 20
```

第 3 列列印是在函式內，「var1=1」是區域變數會優先使用，其值為「1」；函式中沒有 var2 變數，故使用全域變數，其值為「20」。

第 8 列列印時在函式外，都使用全域變數，列印值為「10 20」。

如果要在函式內使用全域變數，需在函式中以 global 宣告。

```
 1 def scope():
 2     global var1
 3     var1 = 1
 4     var2 = 2
 5     print(var1, var2)   #1 2
 6
 7 var1 = 10
 8 var2 = 20
 9 scope()
10 print(var1, var2)   #1 20
```

第 2 列宣告函式內的 var1 是全域變數，第 3 列將全域變數 var1 的值改為 1，第 5 列印的是全域變數 var1 及區域變數 var2，其值為「1 2」。

第 10 列列印時在函式外，都使用全域變數，列印值為「1 20」。

3.3.4 內建函式

通常需要反覆執行的程式碼就可以寫成函式，當要執行時只需呼叫該函式即可。但每一項功能都由設計者自行撰寫程序，將是一份龐大的工作。Python 內建了許多函式，設計者可以直接使用，如此，設計者等於擁有許多工具，可以輕易設計出符合需求的應用程式。

前面範例已使用過一些內建函式，例如 float()、range() 等，下表為常使用的內建函式：

函式	功能	範例	範例結果
abs(x)	取得 x 的絕對值	abs(-5)	5
chr(x)	取得整數 x 的字元	chr(65)	A
divmod(x, y)	取得 x 除以 y 的商及餘數的元組	divmod(44, 6)	(7,2)
float(x)	將 x 轉換成浮點數	float("56")	56.0
hex(x)	將 x 轉換成十六進位數字	hex(34)	0x22
int(x)	將 x 轉換成整數	int(34.21)	34
len(x)	取得元素個數	len([1,3,5,7])	4
max(參數串列)	取得參數中的最大值	max(1,3,5,7)	7
min(參數串列)	取得參數中的最小值	min(1,3,5,7)	1
oct(x)	將 x 轉換成八進位數字	oct(34)	0o42
ord(x)	回傳字元 x 的 Unicode 編碼值	ord(" 我 ")	25105
pow(x, y)	取得 x 的 y 次方	pow(2,3)	8
round(x)	以四捨六入法取得 x 的近似值	round(45.8)	46
sorted(串列)	由小到大排序	sorted([3,1,7,5])	[1,3,5,7]
str(x)	將 x 轉換成字串	str(56)	56 (字串)
sum(串列)	計算串列元素的總和	sum([1,3,5,7])	16
type(物件)	取得物件的資料型態	type(34.0)	float

pow 函式可以有第 3 個參數：

```
pow(x, y, z)
```

意義為 x 的 y 次方除以 z 的餘數，例如：

```
pow(3, 4, 7)  #4
```

3 的 4 次方為 81，81 除以 7 為 11 餘 4，結果為「4」。

round 函式可以有第 2 個參數：

```
round(x, y)
```

y 是設定小數位數 (y 省略為整數)。四捨六入是 4 以下 (含) 捨去，6 以上 (含) 進位，5 則視前一位數而定：前一位數是偶數就將 5 捨去，前一位數是奇數就將進位。例如：

```
round(3.76, 1)   #3.8
round(3.74, 1)   #3.7
round(3.75, 1)   #3.8
round(3.65, 1)   #3.6
```

sorted 函式預設是由小到大排序，若是以「reverse=True」做為第 2 個參數，會由大到小排序，例如：

```
sorted([3,1,7,5], reverse=True)   #[7,5,3,1]
```

範例：內建函式應用

讓使用者輸入若干個正整數，以內建函式顯示最大數、最小數、總和及排序。

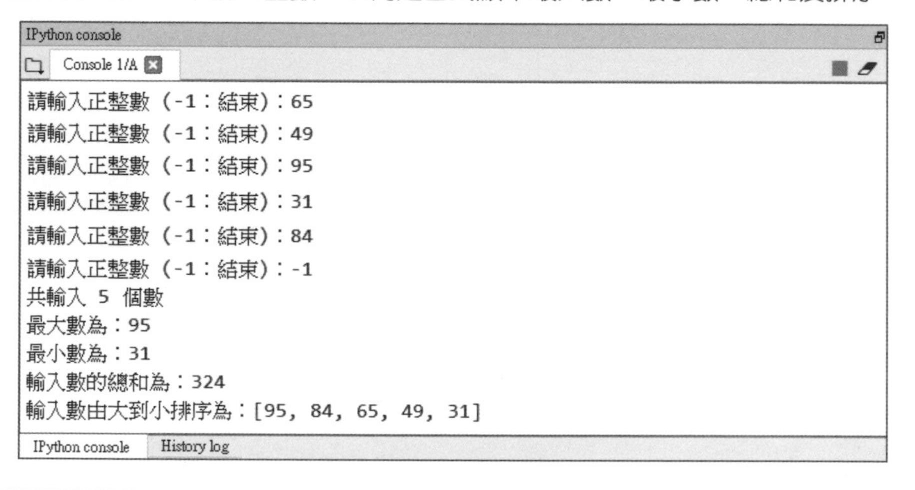

程式碼：ch03\function1.py

```
 1 innum = 0
 2 list1 = []
 3 while(innum != -1):
 4     innum = int(input("請輸入正整數 (-1：結束)："))
 5     list1.append(innum)
 6 list1.pop()
 7 print("共輸入 %d 個數" % len(list1))
 8 print("最大數為：%d" % max(list1))
 9 print("最小數為：%d" % min(list1))
10 print("輸入數的總和為：%d" % sum(list1))
11 print("輸入數由大到小排序為:{}".format(sorted(list1, reverse=True)))
```

程式說明

- 3-5　讓使用者輸入數值，並將數值存入串列。
- 6　最後輸入的「-1」不算輸入的數值，需將其移除。
- 11　由大到小排序要加入「reverse=True」參數。

3.3.5 import 模組

Python 最為人稱道的優勢就是擁有許多內建模組 (package)，更有很多第三方公司開發功能強大的模組，使得 Python 功能可以無限擴充。內建模組只要使用「import」命令就可匯入，第三方模組則先要安裝才能使用「import」命令匯入 (安裝方法請參考 1.2.2 節)。

import 命令的語法為：

```
import 模組名稱
```

例如 random 是一個產生亂數的內建模組，匯入 random 模組的程式為：

```
import random
```

通常模組中有許多函式供設計者使用，使用這些函式的語法為：

```
模組名稱 . 函式名稱
```

例如 random 模組有 seed、random、choice 等函式，使用 seed 函式的程式為:

```
random.seed()
```

每次使用模組函式都要輸入模組名稱非常麻煩，有些模組名稱很長，更造成輸入的困擾，也增加程式錯誤的機會。import 命令的第二種語法可改善此種情況，語法為：

```
from 模組名稱 import *
```

以此種語法匯入模組後，使用模組函式就不必輸入模組名稱 (輸入模組名稱也可以)，直接使用函式即可，例如：

```
from random import *
seed()
```

此種方法雖然方便，卻隱藏著極大風險：每一個模組擁有眾多函式，若兩個模組具有相同名稱的函式，由於未輸入模組名稱，使用函式時可能造成錯誤。為兼顧便利性及安全性，可使用 import 命令的第三種語法：

```
from 模組名稱 import 函式1, 函式2,……
```

例如：

```
from random import seed, random, choice
```

意思是只由 random 模組匯入三個函式，如此可指定匯入的函式名稱，就能避免函式名稱重複的錯誤。

import 命令的最後一種語法是為模組名稱另取一個簡短的別名，語法為：

```
import 模組名稱 as 別名
```

這樣一來，使用函式時就用「別名 . 函式名稱」呼叫，既可避免輸入較長的模組名稱，又可避免不同模組中相同函式名稱問題，例如：

```
import random as r
r.seed()
```

Chapter 04 檔案處理與 SQLite 資料庫

Python 能夠大量快速的處理電腦系統中的檔案與資料夾，除了使用 os 模組進行目錄建立與刪除目錄、檔案刪除、執行作業系統命令等動作，也可以利用 Python 內建的 open() 函式開啟指定的檔案，並進行檔案內容的讀取、寫入或修改。

Python 內建嵌入式資料庫 SQLite，利用檔案儲存整個資料庫，SQLite 的特點是可以使用 SQL 語法管理資料庫，執行新增、修改、刪除和查詢。

4.1 檔案和目錄管理

日常生活中有太多的時間都是在處理檔案和資料，Python 提供 os、shutil 和 glob 等實用的模組，方便操作檔案和目錄。

4.1.1 os 模組

os 提供建立目錄、刪除目錄、刪除檔案、執行作業系統命令等方法，使用時必須匯入 os 模組。

remove() 方法

刪除指定的檔案，一般都會配合 os.path 的 exists() 方法，先檢查該檔案是否存在，再決定是否要刪除檔案。(<osremove.py>)

本章範例使用 IPython console 執行。

```
import os
file = "myFile.txt"
if os.path.exists(file):
    os.remove(file)
else:
    print(file + " 檔案未建立！")
```

mkdir() 方法

利用 mkdir() 方法可以建立指定的目錄。

```
import os
os.mkdir("myDir")
```

執行後會在現在目錄建立「myDir」目錄，但如果目錄已經存在，執行時就會產生錯誤。一般都會先檢查該目錄是否存在，再決定是否要建立目錄。(<osmkdir.py>)

```
import os
dir = "myDir"
if not os.path.exists(dir):
    os.mkdir(dir)
else:
    print(dir + " 已經建立！")
```

rmdir() 方法

rmdir() 方法可以刪除指定的目錄，刪除目錄前必須先刪除該目錄的檔案。一般都會先檢查該目錄是否已經建立，再決定是否要刪除目錄。(<osrmdir.py>)

```
import os
dir = "myDir"
if os.path.exists(dir):
    os.rmdir(dir)
else:
    print(dir + "目錄未建立!")
```

system() 方法

執行作業系統命令。

例如：清除螢幕、建立 dir2 目錄、複製 <ossystem.py> 到 dir2 目錄中，檔名為 <copyfile.py>，最後以記事本開啟 <copyfile.py> 檔。(<ossystem.py>)

```
import os
cur_path=os.path.dirname(__file__) # 取得目前路徑
os.system("cls")  # 清除螢幕
os.system("mkdir dir2")  # 建立 dir2 目錄
os.system("copy ossystem.py dir2\copyfile.py") # 複製檔案
file=cur_path + "\dir2\copyfile.py"
os.system("notepad " + file)  # 以記事本開啟 copyfile.py 檔
```

4.1.2 os.path 模組

os.path 用以處理檔案路徑和名稱，檢查檔案或路徑是否存在，也可以計算檔案的大小。首先必須匯入 os.path 模組：

```
import os.path
```

os.path 提供下列的方法：

方法	說明
abspath()	傳回檔案完整的路徑名稱。
basename()	傳回檔案路徑名稱最後的檔案或路徑名稱。如果測試的是檔案會傳回檔名，測試的是路徑會傳回路徑。
dirname()	傳回指定檔案完整的目錄路徑，dirname(__file__) 則可以取得目前的目錄路徑。

方法	說明
exists()	檢查指定的檔案或路徑是否存在。
getsize()	取得指定檔案的大小 (Bytes)。
isabs()	檢查指定路徑是否為完整路徑名稱。
isfile()	檢查指定路徑是否為檔案。
isdir()	檢查指定路徑是否為目錄。
split()	分割檔案路徑名稱為目錄路徑和檔案。
splitdrive()	分割檔案路徑名稱為磁碟機和檔案路徑名稱。
join()	將路徑和檔案名稱結合為完整路徑。

例如：取得目前路徑、完整路徑名稱、檔案大小、最後的檔案或路徑名稱、偵測是否為目錄、將路徑分解為路徑和檔名、取得磁碟機名稱等。(<ospath.py>)

```
import os.path
cur_path=os.path.dirname(__file__) # 取得目前目錄路徑
print("現在目錄路徑："+cur_path)

filename=os.path.abspath("ospath.py")
if os.path.exists(filename):
    print("完整路徑名稱：" + filename)
    print("檔案大小：" , os.path.getsize(filename))

    basename=os.path.basename(filename)
    print("最後的檔案或路徑名稱：" + basename)

    dirname=os.path.dirname(filename)
    print("目前檔案目錄路徑：" + dirname)

    print("是否為目錄：",os.path.isdir(filename))

    fullpath,fname=os.path.split(filename)
    print("目錄路徑：" + fullpath)
    print("檔名：" + fname)

    Drive,fpath=os.path.splitdrive(filename)
    print("磁碟機：" + Drive)
    print("路徑名稱：" + fpath)

    fullpath = os.path.join(fullpath + "\\" + fname)
    print("組合路徑 = " + fullpath)
```

使用 IPython console 執行。

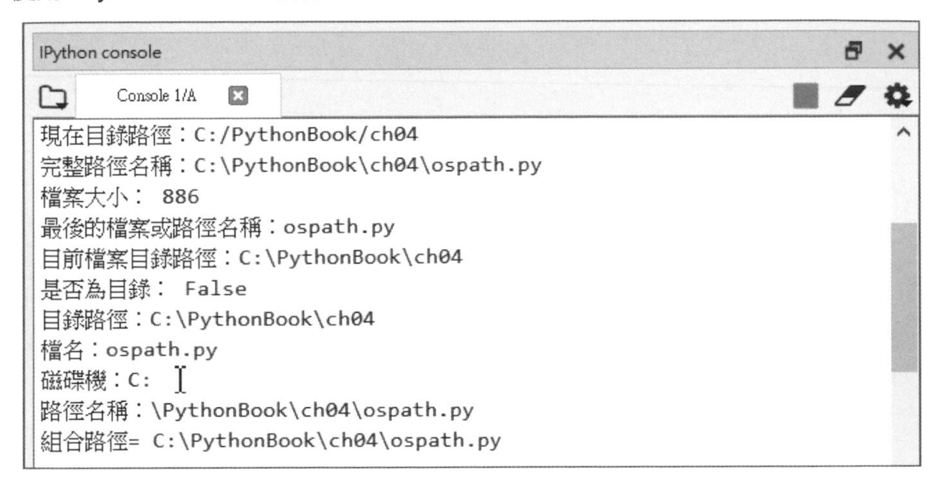

4.1.3 os.walk() 方法

os.walk() 可以搜尋指定目錄以及其子目錄，它會傳回一個包含 3 個元素的元組，分別是資料夾名稱、下一層資料夾串列和資料夾中所有檔案串列。由於它具有類似遞迴方式的處理能力，功能非常強大，程式理解上也較複雜。

為了方便說明，本範例檔刻意放在本章的 <oswalk> 目錄下，該目錄包含了 <Dir> 目錄和 <oswalk.py>、<oswalk1.txt> 檔，並在 <Dir> 目錄下又建立了 <SubDir> 目錄和 <Dir1.txt>、<Dir2.txt> 檔，同時在 <SubDir> 目錄也建立了檔案 <SubDir1.txt> 檔。架構如下：(<oswalk.py>)

```
\oswalk
  ├\Dir ─────────┬ \SubDir ── SubDir1.txt
  ├oswalk.py     ├ Dir1.txt
  └oswalk1.txt   └ Dir2.txt
```

```
import os
cur_path=os.path.dirname(__file__) # 取得目前路徑
sample_tree=os.walk(cur_path)
for dirname,subdir,files in sample_tree:
    print("檔案路徑：",dirname)
    print("目錄串列：" , subdir)
    print("檔案串列：",files)
    print()
```

使用 IPython console 執行。

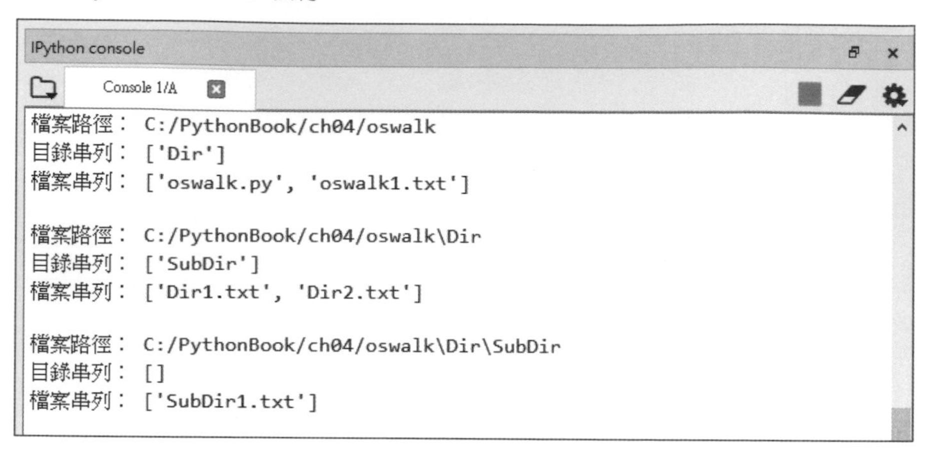

IPython console
Console 1/A
檔案路徑： C:/PythonBook/ch04/oswalk
目錄串列： ['Dir']
檔案串列： ['oswalk.py', 'oswalk1.txt']
檔案路徑： C:/PythonBook/ch04/oswalk\Dir
目錄串列： ['SubDir']
檔案串列： ['Dir1.txt', 'Dir2.txt']
檔案路徑： C:/PythonBook/ch04/oswalk\Dir\SubDir
目錄串列： []
檔案串列： ['SubDir1.txt']

1. 首先取得的檔案路徑是 <\oswalk>，該路徑包含一個 <Dir> 目錄串列和 <oswalk.py>、<oswalk1.txt> 檔。
2. 接著進入子目錄 <Dir>，<Dir> 目錄下建立了 <SubDir> 目錄和 <Dir1.txt>、<Dir2.txt> 檔。
3. 最後進入 <SubDir> 目錄，該目錄串列為 [] 表示已無子目錄，同時顯示建立了 <SubDir1.txt> 檔。

4.1.4 shutil 模組

shutil 模組是一個可跨平台的檔案處理模組，首先必須匯入 shutil 模組：

```
import shutil
```

常用的方法如下：

屬性或方法	說明
copy(來源檔案 , 目的檔案)	複製來源檔案及權限到目的檔案。
copyfile(來源檔案 , 目的檔案)	複製來源檔案到目的檔案。
copytree(來源目錄 , 目的目錄)	將來源目錄及其中所有檔案新增到目的目錄。
rmtree(目錄)	刪除指定目錄及其中所有檔案。
move(來源檔案或目錄 , 目的地)	將來源檔案或目錄搬移到目的地 。

和 os 的方法相比較，shutil 提供更強的處理能力，而且可以跨平台。

例如：複製 <shutil.py> 為 <newfile.py> 檔。(<shutil.py>)

```
import os,shutil
cur_path=os.path.dirname(__file__) # 取得目前路徑
destfile= cur_path + "\\" + "newfile.py"
shutil.copy("shutil.py",destfile )  # 檔案複製
```

4.1.5 glob 模組

glob 模組可以取得指定條件的檔案串列，請先以 import glob 匯入 glob 模組，匯入後就可以 glob.glob 方法取得指定條件的檔案串列。語法：

```
glob.glob("路徑名稱")
```

路徑名稱可以明確指定檔案名稱，也可使用「* 」萬用字元。

例如：取得 <glob.py> 檔、檔名前兩個字元是 os 開頭的所有 py 檔案以及所有副檔名為 txt 的檔案 。(<glob.py>)

```
import glob
files = glob.glob("glob.py") + glob.glob("os*.py") + glob.glob("*.txt")
for file in files:
    print(file)
```

使用 IPython console 執行。

```
IPython console
Console 1/A
glob.py
osmkdir.py
ospath.py
osremove.py
osrmkdir.py
ossystem.py
A.txt
file1.txt
file2.txt
filetest.txt
filetest1.txt
fileUTF8.txt
memo.txt
password.txt
test01.txt
test02.txt
test_write.txt
```

4.2 File 檔案

利用 Python 內建的函式 open() 可以開啟指定的檔案成為物件，即可利用檔案物件進行檔案內容的讀取、寫入或修改。

4.2.1 open() 開啟檔案的語法

```
open(檔案名稱 [, 模式 ][, 編碼 ])
```

open() 函式全部有 8 個參數，最常使用的是檔案名稱、模式和編碼參數，其中只有第一個檔案名稱是不可省略，其它的參數都可以省略，省略時會使用預設值。

檔案名稱

設定檔案的名稱，它是字串型態，可以是相對路徑或絕對路徑，如果沒有設定路徑，則會預設為目前執行程式的目錄。

模式

設定檔案開啟的模式，它也是字串型態，省略將預設為讀取模式。

模式	說明	模式	說明
r	讀取模式，此為預設模式。	r+	可讀寫模式，指標會置於檔頭。
w	寫入模式，若檔案已存在，內容將會被覆蓋。	w+	可讀寫模式，指定檔案沒有時會新增再寫入檔案；若檔案已存在，寫入內容會覆蓋原內容。
a	附加模式，若檔案已存在，內容將會被附加至尾端。	a+	可讀寫模式，指定檔案沒有時會新增再寫入檔案；若檔案已存在，寫入內容會附加至檔尾。

open 函式會建立一個物件，利用這個物件就可以處理檔案，檔案處理結束也會以 close 方法關閉檔案。

```
f=open('file1.txt','r')
...
f.close()
```

例如：開啟 <file1.txt> 檔為寫入模式，並將資料寫入檔案中。(<filewrite1.py>)

```
1    content='''Hello Python
2    中文字測試
3    Welcome
4    '''
5
6    f=open('file1.txt','w')
7    f.write(content)
8    f.close()
```

上例以「 '''…''' 」定義 content 變數，兩個「'''」字元間的內容會保留原來格式輸出，因此 content 變數的內容為：

```
Hello Python
中文字測試
Welcome
```

執行完畢後，用記事本開啟 <file1.txt> 檔，內容如下：

```
Hello Python
中文字測試
Welcome
```

按另存新檔，會發現中文 Windows 系統預設的編碼是 ANSI。

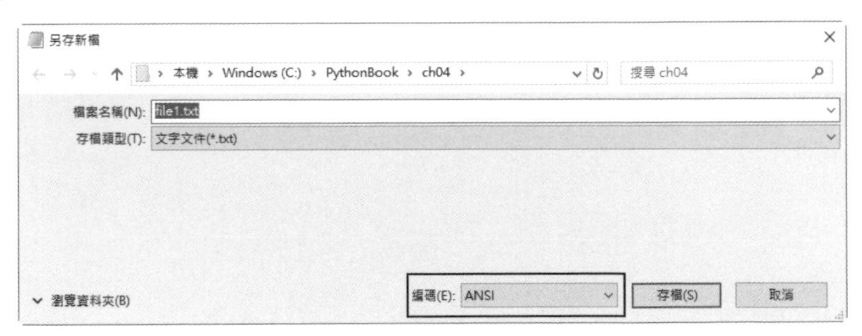

我們也可以將文字檔讀取後顯示出來。

例如：開啟 <file1.txt> 檔為讀取模式，並顯示資料內容。(<fileread1.py>)

```
1    f=open('file1.txt','r')
2    for line in f:
3        print(line,end="")
4    f.close()
```

使用 IPython console 執行。

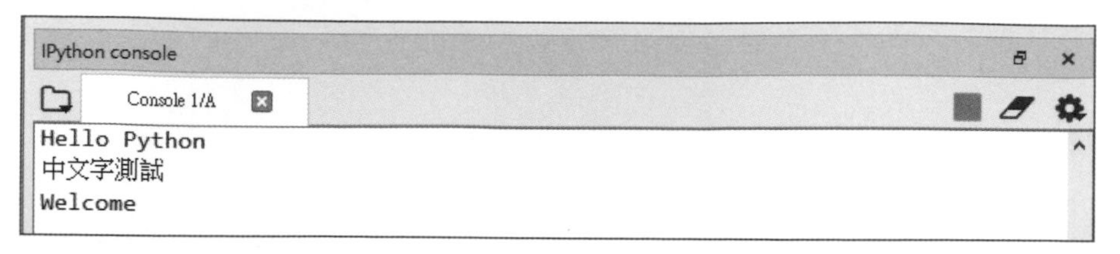

如果開啟檔案處理之後，就將檔案 close 關閉了，其實也可以使用 with 敘述，因為 with 結束後會自動關閉開啟的檔案，因此，我們就不需要再以 f.close() 主動關閉檔案了。請注意：with 敘述內的程式必須縮排。(<fileread2.py>)

```
1   with open('file1.txt','r') as f:
2       for line in f:
3           print(line,end="")
```

編碼

指定檔案的編碼模式，一般可設定 cp950 或 UTF-8。預設的編碼依作業系統而定，如果是繁體中文 Windows 系統，預設的編碼是 cp950，也就是記事本儲存為 ANSI 的編碼。可以在 .py 程式中以下列程式取得目前作業系統設定的編號。

```
import locale
print(locale.getpreferredencoding())
```

請注意：在中文 Windows 系統中開啟一個純文字檔案，用「記事本」編輯的話，預設是用 ANSI 編碼儲存，因此可以使用下列語法開啟 ANSI 編碼的檔案。

```
f=open('file1.txt','r')
```

或明確指定檔案編碼是 cp950。

```
f=open('file1.txt','r', encoding = 'cp950')
```

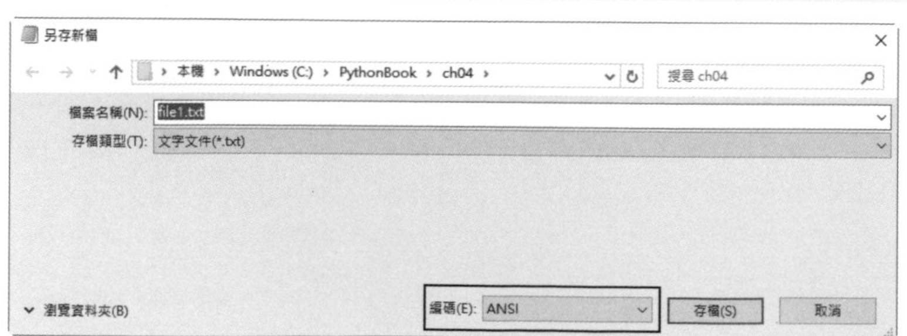

但是如果我們使用 encoding = 'cp950' 去讀取 UTF-8 編碼格式的檔案，顯示資料內容時將會出現錯誤。

例如：使用 cp950 開啟已另存為 UTF-8 編碼格式 <file2.txt> 檔並顯示資料內容。(<filereadUTF-8.py>)

```
f=open('file2.txt','r',encoding ='cp950')
for line in f:
    print(line,end="")
f.close()
```

執行結果會產生錯誤：

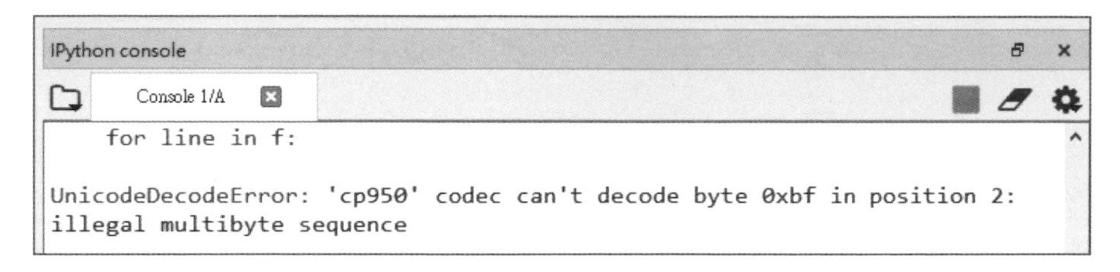

必須將 encoding 指定為 UTF-8 才可順利讀取和顯示。

```
f=open('file2.txt','r',encoding ='UTF-8')
...
f.close()
```

由於國際間通行的編碼以及許多 Linux 系統，預設都是使用 UTF-8 編碼，因此建議將檔案另存為 UTF-8 (不要使用 ANSI)。

如果檔案編碼已更改為 UTF-8，則讀取時就必須明確指定編碼為 UTF-8，否則會出現錯誤。

```
f=open( 編碼為 UTF-8 檔案 ,'r', encoding = 'UTF-8')
```

4.2.2 檔案處理

在開啟檔案成為物件後，除了可以顯示內容，也可以將內容寫入檔案儲存。常用處理檔案內容的方法如下：

方法	説明
close()	關閉檔案，檔案關閉後就不能再進行讀寫的操作。
flush()	檔案在關閉時會將資料寫入檔案中，也可以使用 flush() 強迫將緩衝區的資料立即寫入檔案中，並清除緩衝區。
read([size])	讀取指定長度的的字元，如果未指定長度則會讀取所有字元。
readable()	測試是否可讀取。
readline([size])	讀取目前文字指標所在列中 size 長度的文字內容，若省略參數，則會讀取一整列，包括 "\n" 字元。
readlines()	讀取所有列，它會傳回一個串列。
next()	移動到下一列。
seek(0)	將指標移到文件最前端。
tell()	傳回文件目前位置。
write(str)	將指定的字串寫入文件中， 它沒有返回值。
writable()	測試是否可寫入。

read()

read() 會從目前的指標的位置，讀取指定長度的的字元，如果未指定長度則會讀取所有的字元。

例如：讀取 <file1.txt> 檔案的前 5 個字元，執行將會顯示「Hello 」這 5 個字元。(<fileread3.py>)

```
1    f=open('file1.txt','r')
2    str1=f.read(5)
3    print(str1)   # Hello
4    f.close()
```

readlines()

讀取全部文件內容，它會以串列方式傳回，每一列會成為串列中的一個元素。

例如：讀取 <file1.txt> 檔案的所有的文件內容。(<fileread4.py>)

```
1   with open('file1.txt','r') as f:
2       content=f.readlines()
3       print(type(content))    # <class 'list'>
4       print(content)
```

執行結果：

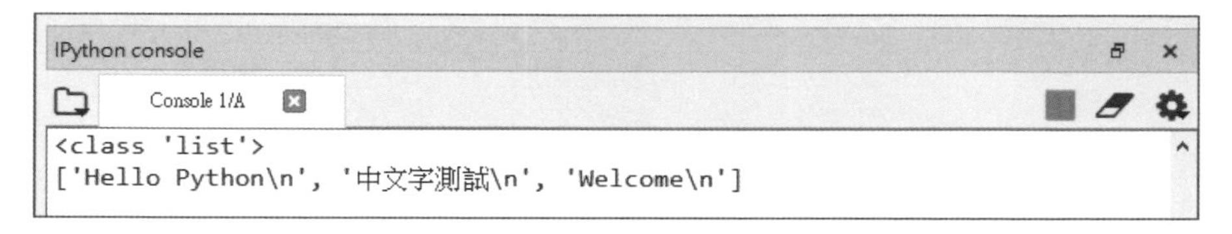

readlines() 以串列清楚地傳回所有文件內容，包括 \n 跳列字元，甚至是隱含的字元。再看看下列這個例子。

例如：讀取 UTF-8 編碼的 <file2.txt> 檔案的文件內容。(<fileread5.py>)

```
1   with open('file2.txt','r',encoding ='UTF-8') as f:
2       doc=f.readlines()
3       print(doc)
4
5   f=open('file2.txt','r',encoding ='UTF-8')
6   str1=f.read(5)
7   print(str1)   # 123 中
8   f.close()
```

執行結果：

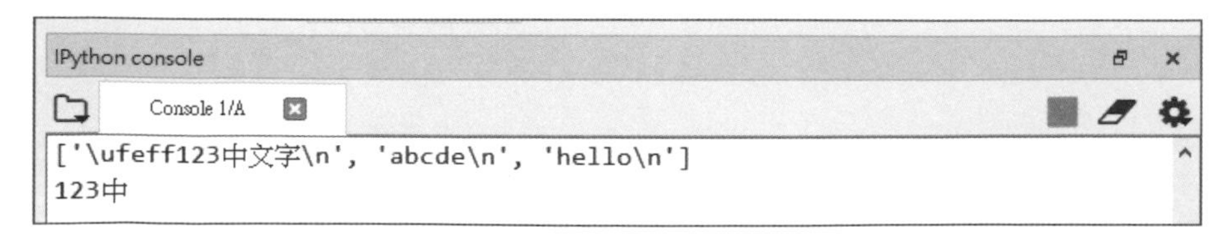

有沒有注意到，串列內容的第一筆資料前面多了一個「\ufeff」字元，這個字元是文件前端代碼，俗稱 BOM，它是在中文 Windows 系統中，用「記事本」將檔案儲存為 UTF-8 時自動產生。

BOM 會佔 1 個字元，因此第 7 列執行的結果只看到「123 中」這 4 個字元，因為第一個字元 BOM 未顯示出來。

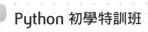

這個 BOM 字元因為未顯示出來，在資料處理時經常會造成誤判，有經驗的程式設計師會使用另一種文件編輯器 NotePad++，選擇 **編譯成 UTF-8 碼 (檔首無 BOM)** 去除 BOM。

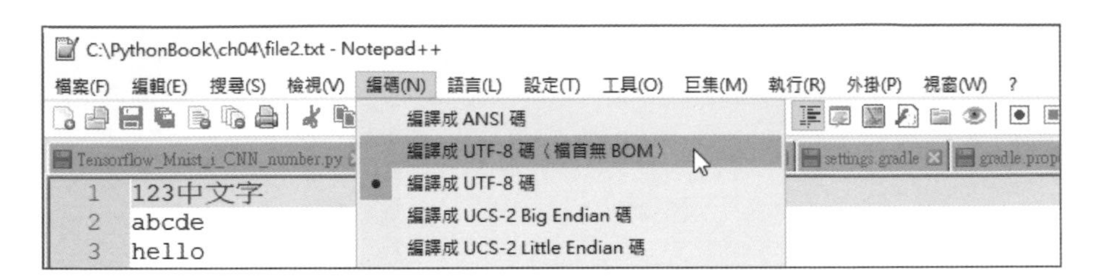

另一種處理方式就是讀取有 BOM 的文件檔時，明確地加上「encoding ='UTF-8-sig'」將 BOM 去除。

例如：讀取 UTF-8 編碼的 <file2.txt> 檔案的文件內容，並去除 BOM。(<fileread6.py>)

```
1   with open('file2.txt','r',encoding ='UTF-8-sig') as f:
2       doc=f.readlines()
3       print(doc)
4
5   f=open('file2.txt','r',encoding ='UTF-8-sig')
6   str1=f.read(5)
7   print(str1)   # 123 中文
8   f.close()
```

執行結果：

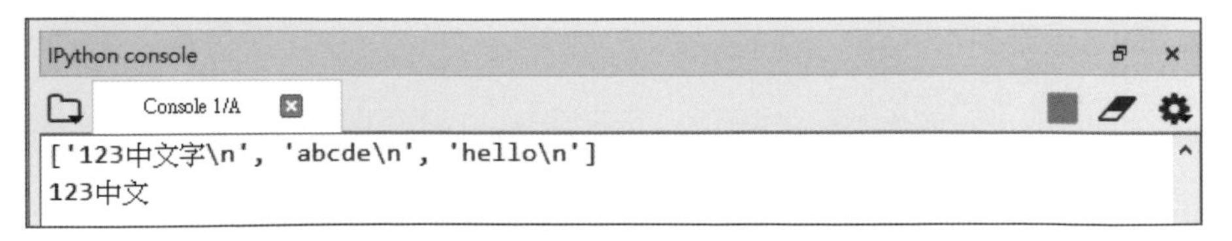

readline([size])

讀取目前文字指標所在列中 size 長度的文字內容，若省略參數，則會讀取一整列，包括 "\n" 字元。

例如：讀取 UTF-8 編碼的 <file2.txt> 檔案內容，並去除 BOM。(<fileread7.py>)

```
1    f=open('file2.txt','r',encoding ='UTF-8-sig')
2    print(f.readline())  # 123 中文字 \n
3    print(f.readline(3)) # abc
4    f.close()
```

執行結果：

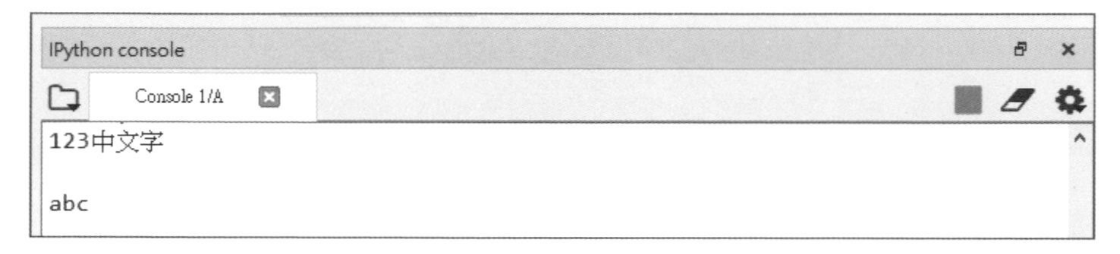

上例中以 f.readline() 讀取第一列，因為包含 \n 跳列字元，因此以 print() 顯示時中間會多出一列空白列。

f.readline() 讀取後指標會移動到下一列，即第二列，因此 f.readline(3) 會讀取第二列的前面 3 個字元。

4.2.3 檔案應用

善用文字檔，我們就可以記錄很多的資訊，而且非常簡易。不過由於文字檔不像資料庫具有查詢的功能，如果能將文字檔以串列或字典的格式儲存，再配合串列或字典的強大功能如查詢、排序等方法，就可以讓文字檔更為實用。

例如：定義 data 為一個字典 ，它的 key 是帳號，value 為密碼，如下：

```
data = {"chiou":"123456", "David":"0800"}
```

只要將資料內容設定為 {"chiou":"123456", "David":"0800"} 後以文字檔存檔即可。由於儲存的資料是文字格式 (不是字典，只是長得像字典的文字)，因此從檔案讀取後，必須將文字轉換為字典，轉換後才可以字典的型態運作。它可以透過 ast 模組的 literal_eval() 方法來轉換。(<password.py>)

```
import ast
data = dict()
with open('password.txt','r', encoding = 'UTF-8-sig') as f:
    filedata = f.read()
    data = ast.literal_eval(filedata)
print(type(data),data)
```

範例：帳號、密碼管理

利用文字檔儲存帳號和密碼，密碼可以修改，也可以刪除指定的帳號。

執行程式後按 **1** 新增帳號和密碼，第一筆資料輸入「chiou、123456」，相同的操作，再輸入第二筆為「 David、0800」，第三筆為「寶可夢、pica」。按下 **Enter** 鍵即可結束帳號和密碼輸入。

```
帳號、密碼管理系統
-------------------------
1. 新增帳號、密碼
2. 顯示帳號、密碼
3. 修　改　密　碼
4. 刪除帳號、密碼
0. 結　束　程　式
-------------------------

請輸入您的選擇：1


請輸入帳號(Enter==>停止輸入)chiou

請輸入密碼：123456
```

按 **2** 顯示輸入的 3 筆帳號和密碼。

```
1. 輸入帳號、密碼
2. 顯示帳號、密碼
3. 修　改　密　碼
4. 刪除帳號、密碼
0. 結　束　程　式
-------------------------
請輸入您的選擇：2

帳號      密碼
================
寶可夢    pica
chiou     123456
David     0800
按任意鍵返回主選單
```

按 **3** 修改密碼，輸入帳號 chiou 後會先顯示舊的密碼，輸入新的密碼「654321」，將原來密碼更改為新的密碼。

```
1. 新增帳號、密碼
2. 顯示帳號、密碼
3. 修 改 密 碼
4. 刪除帳號、密碼
0. 結 束 程 式
-------------------------

請輸入您的選擇：3


請輸入要修改的帳號(Enter==>停止輸入)chiou
原來密碼為：123456

請輸入新密碼：654321

密碼更改完畢，請按任意鍵返回主選單
```

按 **4** 刪除帳號，輸入帳號 David，再按 Y 將該帳號刪除。

```
1. 新增帳號、密碼
2. 顯示帳號、密碼
3. 修 改 密 碼
4. 刪除帳號、密碼
0. 結 束 程 式
-------------------------

請輸入您的選擇：4


請輸入要刪除的帳號(Enter==>停止輸入)David
確定刪除David的資料！：

(Y/N)?Y

已刪除完畢，請按任意鍵返回主選單
```

按 **0** 結束程式後，開啟 <password.txt>，檔案內容如下：

```
1. 新增帳號、密碼
2. 顯示帳號、密碼
3. 修 改 密 碼
4. 刪除帳號、密碼
0. 結 束 程 式
-------------------------

請輸入您的選擇：0

程式執行完畢！
```

結束程式後，開啟 <password.txt>，檔案內容如下：

```
{'chiou': '654321', '寶可夢': 'pica'}
```

程式碼：ch04\manage.py

```
1    def menu():
2        os.system("cls")
3        print(" 帳號、密碼管理系統 ")
4        print("-------------------------")
5        print("1. 新增帳號、密碼 ")
6        print("2. 顯示帳號、密碼 ")
7        print("3. 修  改  密  碼 ")
8        print("4. 刪除帳號、密碼 ")
9        print("0. 結  束  程  式 ")
10       print("-------------------------")
```

第 1~10 列自定函式 menu 定義選項功能表。

程式碼：ch04\manage.py (續)

```
12   def ReadData():
13       with open('password.txt','r', encoding = 'UTF-8-sig') as f:
14           filedata = f.read()
15           if filedata != "":
16               data = ast.literal_eval(filedata)
17               return data
18           else: return dict()
```

程式說明

- 13　讀取 <password.txt> 檔案並去除 BOM，請注意：程式中並沒有檢查 <password.txt> 檔是否存在，因此執行必須確認該檔已存在，而且是以 UTF-8 格式儲存。
- 14~17　如果檔案中已有資料，將資料轉成字典後傳回。
- 18　如果檔案中資料是空的，傳回一個空的字典。

程式碼：ch04\manage.py (續)

```
20   def disp_data():
21       print(" 帳號 \t 密碼 ")
22       print("================")
23       for key in data:
24           print("{}\t{}".format(key,data[key]))
25       input(" 按任意鍵返回主選單 ")
```

程式說明

- 20~25　自訂函式 disp_data 顯示帳號和密碼，變數 data 是由主程式宣告的全域變數型態的字典。
- 24　以 key、data[key] 顯示帳號和密碼。

程式碼：ch04\manage.py（續）

```
27  def input_data():
28      while True:
29          name =input("請輸入帳號(Enter==> 停止輸入)")
30          if name=="": break
31          if name in data:
32              print("{} 帳號已存在!".format(name))
33              continue
34          password=input("請輸入密碼:")
35          data[name]=password
36          with open('password.txt','w',encoding = 'UTF-8-sig') as f:
37              f.write(str(data))
38          print("{}已被儲存完畢".format(name))
```

程式說明

- 27~38　自訂函式 input_data 輸入帳號和密碼。
- 31~33　如果帳號已存在，不允許重複輸入。
- 35　新增 data[name]=password 這筆資料。
- 36~37　將資料寫回檔案中。

程式碼：ch04\manage.py（續）

```
40  def edit_data():
41      while True:
42          name =input("請輸入要修改的帳號(Enter==> 停止輸入)")
43          if name=="": break
44          if not name in data:
45              print("{} 帳號不存在!".format(name))
46              continue
47          print("原來密碼為:{}".format(data[name]))
48          password=input("請輸入新密碼:")
49          data[name]=password
50          with open('password.txt','w',encoding = 'UTF-8-sig') as f:
51              f.write(str(data))
52              input("密碼更改完畢，請按任意鍵返回主選單")
53              break
```

程式說明

- 40~53　自訂函式 edit_data 修改密碼。
- 44~46　如果帳號不存在，不允許修改密碼。
- 47　顯示舊密碼。
- 48~51　輸入新密碼取代舊密碼，並將資料寫回檔案中。

程式碼：ch04\manage.py(續)

```
55 def delete_data():
56     while True:
57         name =input("請輸入要刪除的帳號 (Enter==> 停止輸入 )")
58         if name=="": break
59         if not name in data:
60             print("{} 帳號不存在 !".format(name))
61             continue
62         print("確定刪除 {} 的資料 !：".format(name))
63         yn=input("(Y/N)?")
64         if (yn=="Y" or yn=="y"):
65             del data[name]
66             with open('password.txt','w',encoding = 'UTF-8-sig') as f:
67                 f.write(str(data))
68                 input("已刪除完畢，請按任意鍵返回主選單 ")
69                 break
```

程式說明

- 55~69　自訂函式 delete_data 刪除帳號。
- 59~61　如果帳號不存在，不允許刪除。
- 64~67　確認刪除後，刪除指定的帳號，並將資料寫回檔案中。

程式碼：ch04\manage.py（續）

```
71  ### 主程式從這裡開始 ###
72
73  import os,ast
74  data=dict()
75
76  data = ReadData()   # 讀取文字檔後轉換為 dict
77  while True:
78      menu()
79      choice = int(input("請輸入您的選擇："))
80      print()
81      if choice==1:
82          input_data()
83      elif choice==2:
84          disp_data()
85      elif choice==3:
86          edit_data()
87      elif choice==4:
88          delete_data()
89      else:
90          break
91
92  print("程式執行完畢！")
```

程式說明

- 71~92　主程式中 import 相關的模組，並建立 data 為字典型別的全域變數。
- 76　讀取文字檔後轉換為字典，並存入 data 變數中。
- 79~90　依 choice 的輸入值，執行各項操作。

4.3 SQLite 資料庫

使用文字檔儲存資料雖然簡便，但是當資料量較大時就會顯得吃力，如果要修改或是查詢資料也並不容易。

Python 3 內建一個非常小巧的嵌入式資料庫 SQLite，它使用一個文件儲存整個資料庫，操作十分方便。

最重要的是它可以使用 SQL 語法管理資料庫，執行新增、修改、刪除和查詢。

4.3.1 管理 SQLite 資料庫

要管理 SQLite 資料庫一般都要透過指令的方式來處理，sqlite3 本身並未提供管理資料庫的 GUI 管理工具。

我們可以透過安裝 DB Browser for SQLite 來協助，它是一個非常好用的 SQLite 圖形化管理工具。

安裝 DB Browser for SQLite

首先請連結「https://github.com/sqlitebrowser/sqlitebrowser/releases」後向下捲動，依作業系統選擇不同的版本，例如：<DB.Browser.for.SQLite-3.10.1-win64.exe>。

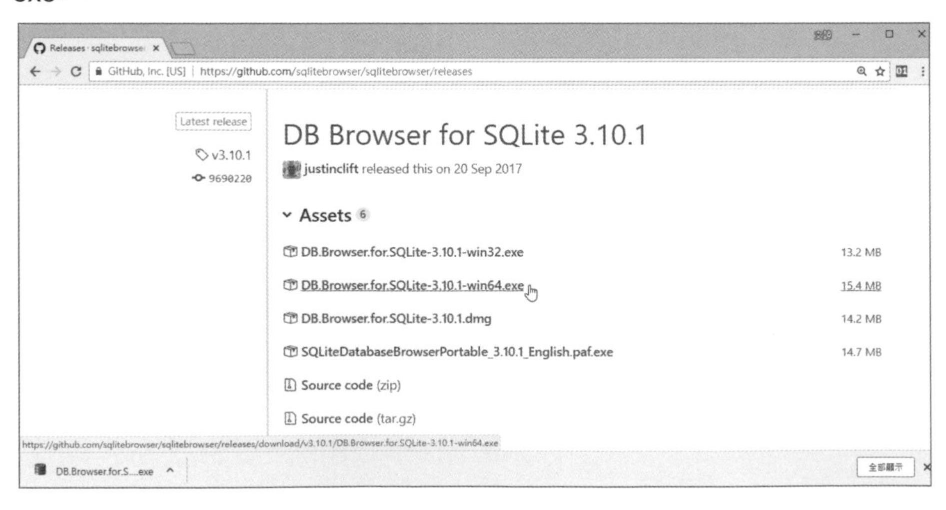

下載完成後點選 <DB.Browser.for.SQLite-3.10.1-win64.exe> 進行安裝，預設的安裝路徑是 <C:\Program Files\DB Browser for SQLite>。

開啟 DB Browser for SQLite

完成後就可點選 <DB Browser for SQLite.exe> 開啟 SQLite 圖形化管理工具。

4.3.2 以 DB Browser for SQLite 建立 SQLite 資料庫

新增資料庫

點選 **新建資料庫 (N)** 新增資料庫，儲存路徑請依自己的需要選擇指定的路徑，本例選擇設定為 .py 程式檔相同的路徑，輸入資料庫名稱為「Sqlite01.sqlite」。完成後會建立一個 <Sqlite01.sqlite> 資料庫。

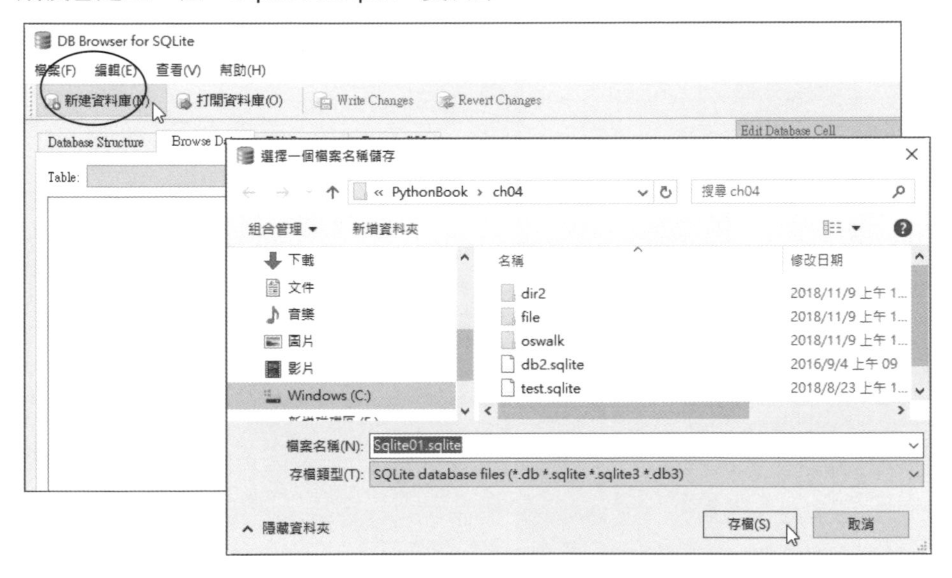

建立資料表

在 **編輯資料表定義** 視窗中，**資料表** 欄位輸入「password」，再按 **加入欄位** 新增欄位，同時請依下圖操作建立 name 和 pass 欄位，其中 name 欄位為 Primary Key 欄位。完成後按下方的 **OK** 鈕。

新增資料

選擇 password 資料表，在 **Browse Data** 標籤中按 **新建記錄** 鈕，出現輸入資料的對話方塊，開始輸入資料。

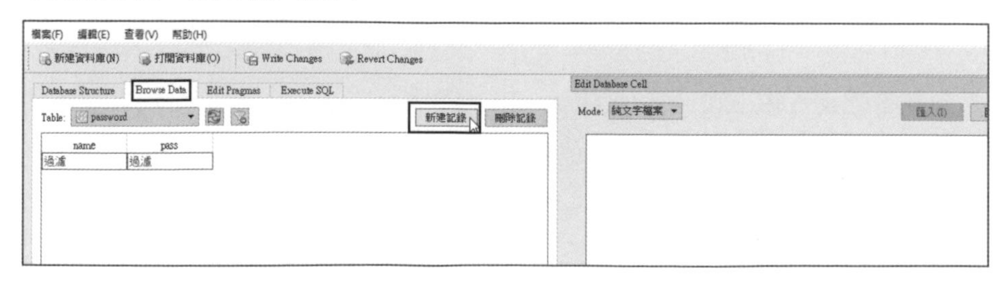

依序新增 3 筆資料後的畫面，完成之後按 **Write Changes** 將資料寫入資料庫 。

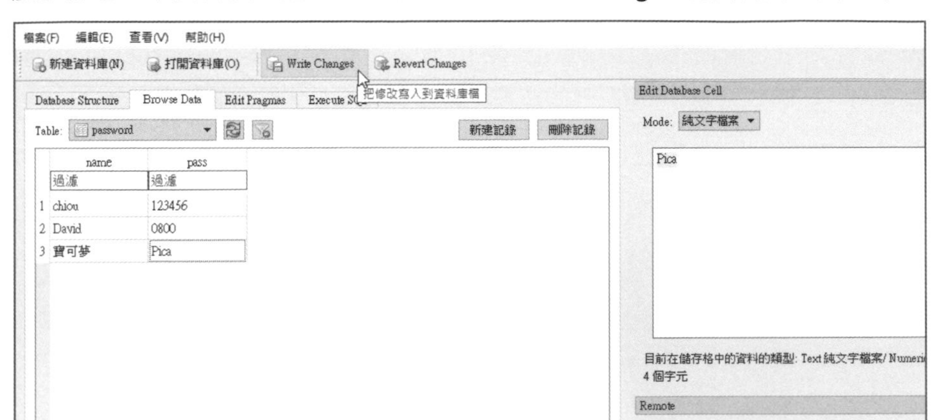

4.3.3 使用 sqlite3 模組

sqlite3 提供許多方法操作 SQLite 資料庫，首先必須建立和資料庫的連線。

建立資料庫連線

只要匯入 sqlite3 模組，再以 connect 方法連接資料庫後，即可建立一個資料庫的連線，如果該資料庫不存在，就會建立一個新的資料庫，如果資料庫已存在，就直接開啟連線，並傳回一個 connection 物件。語法如下：

```
import sqlite3
conn = sqlite3.connect(資料庫)
conn.close()
```

connection 物件的方法如下：

方法	說明
cursor()	建立一個 cursor 物件，利用這個 cursor 物件的 execute 方法可以完成資料表建立、新增、修改、刪除或查詢動作。
execute(SQL 命令)	執行 SQL 命令，可以完成資料表的建立、新增、修改、刪除或查詢動作。
commit()	執行資料庫的更新。
close()	關閉資料庫的連線。

使用 cursor 物件執行 SQL 命令

cursor() 方法會建立一個 cursor 物件，利用這個 cursor 物件的 execute() 方法執行 SQL 命令，就可完成資料表的建立、新增、修改、刪除或查詢動作。

由於預設並不會主動更新，必須執行 commit() 方法資料庫才會變更，程式結束則需以 close 方法關閉資料庫。

例如：連接 <test.sqlite> 資料庫，建立一個 connection，利用 connection 物件的 cursor 方法建立 cursor 物件，再利用 cursor 物件建立資料表 <table01> 並新增一筆記錄。(<cursor01.py>)

```
import sqlite3
conn = sqlite3.connect('test.sqlite') # 建立資料庫連線
cursor = conn.cursor() # 建立 cursor 物件
# 建立一個資料表
sqlstr='CREATE TABLE IF NOT EXISTS table01 \
  ("num" INTEGER PRIMARY KEY NOT NULL ,"tel" TEXT)'
cursor.execute(sqlstr)

# 新增一筆記錄
sqlstr='insert into table01 values(1,"02-1234567")'
cursor.execute(sqlstr)

conn.commit() # 主動更新
conn.close()  # 關閉資料庫連線
```

使用 execute() 方法執行 SQL 命令

除了先建立 cursor 物件，再以 cursor 物件的 execute() 方法執行 SQL 命令外。另一個較簡便的方式就是直接利用 connection 物件的 execute 方法執行 SQL 命令，一樣可以完成資料表的建立、新增、修改、刪除或查詢等動作。

```
import sqlite3
conn = sqlite3.connect('test.sqlite') # 建立資料庫連線
conn.execute(SQL 命令)
```

這種方式雖然自己未建立 cursor 物件，但系統其實已自動建立了一個隱含的 cursor 物件，只是我們並未察覺而已，因為這種方式較簡易，本書都以第二種方式來執行 SQL 命令，建立、新增、修改、刪除或查詢資料表。

■ 新增資料表

例如:在 <test.sqlite> 資料庫建立 table01 資料表，內含「num、tel」兩個欄位，其中 num 為整數型別的主索引欄位，tel 為文字欄位。

```
sqlstr='CREATE TABLE "table01" ("num" INTEGER PRIMARY KEY NOT NULL ,\
  "tel" TEXT )'
conn.execute(sqlstr)
conn.commit()
```

■ 新增、修改及刪除資料

例如：新增一筆資料，資料內容為「num=1、tel= "02-1234567"」。請注意：num 欄位為數值型態，前後不必加「"」號，而 tel 為字串型態，因此前後必須加「"」號。

```
num=1
tel="02-1234567"
sqlstr="insert into table01 values({},'{}')".format(num,tel)
conn.execute(sqlstr)
conn.commit()
```

例如：更新 table01 資料表，「num =1」的這筆資料為 tel ="049-2988000"。

```
sqlstr = "update table01 set tel='{}' where num={}".format("049-2988000",1)
conn.execute(sqlstr)
conn.commit()
```

例如：移除 table01 資料表，編號「num =1」的這筆資料。

```
sqlstr = "delete from table01 where num=1"
conn.execute(sqlstr)
conn.commit()
```

例如：使用 DROP TABLE 刪除 table01 資料表。

```
sqlstr = "DROP TABLE table01"
conn.execute(sqlstr)
conn.commit()
```

關閉資料庫

使用 close() 可以關閉資料庫，通常會在程式結束時將資料庫關閉。

例如：關閉 <test.sqlite> 資料庫。

```
conn.close()
```

4.3.4 cursor 查詢資料

以 connect 的 execute 執行 SQL 指令後，會傳回一個 cursor 物件，它是 <sqlite3.Cursor object> 型別的物件，利用 cursor 物件提供的方法可以作資料查詢。

cursor 物件提供下列兩個方法：

方法	說明
fetchall()	以二維串列方式取得資料表所有符合查詢條件的資料，若無資料傳回 None。
fetchone()	以串列方式取得資料表符合查詢條件的第一筆資料，若無資料傳回 None。

例如：以 fetchall() 顯示 table01 資料表所有的資料，每一列的資料都是一筆元組資料，可用 row[0]、row[1] 取得資料表前面兩個欄位。(<fetchall.py>)

```
cursor = conn.execute('select * from table01')
rows = cursor.fetchall()
print(rows)
for row in rows:
    print("{}\t{}".format(row[0],row[1]))
```

```
IPython console
Console 1/A
[(1, '02-1234567'), (2, '049-9800000')]
1       02-1234567
2       049-9800000
```

例如：以 fetchone() 顯示 table01 資料表中「num=1」的第一筆資料，傳回的也是一筆元組資料，可用 row[0]、row[1] 取得資料表前面兩個欄位。(<fetone.py>)

```
cursor = conn.execute('select * from table01 where num=1')
row = cursor.fetchone()
if not row==None:
    print("{}\t{}".format(row[0],row[1]))
```

4.3.5 SQLite 資料庫應用

上一單元中，我們利用文字檔管理帳號和密碼，相同的功能，我們再改用 SQLite 資料庫來操作，讓大家更能體會 SQLite 資料庫功能的完整性。

範例：SQLite 資料庫管理帳號、密碼

利用 SQLite 資料庫儲存帳號和密碼，密碼可以修改，也可以刪除指定的帳號。

本範例使用 4.3.2 單元建立的 <Sqlite01.sqlite> 資料庫，請確認該資料庫已經建立並已新增 3 筆資料 。

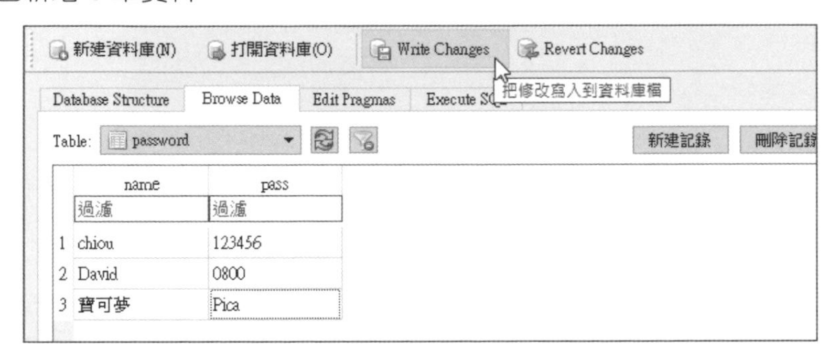

執行程式後按 **2** 顯示輸入的 3 筆帳號和密碼。

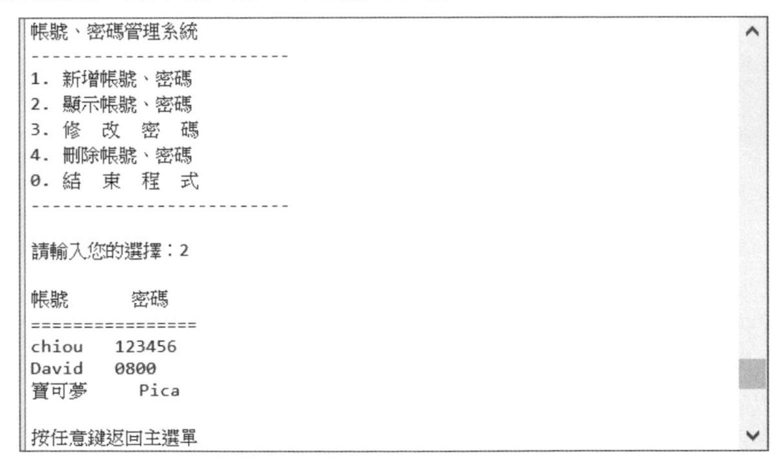

按 **1** 輸入帳號和密碼，資料輸入「guest、1234」，按下 **Enter** 鍵即可結束帳號和密碼輸入。完成後資料表即會新增這筆記錄。

```
帳號、密碼管理系統
-------------------------
1. 新增帳號、密碼
2. 顯示帳號、密碼
3. 修 改 密 碼
4. 刪除帳號、密碼
0. 結 束 程 式
-------------------------

請輸入您的選擇：1


請輸入帳號(Enter==>停止輸入)guest

請輸入密碼：1234
guest 已儲存完畢
```

按 **3** 修改密碼，輸入帳號 guest 後會先顯示舊的密碼，輸入新的密碼「5678」將原來密碼更改為新的密碼。

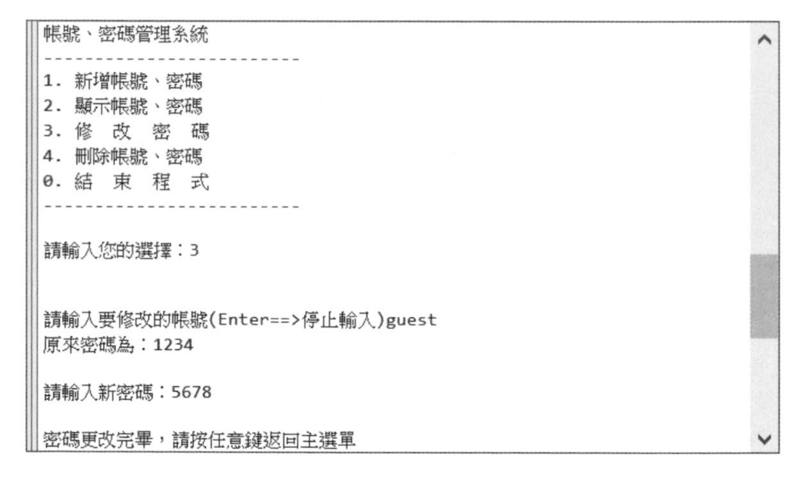

```
帳號、密碼管理系統
-------------------------
1. 新增帳號、密碼
2. 顯示帳號、密碼
3. 修 改 密 碼
4. 刪除帳號、密碼
0. 結 束 程 式
-------------------------

請輸入您的選擇：3


請輸入要修改的帳號(Enter==>停止輸入)guest
原來密碼為：1234

請輸入新密碼：5678

密碼更改完畢，請按任意鍵返回主選單
```

按 4 刪除帳號，輸入帳號 guest 再按 Y 將該帳號刪除。

```
帳號、密碼管理系統
-------------------------
1. 新增帳號、密碼
2. 顯示帳號、密碼
3. 修 改 密 碼
4. 刪除帳號、密碼
0. 結 束 程 式
-------------------------

請輸入您的選擇：4


請輸入要刪除的帳號(Enter==>停止輸入)guest
確定刪除guest的資料！：

(Y/N)?Y
```

按 **0** 結束程式後，開啟 <Sqlite01.sqlite> 資料庫，password 資料表內容如下：

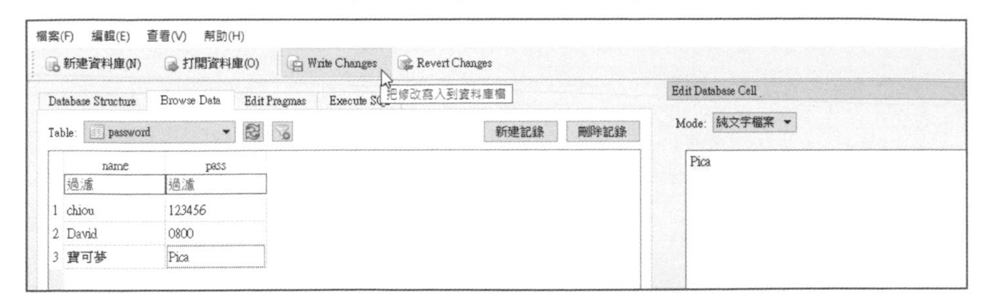

程式碼：ch04\sqlitemanage.py

```
1   def menu():
2       os.system("cls")
3       print("帳號、密碼管理系統")
4       print("-------------------------")
5       print("1. 新增帳號、密碼")
6       print("2. 顯示帳號、密碼")
7       print("3. 修  改  密  碼")
8       print("4. 刪除帳號、密碼")
9       print("0. 結  束  程  式")
10      print("-------------------------")
```

程式說明

第 1~10 列自定函式 menu 定義選項功能表。

程式碼：ch04\sqlitemanage.py(續)

```
12  def disp_data():
13      cursor = conn.execute('select * from password')
14      print("帳號\t密碼")
15      print("================")
16      for row in cursor:
17          print("{}\t{}".format(row[0],row[1]))
18      input("按任意鍵返回主選單")
```

程式說明

- 12~18　自訂函式 disp_data 顯示所有帳號和密碼。
- 13　讀取 password 資料表所有資料，並以 cursor 傳回。
- 14~17　顯示所有 cursor 的資料。

程式碼：ch04\sqlitemanage.py（續）

```
20  def input_data():
21      while True:
22          name =input("請輸入帳號 (Enter==> 停止輸入)")
23          if name=="": break
24          sqlstr="select * from password where name='{}'" .format(name)
25          cursor=conn.execute(sqlstr)
26          row = cursor.fetchone()
27          if not row==None:
28              print("{} 帳號已存在!".format(name))
29              continue
30          password=input("請輸入密碼：")
31          sqlstr="insert into password \
             values('{}','{}');".format(name,password)
32          conn.execute(sqlstr)
33          conn.commit()
34          print("{} 已儲存完畢".format(name))
```

程式說明

- 20~34　自訂函式 input_data 輸入帳號和密碼。
- 22~29　如果帳號已存在，不允許重複輸入。
- 30~33　新增一筆資料，並將資料寫回資料庫中。

程式碼：ch04\sqlitemanage.py（續）

```
36  def edit_data():
37      while True:
38          name =input("請輸入要修改的帳號 (Enter==> 停止輸入)")
39          if name=="": break
40          sqlstr="select * from password where name='{}'" .format(name)
41          cursor=conn.execute(sqlstr)
42          row = cursor.fetchone()
43          #print(row)
44          if row==None:
45              print("{} 帳號不存在!".format(name))
46              continue
47          print("原來密碼為：{}".format(row[1]))
48          password=input("請輸入新密碼：")
```

```
49          sqlstr = "update password set pass='{}' \
             where name='{}'".format(password, name)
50          conn.execute(sqlstr)
51          conn.commit()
52          input("密碼更改完畢，請按任意鍵返回主選單")
53          break
```

程式說明

- 36~53　自訂函式 edit_data 修改密碼。
- 38~46　如果帳號不存在，不允許修改密碼。
- 47　顯示舊密碼。
- 48~51　輸入新密碼取代舊密碼，並將資料寫回資料庫中。

程式碼：ch04\sqlitemanage.py(續)

```
55  def delete_data():
56      while True:
57          name =input("請輸入要刪除的帳號(Enter==> 停止輸入)")
58          if name=="": break
59          sqlstr="select * from password where name='{}'" .format(name)
60          cursor=conn.execute(sqlstr)
61          row = cursor.fetchone()
62          if row==None:
63              print("{} 帳號不存在!".format(name))
64              continue
65          print("確定刪除{}的資料!：".format(name))
66          yn=input("(Y/N)?")
67          if (yn=="Y" or yn=="y"):
68              sqlstr = "delete from password \
                 where name='{}'".format(name)
69              conn.execute(sqlstr)
70              conn.commit()
71              input("已刪除完畢，請按任意鍵返回主選單")
72              break
```

程式說明

- 55~72　自訂函式 delete_data 刪除帳號。
- 57~64　如果帳號不存在，不允許刪除。
- 66~70　確認刪除後，刪除指定的帳號，並將資料寫回資料庫中。

程式碼：ch04\sqlitemanage.py（續）

```
74  ### 主程式從這裡開始 ###
75
76  import os,sqlite3
77
78  conn = sqlite3.connect('Sqlite01.sqlite')
79  while True:
80      menu()
81      choice = int(input("請輸入您的選擇："))
82      print()
83      if choice==1:
84          input_data()
85      elif choice==2:
86          disp_data()
87      elif choice==3:
88          edit_data()
89      elif choice==4:
90          delete_data()
91      else:
92          break
93
94  conn.close()
95  print("程式執行完畢！")
```

程式說明

- 76　主程式中 import 相關的模組。
- 78　建立資料庫連線。
- 79~92　依 choice 的輸入值，執行各項操作。
- 94　關閉資料庫連線。

網頁資料擷取與分析

許多人都非常喜歡使用 Python 在網頁上收集資料，不僅擷取方便，分析統計的功能也十分齊全。

利用 Python 的 urllib 模組中 urlparse 函式可以輕易解析指定網址的內容，在接收傳回的 ParseResult 物件後，即可取出網址中各項有用的資訊。

Python 可以進一步使用 requests 函式讀取網頁原始碼，利用相關語法或正規表示式取得符合的資料。

如果擷取的資料更複雜，Python 可以藉由功能更為強大的網頁解析工具：Beautifulsoup，針對特定的網頁及目標加以擷取與分析。

5.1 網址解析

想要擷取網站的資料，必須先指定網址及所需的參數，了解網址的組成，是網站資料擷取很重要的課題。

以行政院環境保護署 PM2.5 網站為例，它的網址是「http://taqm.epa.gov.tw/pm25/tw/PM25A.aspx」，資料又分區來儲存，北部為第一區，會在網址後面加上「area= 區」的查詢參數，即「http://taqm.epa.gov.tw/pm25/tw/PM25A.aspx?area=1」。

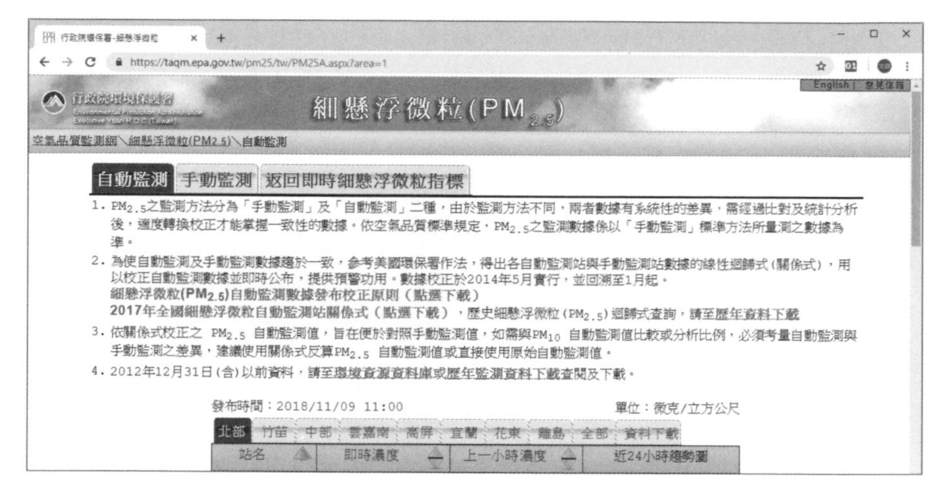

利用 Python 的 urllib 模組的 urlparse 函式，可以解析網址。它會傳回元組型別的 ParseResult 物件，透過其屬性即可取出網址中各項參數。

ParseResult 物件屬性如下表：

屬性	索引值	傳回值	不存在的傳回值
scheme	0	傳回 scheme 通訊協定。	空字串
netloc	1	傳回網站名稱。	空字串
path	2	傳回 path 路徑。	空字串
params	3	傳回 url 查詢參數 params 字串。	空字串
query	4	傳回query 查詢字串，即 GET 的參數。	空字串
fragment	5	傳回框架名稱。	空字串
port	無	傳回通訊埠。	None

例如：解析行政院環署 PM2.5 網站。(<urlparse.py>)

```
1   from urllib.parse import urlparse
2   url = 'http://taqm.epa.gov.tw:80/pm25/tw/PM25A.aspx?area=1'
3   o = urlparse(url)
4   print(o)
5
6   print("scheme={}".format(o.scheme)) # http
7   print("netloc={}".format(o.netloc)) # taqm.epa.gov.tw:80
8   print("port={}".format(o.port))      # 80
9   print("path={}".format(o.path))      # /pm25/tw/PM25A.aspx
10  print("query={}".format(o.query))    # area=1
```

本章範例使用 IPython console 執行。

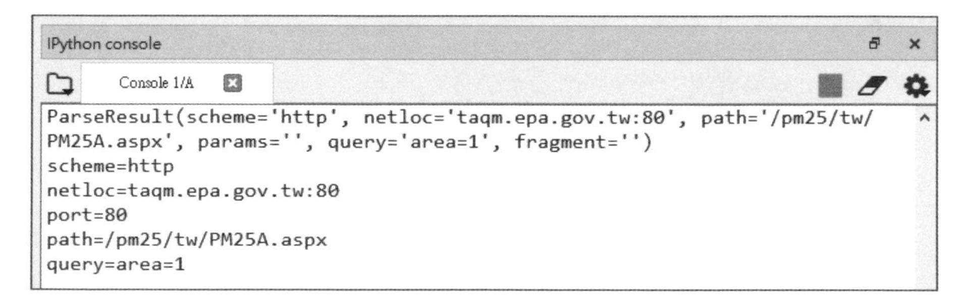

IPython console
Console 1/A
ParseResult(scheme='http', netloc='taqm.epa.gov.tw:80', path='/pm25/tw/
PM25A.aspx', params='', query='area=1', fragment='')
scheme=http
netloc=taqm.epa.gov.tw:80
port=80
path=/pm25/tw/PM25A.aspx
query=area=1

5.2 網頁資料擷取

requests 可以讀取網頁原始碼，由於它比內建 urllib 模組好用，因此可以取代 urllib 模組。讀取的原始碼可以再利用 in 或用正規表示式搜尋取得符合的資料。

5.2.1 使用 requests 讀取網頁原始碼

第一章安裝 Anaconda 整合環境時已安裝了 requests 模組，可以直接匯入使用。

匯入 requests 後，就可以使用 requests.get() 函式模擬 HTTP GET 方法送出一個請求 (Request) 到遠端的伺服器 (Server)，當伺服器接受請求後，就會回應 (Response) 並回傳網頁內容 (原始碼)，設定正確的編碼，即可以 text 屬性取得網址中的原始碼。

例如：以 utf-8 編碼讀取「文淵閣工作室」的原始碼。(<read_eHappy.py>)

```
import requests
url = 'http://www.e-happy.com.tw'
html = requests.get(url)
html.encoding="utf-8"
print(html.text)
```

取得網頁的原始碼後，即可以對原始碼加以處理，例如以每一列分割成串列，並去除跳列字元。(<read_eHappy2.py>)

```
import requests
url = 'http://www.e-happy.com.tw'
html = requests.get(url)
html.encoding="utf-8"
htmllist = html.text.splitlines()
for row in htmllist:
    print(row)
```

```
<!DOCTYPE html PUBLIC "-//W3C//DTD XHTML 1.0 Transitional//EN" "http://
www.w3.org/TR/xhtml1/DTD/xhtml1-transitional.dtd">
<html xmlns="http://www.w3.org/1999/xhtml">
<head>
<meta http-equiv="Content-Type" content="text/html; charset=utf-8" />
<meta name="viewport" content="width=device-width; initial-scale=1.0;
maximum-scale=1.0; user-scalable=0;">
<link rel="shortcut icon" href="favicon.ico" />
<title>eHappy 文淵閣工作室 : 快樂分享、快樂學習</title>
<meta property="og:url" content="http://www.e-happy.com.tw" />
<meta property="og:title" content="eHappy 文淵閣工作室 : 快樂分享、快樂學習"
/>
```

5.2.2 尋找指定的字串

以 text 屬性取得的原始碼其實是一長串的文字字串，如果要尋找指定的文字，只要使用 in 搜尋就可達成，例如：查詢是否含有「台灣」字串。

```
if "台灣" in html.text:
        print("找到！")
```

也可以一列一列依序尋找，方便統計該字串出現次數。例如：搜尋「批踢踢實業坊」出現「台灣」字串的次數。(<keyWordSearch.py>)

```
import requests
url = 'https://www.ptt.cc/bbs/hotboards.html'
html = requests.get(url)
html.encoding="utf-8"

htmllist = html.text.splitlines()
n=0
for row in htmllist:
    if "台灣" in row: n+=1
print("找到 {} 次！".format(n))
```

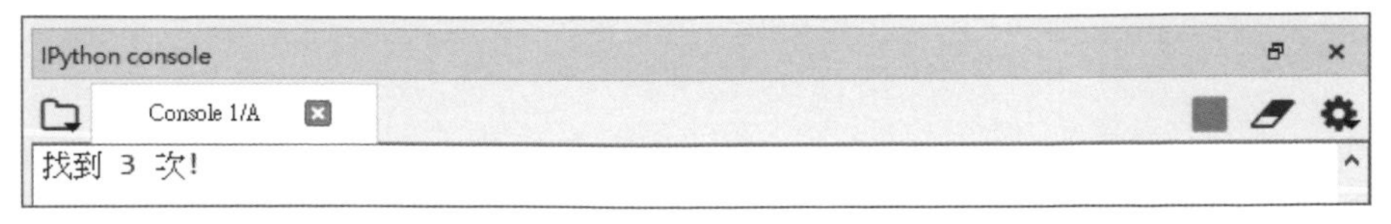

5.2.3 使用正規表示式擷取網頁內容

實務上，我們要搜尋的字串，可能複雜許多，使用 in 是無法完成的，例如：網站超連結、電子郵件帳號或電話號碼等，這時就必須使用正規表示式才能達成。

正規表示式 regular expression (簡稱 regex)，簡單的說，正規表示式就是處理字串的方法，他透過一些特殊符號的輔助，可以讓使用者輕易的達到『搜尋 / 取代』某特定字串的處理程序！

網站「http://pythex.org/」可以測試正規表示式的結果是否正確，假如我們要用正規表示式描述一串整數數字，可以用 [0123456789]+ 這個表示式，其中的中括號 [ ] 會框住一群字元，代表合法的字元群，加號 + 所代表的是重複 1 次或無限多次，因此，該表示式就可以描述像 126706、9902、8 等樣式的數字。

然而，在正規表示式中，為了更簡化撰寫，允許用 [0-9]+ 這樣簡便的縮寫法表達同樣的概念，其中的 0-9 其實就代表了 0123456789 等字元。甚至，可以再度縮短後以 [\d]+ 代表，其中的 \d 就代表數字所組成的字元集合。

常見的正規表示式功能介紹

正規表示式	功能說明
.	代表一個除了換列字元 (\n) 以外的所有字元。
^	代表輸入列的開始。
$	代表輸入列的結束。
*	代表前一個項目可以出現 0 次或無限多次。

正規表示式	功能說明
+	代表前一個項目可以出現 1 次或無限多次。
?	代表前一個項目可以出現 0 次或 1 次。
[abc]	代表一個符合 a 或 b 或 c 的任何字元。
[a-z]	代表一個符合 a、b、c ~z 的任何字元。
\	代表後面的字元以一般字元處理。
{m}	代表前一個項目必須正好出現 m 數。
{m,}	代表前一個項目出現次數最少 m 次，最多無限次。
{m,n}	代表前一個項目出現次數最少 m 次，最多 n 次。
\d	一個數字字元，相當於 [0123456789] 或 [0-9]。
^	反運算，例如：[^a-d] 代表除了 a、b、c 、d 外的所有字元。
\D	一個非數字字元，相當於 [^0-9]。
\n	換列字元。
\r	回列首字元 (carriage return)。
\t	tab 定位字元。
\s	空白字元，相當於 [\r\t\n\f]。
\S	非空白字元，相當於 [^ \r\t\n\f]。
\w	一個數字、字母或底線字元，相當於 [0-9a-zA-Z_]。
\W	一個非數字、字母或底線字元，相當於 [^\w]，即 [^0-9a-zA-Z_]。

正規表示式的範例

語法	正規表示式	範例
整數	[0-9]+	33025
有小數點的實數	[0-9]+\.[0-9]+	75.93
英文詞彙	[A-Za-z]+	Python
變數名稱	[A-Za-z_][A-Za-z0-9_]*	_pointer

語法	正規表示式	範例
Email	[a-zA-Z0-9_]+@[a-zA-Z0-9\._]+	guest@kimo.com.tw
URL	http://[a-zA-Z0-9\./_]+	http://e-happy.com.tw/

建立正規表示式物件

使用正規表示式，必須 **import re** 模組，再利用 **re** 提供的 **compile** 方法建立一個正規表示式物件。語法範例：

```
import re
pat = re.compile('[a-z]+')
```

建立正規表示式物件後，再利用正規表示式物件的方法搜尋指定的字串。正規表示式物件提供下列的方法：

方法	說明
match(string)	傳回指定的字串中符合正規表示式的字串，直到不符合字元為止，並把結果存入 match 物件 (object) 之中；若無符合字元，傳回 None。
search(string)	傳回指定的字串中第一組符合正規表示式的字串，並把結果存入 match 物件 (object) 之中；若無符合字元，傳回 None。
findall()	傳回指定的字串中所有符合正規表示式的字串，並傳回一個串列。

match() 方法

傳回指定的字串中符合正規表示式的字串，直到不符合字元為止，並把結果存入 match 物件 (object) 之中；若無符合字元，傳回 None。

```
import re
pat = re.compile('[a-z]+')
m = pat.match('tem12po')
print(m) # <_sre.SRE_Match object; span=(0, 3), match='tem'>
```

上例會傳回 <_sre.SRE_Match object; span=(0, 3), match='tem'> 的物件，並將結果存在 match 物件中。只要再利用 match 的方法即可取得結果。

match 的方法如下：

方法	說明
group()	傳回符合正規表示式的字串，直到不符合字元為止，並把結果存入 match 物件 (object) 之中；若無合法字元，傳回 None。
start()	傳回 match 的開始位置。
end()	傳回 match 結束位置。
span()	傳回 (開始位置 , 結束位置) 的元組物件。

例如：在上例中，m=<_sre.SRE_Match object; span=(0, 3), match='tem'>，則 match 得到的結果如下 (<match.py>)

```
print(m.group())   # tem
print(m.start())   # 0
print(m.end())     # 3
print(m.span())    # (0,3)
```

使用 re.match() 方法

也可以 **re.match** (正規表示式, 搜尋字串) 搜尋，它必須傳入兩個參數，習慣會在第一個參數前加上「 **r**」字元，告訴編譯器這個參數是正規表示式，第二個參數傳入搜尋字串，如此就可省略以 **re.compile** 方法建立正規表示式，因為它會隱含建立一 個正規表示式物件 。如下：(<match2.py>)

```
import re
m = re.match(r'[a-z]+','tem12po')
print(m)
```

search() 方法

傳回指定的字串中第一組符合正規表示式的字串，並把結果存入 match 物件 (object) 之中；若無合法字元，傳回 None。

例如：以 search 方法搜尋「3tem12po」字串，得到的 match 結果如下 (<search.py>)

```
import re
pat = re.compile('[a-z]+')
m = pat.search('3tem12po')
print(m) # <_sre.SRE_Match object; span=(1, 4), match='tem'>
if not m==None:
     print(m.group())  # tem
     print(m.start())  # 1
     print(m.end())    # 4
     print(m.span())   # (1,4)
```

上例若使用 match 方法搜尋，則得到的結果為 None。

findall() 方法

傳回指定字串中所有符合正規表示式的字串，並傳回一個串列。例如：以 findall 方法搜尋「tem12po」字串，得到的 ['tem', 'po'] 的串列結果如下 (<findall.py>)

```
import re
pat = re.compile('[a-z]+')
m = pat.findall('tem12po')
print(m)   # ['tem', 'po']
```

範例：使用正規表示式搜尋郵件帳號

讀取中華電信「https://auth.cht.com.tw/ldaps/」網站中所有的 Email 帳號。

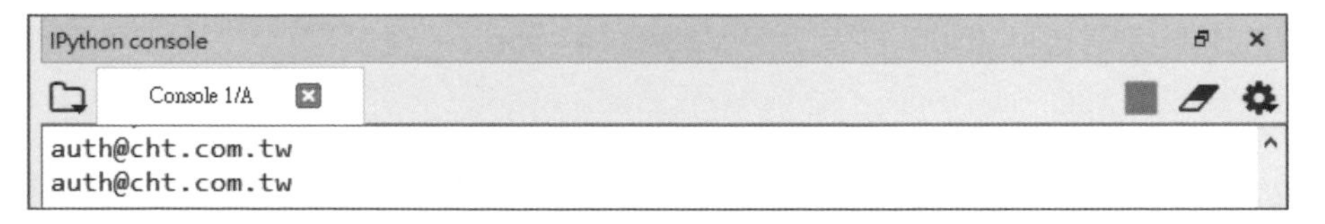

程式碼：ch05\getEmail.py

```
1   import requests,re
2   regex = re.compile('[a-zA-Z0-9_.+-]+@[a-zA-Z0-9-]+\.[a-zA-Z0-9-.]+')
3   url = 'https://auth.cht.com.tw/ldaps/'
4   html = requests.get(url)
5   emails = regex.findall(html.text)
6   for email in emails:
7       print(email)
```

程式說明

- 2 以 re.compile 方法建立正規表示式物件 regex。
- 3-4 讀取「https://auth.cht.com.tw/ldaps/」網站的原始碼。
- 5~7 找尋並顯示所有的 Email 帳號。

5.3 網頁分析

取得的網頁原始碼，一般都是 HTML 格式的檔案，只要仔細研究 HTML 中的標籤 (Tag) 架構，再加以解析，就可以取得所需的資料。

5.3.1 HTML 網頁架構

每一個 HTML 網頁，都是由許多標籤 (Tag) 所組成，每一個標籤是由「<>」字元組成，大部份的標籤是成對出現，並在後面的標籤加上「/」字元，例如：<html></html>，少部份的標籤未成對出現，例如：<img src="image.jpg">，HTML 網頁主要架構如下：

```
<html>
   <head>
      <meta 文件屬性 >
      <title> 標題 </title>
      <link rel="stylesheet" type="text/css …/>
      <script src="…">…</script>
   </head>
   <body .....>
      <h1> 網頁標題 </h1>
      <p> 內文段落 </p>
      <div> 大段落內文 </div>
      <img src="…" alt="…" width=? height=?>
      <a href="…"> 連結文字 </a>
      <table border=? width=?>
         <tr>
            <th> 表格標題 </th>…
         </tr>
         <tr align=? valign=?>
            <td bgcolor=? align=? valign=?> 表格內容 </td>…
         </tr>
      </table>
   </body>
</html>
```

比較簡單的標籤，如「<title> 標題 </title>」只有標籤本身和內容，並沒有屬性；而有些較複雜的標籤，則包含有標籤本身和一些屬性，例如：「<img src="image.jpg" alt=" 圖片說明 " width=200px height=320px>」

5.3.2 使用 Google Chrome 網頁開發人員工具

當使用 Chrome 瀏覽某個網頁的時候，按下 **F12**，即會開啟網頁開發人員工具 (web developer tool) 介面。 第一次預設會停在 **Elements** 的頁籤，可以看到這一個網頁的 HTML 原始碼。

以台灣彩券為例，我們希望從網頁中取得即期的開獎結果，請注意：這個結果會隨時改變，因此讀者實際取得的畫面，會和書上畫面不同。操作如下：

1. 使用 Google Chrome 連結「http://www.taiwanlottery.com.tw/」，按 **F12** 開啟網頁開發人員工具介面，點選 **Elements** 頁籤，先將 <body> 標籤展開。

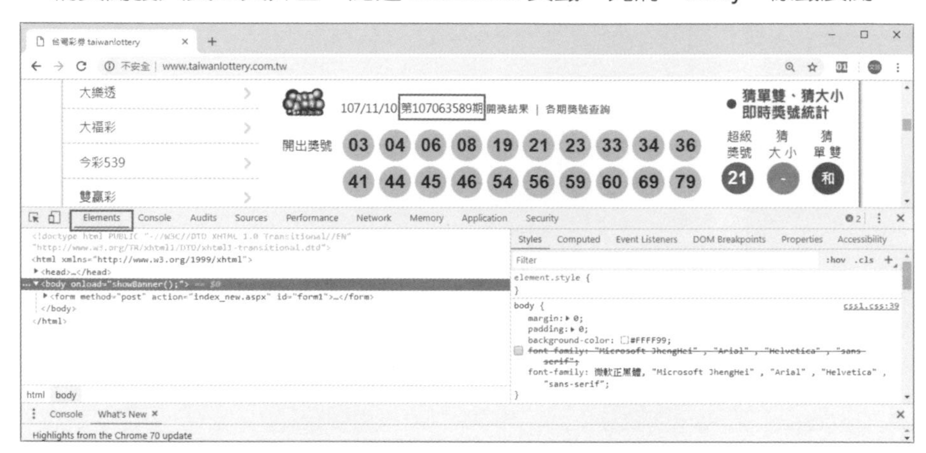

2. 依序展開標籤 **<form> / <div id=:wrapper_overflow"> / <div id="rightdown"> / <div class="contents_box01"> / <div class=ball_box01">** 即可看到近期賓果開獎結果。

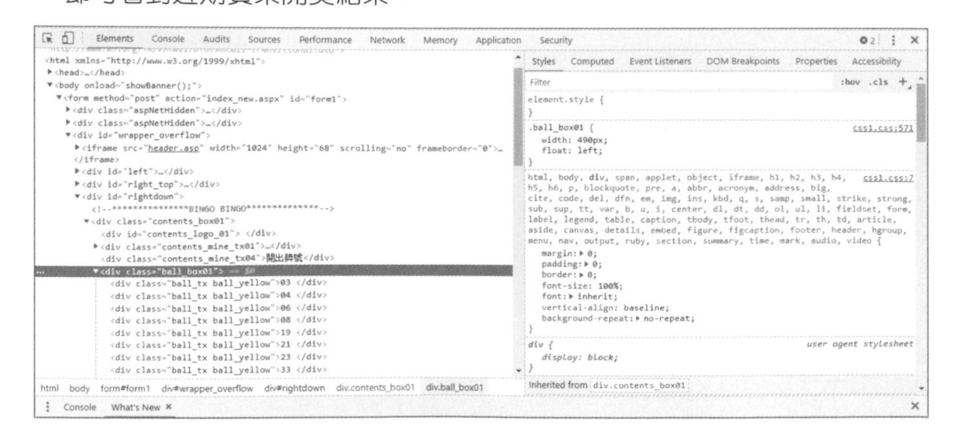

5.3.3 使用網頁原始碼搜尋

另一種方式，在網頁上按滑鼠右鍵，在快顯功能表中 **按檢視網頁原始碼 (V)** 開啟網頁原始碼視窗。

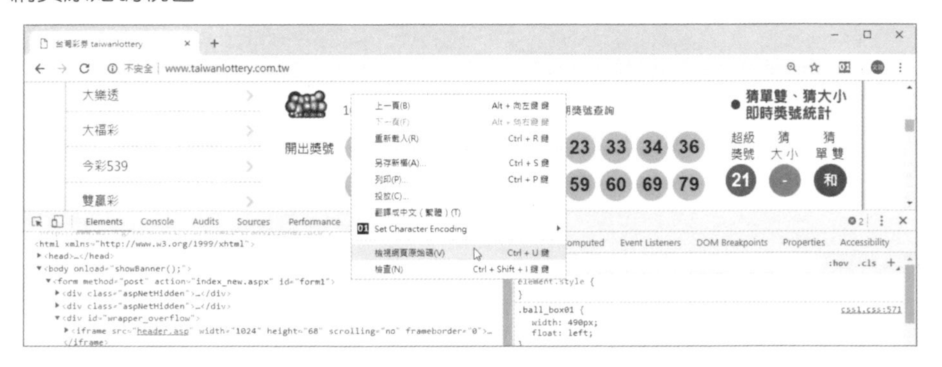

按 **CTRL + F** 打開搜尋視窗，輸入關鍵字，例如輸入第「107063594」期。

5.3.4 使用 Beautifulsoup 網頁解析模組

如果擷取的資料更複雜，我們還可以利用另一個功能更強的網頁解析工具 Beautifulsoup，方便對特定的目標加以分析和擷取。

使用 BeautifulSoup

第一章安裝 Anaconda 整合環境時已安裝了 Beautifulsoup 模組，可以直接匯入使用。

匯入 BeautifulSoup 後，同時也利用 requests 模組取得網頁的原始碼，就可以使用 Python 內建的 html.parser 解析原始碼，並傳回 BeautifulSoup 型別物件 sp，以後就可以對 sp 進行解析，語法範例如下：

```
sp = BeautifulSoup(原始碼, 'html.parser')
```

例如：建立 BeautifulSoup 型別物件 sp，解析「http://www.taiwanlottery.com.tw」網頁原始碼。(<beautifulsoup01.py>)

```
import requests
from bs4 import BeautifulSoup
url = 'http://www.taiwanlottery.com.tw/'
html = requests.get(url)
sp = BeautifulSoup(html.text, 'html.parser')
```

Beautifulsoup 的屬性和方法

BeautifulSoup 常用的屬性和方法如下：(表中假設已建立 BeautifulSoup 型別物件 sp)

屬性或方法	說明
tag 名稱	傳回指定 tag 內容，例如：sp.title 傳回 <title> 的標籤內容。
text	傳回去除所有 HTML 標籤後的網頁文字內容。
find()	傳回第一個符合條件的 tag。例如：sp.find("a")。
find_all()	傳回所有符合條件的 tag。例如：sp.find_all("a")。
select()	傳回指定 CSS 選擇器如 id 或 class 的內容，例如：以 id 讀取 sp.select("#id")、以 class 讀取 sp.select(".classname")。

find()、find_all() 方法

find() 和 find_all() 方法用以尋找符合條件的內容。語法：

```
find 或 find_all(標籤名稱)
```

find() 方法會傳回第一個符合條件的內容，找到會傳回一個字串，如果找不到則傳回 None。例如：讀取第一個 <a> 標籤內容。

```
data1 = sp.find("a")
```

find_all() 方法則會傳回有所符合條件的內容，找到會傳回一個串列，如果找不到則傳回空的串列。例如：讀取所有的 <a> 的標籤內容。

```
data1 = sp.find_all("a")
```

也可以尋找指定標籤中符合屬性條件的內容。語法：

```
find 或 find_all(tag,{ 屬性名稱：屬性內容 })
```

例如：讀取所有的 <a> 標籤中 id=link2 的內容。

```
data1 = sp.find_all("a",{"id":"link2"})
```

第 1 個參數過濾符合條件的標籤，第 2 參數再過濾標籤中符合的屬性。請注意：第二個參數是字典型別。

select 方法

select 方法以 CSS 選擇器的方式，讀取指定的資料，它的傳回值是串列。

例如：讀取 <title> 的內容。

```
data1 = sp.select("title")
```

select 方法可以讀取指定的 id，因為 id 是唯一，因此讀取最明確 。例如：讀取 id 為 rightdown 的網頁原始碼內容，請記得 id 前必須加上「#」字號。

```
data1 = sp.select("#rightdown")
```

使用 css 類別名稱 title 尋找，請記得類別名稱前必須加上「.」字元。例如：

```
<p class="title"><b> 文件標題 </b></p>
data1 = sp.select(".title")
```

當資料含有多層標籤、id 或類別時，也可以使用 select 方法逐層尋找。例如：

```
data1 = sp.select("html head title")
```

為了方便解說，我們以例子來說明。假設 HTML 原始碼如下，並建立 BeautifulSoup 物件 sp：(<beautifulsoup2.py>)

```
1    html_doc = """
2    <html><head><title> 網頁標題 </title></head>
3
4    <p class="title"><b> 文件標題 </b></p>
5
```

```
6   <p class="story">Once upon a time there were
      three little sisters; and their names were
7   <a href="http://example.com/elsie"
      class="sister" id="link1">Elsie</a>,
8   <a href="http://example.com/lacie"
      class="sister" id="link2">Lacie</a> and
9   <a href="http://example.com/tillie"
      class="sister" id="link3">Tillie</a>;
10  and they lived at the bottom of a well.</p>
11
12  <p class="story">...</p>
13  """
14
15  from bs4 import BeautifulSoup
16  sp = BeautifulSoup(html_doc,'html.parser')
```

以 sp.find('b') 可以取得 <b> 的標籤內容。

```
print(sp.find('b')) # <b> 文件標題 </b>
```

以 sp.find_all('a') 讀取所有的得 <a> 的標籤內容。

```
sp.find_all('a')
```

結果如下：

```
[<a class="sister" href="http://example.com/elsie" id="link1">Elsie</a>,
<a class="sister" href="http://example.com/lacie" id="link2">Lacie</a>,
<a class="sister" href="http://example.com/tillie" id="link3">Tillie</a>]
```

以 find_all(tag,{ 屬性名稱：屬性內容 }) 可以讀取標籤中符合的屬性，請注意：第二個參數是字典型別。例如：上例也可以下列程式讀取。

```
print(sp.find_all("a", {"class":"sister"}))
```

讀取下一列 <a> 超連結的文字，即取得 Elsie。

```
<a href="http://example.com/elsie" class="sister" id="link1">Elsie</a>
```

可以指定屬性名稱為「"href"」，屬性內容為「"http://example.com/elsie"」。

```
data1=sp.find("a", {"href":"http://example.com/elsie"})
print(data1.text) # Elsie
```

您應該已想到，使用 id 更好，例如：找尋 id="link2" 的超連結文字內容。

```
data2=sp.find("a", {"id":"link2"})
print(data2.text) # Lacie
```

或是以 select() 方法，找尋指定的 id，例如：找尋 id="link3" 的超連結文字內容。

```
data3 = sp.select("#link3")
print(data3[0].text) # Tillie
```

也可一次找尋多個標籤，只要建立一個搜尋的串列即可，例如：讀取所有的 <title> 和 <a> 的標籤。

```
print(sp.find_all(['title','a']))
```

結果如下：

```
[<title>網頁標題</title>, <a class="sister" href="http://example.
com/elsie" id="link1">Elsie</a>, <a class="sister" href="http://
example.com/lacie" id="link2">Lacie</a>, <a class="sister"
href="http://example.com/tillie" id="link3">Tillie</a>]
```

讀取屬性內容

如果要讀取屬性內容，就必須使用 get() 方法或是以屬性名稱當作鍵值名稱的方式讀取，語法如下：

```
get(屬性名稱) 或 ["屬性名稱"]
```

例如：要讀取下面原始碼 <a> 標籤中的 href 的超連結，即「http://example.com/elsie」。

```
<a href="http://example.com/elsie" class="sister" id="link1">Elsie</a>
```

使用 sp 的 find 找到指定的 id 並設定變數為 data1，即可以利用 data1.get("href") 方法或 data1["href"] 字典方式讀取 href 屬性內容。

```
data1=sp.find("a", {"id":"link1"})
print(data1.get("href")) # http://example.com/elsie
#或 print(data1["href"]) # http://example.com/elsie
```

範例：網頁解析

讀取文淵閣工作室網頁中所有的 <a> 超連結，並顯示所有的 **href** 屬性內容。

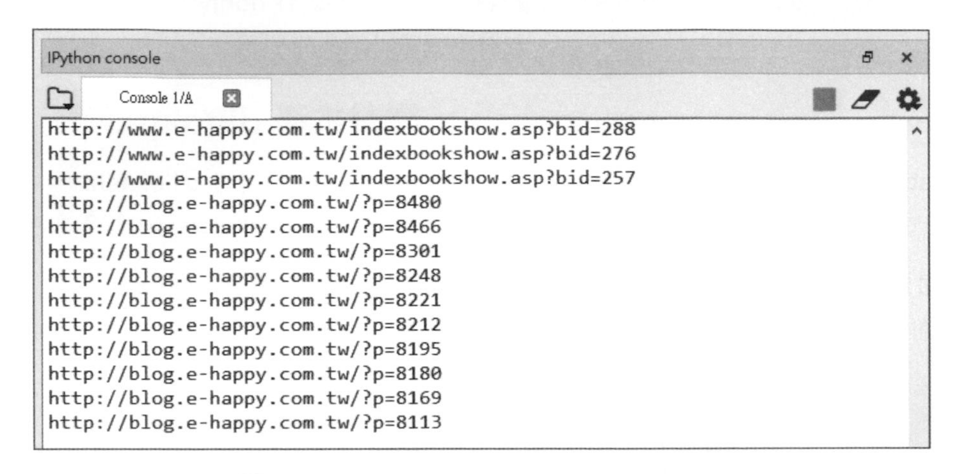

程式碼：ch05\read_Link.py

```
1   from bs4 import BeautifulSoup
2   import requests
3
4   url = 'http://www.e-happy.com.tw'
5   html = requests.get(url)
6   html.encoding="utf-8"
7
8   sp=BeautifulSoup(html.text,"html.parser")
9   links=sp.find_all("a") # 讀取 <a>
10  for link in links:
11      href=link.get("href") # 讀取 href 屬性內容
12      # 判斷內容是否為非 None，並且開頭文字是 http://
13      if  href != None and href.startswith("http://"):
14          print(href)
```

程式說明

- 4~6　讀取網頁原始碼。
- 8　建立 BeautifulSoup 物件。
- 9　讀取 <a> 標籤。
- 10~11　逐一讀取串列中所有 href 屬性值。
- 13~14　判斷內容是否為非 None，並且開頭文字是「http://」才顯示出來。

5.4 網路爬蟲

學會前面正規表示式、網頁解析以及 BeautifulSoup 擷取的基本功後，接下來就要下山闖蕩了，我們設定兩個主題：

一、取得台灣彩券即期的威力彩開獎結果。

二、下載指定網站的所有圖檔後儲存在指定的資料夾。

5.4.1 取得台灣彩券威力彩開獎結果

現在我們的目標很明顯，就是取回即期威力彩開獎結果，不過因為這個結果會即時改變，因此讀者實際取得的畫面，會和書上的畫面不同，但取回資料的技術則是相同的。

大部份網站的原始碼，比想像還要複雜，最好的方式是採用逐一讀取。首先利用關鍵字「第 107000090 期」搜尋對應的原始碼，發現這些開獎都集中在 id="rightdown" 這個 <div> 中。

```
675   <div id="rightdown">
676     <!--***************BINGO BINGO***************-->
677     <div class="contents_box01">
678       <div id="contents_logo_01"> </div><div class="contents_mine_tx01"><span class="font_black15">107/11/10 第107063594期 </span> <span
class="font_red14"><a href="/Lotto/BingoBingo/history.aspx">開獎結果</a>  <a href="/Lotto/BingoBingo/drawing.aspx">各期獎號查詢</a><a
href="/lotto/BingoBingo/OEHLStatistic.htm"><div id="contents_logo_01-2"></div></a></span></div><div class="contents_mine_tx04">開出獎號</div><div
class="ball_box01"><div class="ball_tx ball_yellow">03 </div><div class="ball_tx ball_yellow">04 </div><div class="ball_tx ball_yellow">07 </div><div
class="ball_tx ball_yellow">14 </div><div class="ball_tx ball_yellow">16 </div><div class="ball_tx ball_yellow">17 </div><div class="ball_tx
ball_yellow">18 </div><div class="ball_tx ball_yellow">23 </div><div class="ball_tx ball_yellow">33 </div><div class="ball_tx ball_yellow">35 </div>
<div class="ball_tx ball_yellow">39 </div><div class="ball_tx ball_yellow">40 </div><div class="ball_tx ball_yellow">41 </div><div class="ball_tx
ball_yellow">43 </div><div class="ball_tx ball_yellow">49 </div><div class="ball_tx ball_yellow">56 </div><div class="ball_tx ball_yellow">57 </div>
<div class="ball_tx ball_yellow">63 </div><div class="ball_tx ball_yellow">77 </div><div class="ball_tx ball_yellow">80 </div></div><div
class="contents_mine_tx08">  超級<br>  獎號<br><div class="ball_red">39</div></div><div class="contents_mine_tx08">   猜
<br> 大 小<br><div class="ball_blue_BB1">－</div></div><div class="contents_mine_tx08">   猜<br> 單 雙<br><div
class="ball_blue_BB2">單</div></div>
679     </div>
680     <div class="dotted01"></div>
681      <!--***************雙贏彩區塊***************-->
682     <div class="contents_box06">
683       <div id="contents_logo_11"></div><div class="contents_mine_tx09"><span class="font_black15">107/11/9 第107000173期 </span><span
class="font_red14"><a href="Result_all.aspx#12">開獎結果</a></span></div><div class="contents_mine_tx04">開出順序<br>大小順序</div><div class="ball_tx
ball_blue">04 </div><div class="ball_tx ball_blue">21 </div><div class="ball_tx ball_blue">23 </div><div class="ball_tx ball_blue">24 </div><div
class="ball_tx ball_blue">15 </div><div class="ball_tx ball_blue">16 </div><div class="ball_tx ball_blue">03 </div><div class="ball_tx ball_blue">13
</div><div class="ball_tx ball_blue">05 </div><div class="ball_tx ball_blue">01 </div><div class="ball_tx ball_blue">14 </div><div class="ball_tx
ball_blue">12 </div><div class="ball_tx ball_blue">01 </div><div class="ball_tx ball_blue">03 </div><div class="ball_tx ball_blue">04 </div><div
class="ball_tx ball_blue">05 </div><div class="ball_tx ball_blue">12 </div><div class="ball_tx ball_blue">13 </div><div class="ball_tx ball_blue">14
</div><div class="ball_tx ball_blue">15 </div><div class="ball_tx ball_blue">16 </div><div class="ball_tx ball_blue">21 </div><div class="ball_tx
ball_blue">23 </div><div class="ball_tx ball_blue">24 </div>
684     </div>
685     <div class="dotted01"></div>
686     <!--***************威力彩區塊***************-->
687     <div class="contents_box02">
688       <div id="contents_logo_02"></div><div class="contents_mine_tx02"><span class="font_black15">107/11/8 第107000090期 </span><span
class="font_red14"><a href="Result_all.aspx#01">開獎結果</a></span></div><div class="contents_mine_tx04">開出順序<br>大小順序<br>第二區</div><div
class="ball_tx ball_green">16 </div><div class="ball_tx ball_green">19 </div><div class="ball_tx ball_green">25 </div><div class="ball_tx
ball_green">04 </div><div class="ball_tx ball_green">11 </div><div class="ball_tx ball_green">29 </div><div class="ball_tx ball_green">04 </div><div
```

找出「id="rightdown"」不難，使用 select 就可以明確取得它，並傳回一個串列。

```
data1 = sp.select("#rightdown")
```

我們再把目標縮小，因為威力彩開獎包含在 rightdown 這個 <div> 的「class="contents_box02"」中，所以就可以從 data1 中再找出「class="contents_box02"」的 <div>。因為 data1 是串列，必須以 data1[0] 取得串列元素。

```
data2 = data1[0].find('div', {'class':'contents_box02'})
```

實際的威力彩開獎號碼又包含在「class="ball_tx」的 <div> 中，所以又必須從 data2 字串中取出這些 <div>。

```
data3 = data2.find_all('div', {'class':'ball_tx'})
```

現在 data3 是一個串列，如果將 data3 顯示出來，它包含許多的 <div>。(<lotto1.py>)

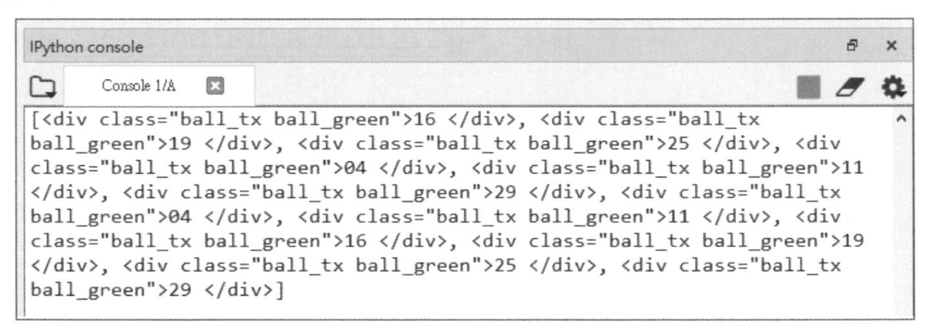

範例：威力彩開獎

利用網路爬蟲的技術，取得台灣彩券最近一期的威力彩開獎結果。

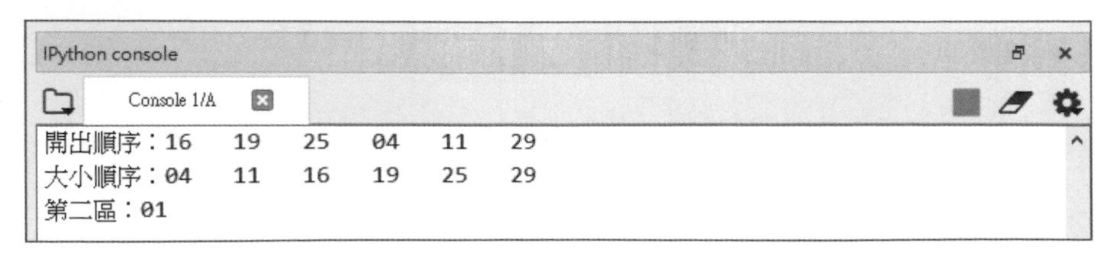

程式碼：ch05\lotto2.py

```
1   import requests
2   from bs4 import BeautifulSoup
3
4   url = 'http://www.taiwanlottery.com.tw/'
```

```
5    html = requests.get(url)
6    sp = BeautifulSoup(html.text, 'html.parser')
7
8    data1 = sp.select("#rightdown")
9    #print(data1)
10
11   data2 = data1[0].find('div', {'class':'contents_box02'})
12   #print(data2)
13
14   data3 = data2.find_all('div', {'class':'ball_tx'})
15   #print(data3)
16   #
17   ## 威力彩號碼
18   print("開出順序：",end="")
19   for n in range(0,6):
20       print(data3[n].text,end="  ")
21
22   print("\n大小順序：",end="")
23   for n in range(6,len(data3)):
24       print(data3[n].text,end="  ")
25
26   ## 第二區
27   red = data2.find('div', {'class':'ball_red'})
28   print("\n第二區：{}".format(red.text))
```

程式說明

- **8**　以 select 方法擷取「id='rightdown'」的 <div>，並傳回 data1 串列。
- **11**　從 data1 串列中再找出「class='contents_box02'」的 <div>，並傳回 data2 字串。
- **14**　再從 data2 字串中找出「class='ball_tx'」的 <div>，並傳回 data3 串列，data3 串列中所有 <div> 的內容，就是威力彩號碼。
- **17-20**　顯示 data3 串列中前面 6 個 <div> 的內容，也就是威力彩號碼開出順序。
- **22-24**　顯示 data3 串列中 7~12 個 <div> 的內容，也就是威力彩號碼大小順序。
- **27**　從 data2 字串中找出「class='ball_red'」的 <div>，並傳回 red 字串，也就第二區號碼。

5.4.2 下載指定網站的圖檔

我們常常有上網搜尋並下載圖片的經驗，如果一一下載就太沒效率了，這個範例就要利用網路爬蟲技術，一次下載該網站所有的圖檔並存檔。

範例：網站圖片下載並儲存

將指定網站所有 .jpg 和 .png 的圖檔下載回來並儲存在 images 資料夾中。

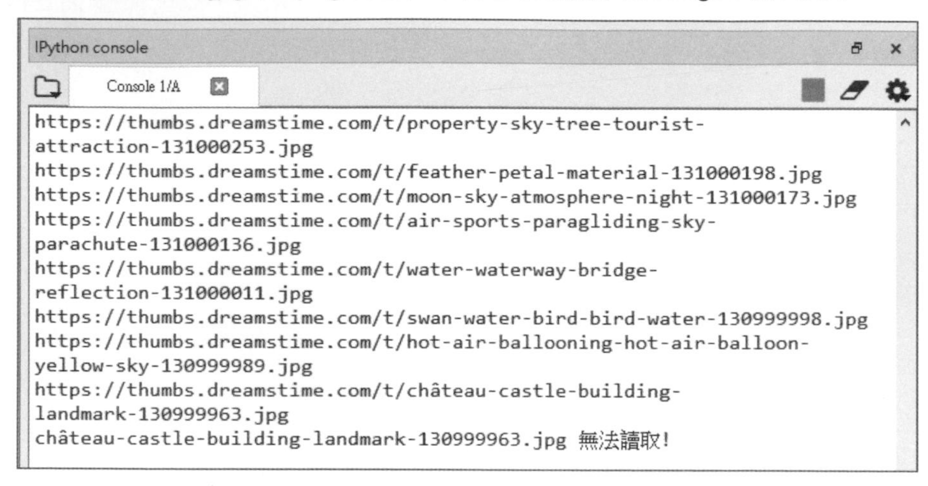

IPython console
Console 1/A
https://thumbs.dreamstime.com/t/property-sky-tree-tourist-attraction-131000253.jpg
https://thumbs.dreamstime.com/t/feather-petal-material-131000198.jpg
https://thumbs.dreamstime.com/t/moon-sky-atmosphere-night-131000173.jpg
https://thumbs.dreamstime.com/t/air-sports-paragliding-sky-parachute-131000136.jpg
https://thumbs.dreamstime.com/t/water-waterway-bridge-reflection-131000011.jpg
https://thumbs.dreamstime.com/t/swan-water-bird-bird-water-130999998.jpg
https://thumbs.dreamstime.com/t/hot-air-ballooning-hot-air-balloon-yellow-sky-130999989.jpg
https://thumbs.dreamstime.com/t/château-castle-building-landmark-130999963.jpg
château-castle-building-landmark-130999963.jpg 無法讀取!

程式碼：ch05\load_url_images.py

```
1   import requests,os
2   from bs4 import BeautifulSoup
3   from urllib.request import urlopen
4
5   url = 'https://www.dreamstime.com/free-images_pg1'
6
7   html = requests.get(url)
8   html.encoding="utf-8"
9
10  sp = BeautifulSoup(html.text, 'html.parser')
11
12  # 建立 images 目錄儲存圖片
13  images_dir="images/"
14  if not os.path.exists(images_dir):
15      os.mkdir(images_dir)
16
17  # 取得所有 <a> 和 <img> 標籤
```

```
18 all_links=sp.find_all(['a','img'])
19 for link in all_links:
20     # 讀取 src 和  href 屬性內容
21     src=link.get('src')
22     href = link.get('href')
23     attrs=[src,href]
24     for attr in attrs:
25         # 讀取  .jpg 和  .png 檔
26         if attr != None and ('.jpg' in attr or '.png' in attr):
27             # 設定圖檔完整路徑
28             full_path = attr
29             filename = full_path.split('/')[-1]  # 取得圖檔名
30             print(full_path)
31             # 儲存圖片
32             try:
33                 image = urlopen(full_path)
34                 f = open(os.path.join(images_dir,filename),'wb')
35                 f.write(image.read())
36                 f.close()
37             except:
38                 print("{} 無法讀取 !".format(filename))
```

程式說明

- 5-8　讀取網頁原始碼。
- 10　建立 BeautifulSoup 物件。
- 13-15　建立 images 目錄儲存圖片。
- 18　取得所有 <a> 和 <img> 標籤，因為這兩個標籤都可能會有圖片，並儲存在 all_links 串列中。
- 19-38　逐一處理每一個 <a> 和 <img> 標籤。
- 21-23　讀取 src 和 href 屬性內容。
- 26-38　處理 .jpg 和 .png 檔。
- 28-30　full_path 為圖檔的完整路徑名稱，例如：「https://thumbs.dreamstime.com/t/property-sky-tree-tourist-attraction-131000253.jpg」。
  filename="property-sky-tree-tourist-attraction-131000253.jpg"。
- 32-38　以 urlopen 讀取圖檔，open 建立圖檔儲存的路徑和名稱，再以 write 儲存圖檔。圖檔可能因為沒有權限無法讀取，故以 try~except 補捉錯誤。

Memo

網頁測試自動化

Python 執行網頁測試的功能十分強大，甚至能藉由排程的動作讓所有過程自動化，對於許多人來說是不可多得的神器。

hashlib 模組可以判別檔案是否更改過，只要利用 md5 方法對指定的檔案進行編碼，即可進行比對。

排程對於程式自動化相當重要，尤其是對於需要定時下載、更新的資料，只要善用作業系統的工作排程加以管理就能夠輕鬆達成。

Selenium 是相當著名的網頁自動化測試模組，它可以藉由指令自動操作網頁，達到測試的功能。Selenium 也能讓許多在網頁上要大量操作的工作指令化，能在設定的時間內自動執行，功能相當強大。

6.1 檢查網站資料是否更新

擷取網站的資料，通常會將資料儲存在檔案或資料庫中。每一次讀取網站內容，都必須浪費一些網路資源，為了效能起見，如果網站內容沒有更新，實在沒有再次讀取的必要，只要從上次儲存的檔案或資料庫中讀取就可以。

6.1.1 使用 hashlib 模組

Python 提供 hashlib 模組可以判別文件是否更新過，最簡單的方式是利用 md5 方法對指定的二進位文件產生編碼，只要文件有更新就會產生不同的 md5 碼。

首先必須匯入 hashlib 模組，再以 md5 方法建立一個物件。例如：建立一個 md5 物件。(<md5.py>)

```
import hashlib
md5 = hashlib.md5()
```

利用 md5 方法建立物件的 update 方法，可以對指定字串進行加密，其中字串必須使用二進位型態，hexdigest 方法可以得到 16 進位的加密結果。語法範例如下：

```
md5.update(b'Test String!')
print(md5.hexdigest())
```

這樣的方法稍嫌麻煩，也可以省略建立 md5 物件和 update 方法，直接將指定二進位型態字串當作 hashlib.md5() 參數，如下：

```
md5 = hashlib.md5(b"Test String!").hexdigest()
```

6.1.2 以 md5 檢查網站內容是否更新

只要將 md5 碼儲存起來，然後和新建立的 md5 進行比對，就可以判斷網站內容是否有更新。

下列程式中，我們將 md5 碼儲存在 <old_md5.txt> 檔案中，再讀出和新建立的 md5 碼比對，同時也將最新的 md5 碼覆蓋原有的 <old_md5.txt> 檔案。(<md5.py>)

```
# 讀取網頁原始碼
html=requests.get(url).text.encode('utf-8-sig')
```

```
# 判斷網頁是否更新
md5 = hashlib.md5(html).hexdigest()
old_md5 = ""
if os.path.exists('old_md5.txt'):
    with open('old_md5.txt', 'r') as f:
        old_md5 = f.read()
with open('old_md5.txt', 'w') as f:
    f.write(md5)
if md5 != old_md5:
    print('資料已更新...')
else:
    print('資料未更新，從資料庫讀取...'
```

6.1.3 應用：讀取政府公開資料

目前政府與民間許多單位，提供了很多琳琅滿目、五花八門的公開資料。不僅在取材上令人十分驚豔，資料的詳細豐富程度也讓人意外。

以行政院環保署的資料公開平台為例，可以即時取得空氣品質監測資料，並且可以讓使用者在清單中挑選縣市與觀測站名稱，檢視即時的 AQI 與 PM2.5 指數。

進入「opendata.epa.gov.tw」網站後，以「aqi」查詢。

點選「空氣品質指標 (AQI)」。

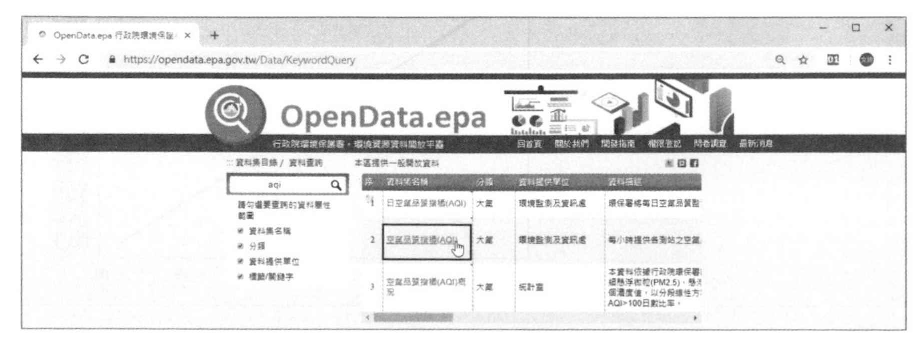

提供下載的資料格式有 JSON、XML 如 CSV ，點選 **JSON**。

顯示讀取的 JSON 資料，網址為「http://opendata.epa.gov.tw/webapi/Data/REWIQA/?$orderby=SiteName&$skip=0&$top=1000&format=json」，資料結構如下：

```
[{"SiteName":" 二林 ",...,"PM2.5":"28",...},
 {"SiteName":" 三重 ",...,"PM2.5":"12","...},
 ...
]
```

範例：讀取 PM2.5 空氣細懸浮微粒的狀態

讀取行政院環境保護署空氣品質指標 (AQI) 公開資料，取得 PM2.5 空氣細懸浮微粒的資料，並儲存在 SQLite 資料庫中。如果網站內容未更新則不必重新讀取，直接從 SQLite 資料庫中取出上次儲存的資料並顯示之。

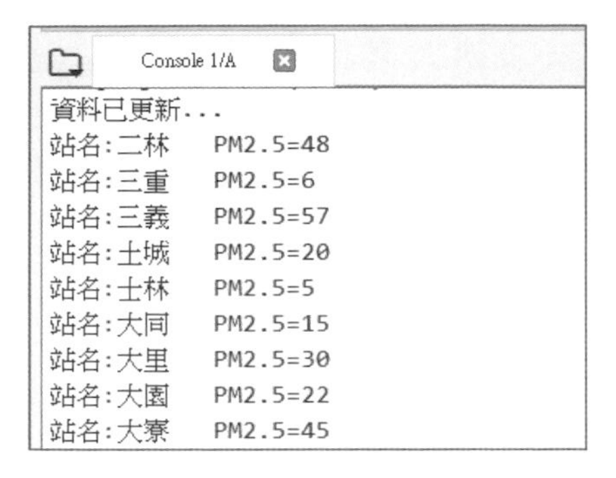

程式碼：ch06\pm25.py

```
1   import sqlite3,ast,hashlib,os,requests
2   from bs4 import BeautifulSoup
3
4   conn = sqlite3.connect('DataBasePM25.sqlite') # 建立資料庫連線
5   cursor = conn.cursor() # 建立 cursor 物件
6
7   # 建立一個資料表
8   sqlstr='''
9   CREATE TABLE IF NOT EXISTS TablePM25 ("no"
      INTEGER PRIMARY KEY AUTOINCREMENT
10    NOT NULL UNIQUE ,"SiteName" TEXT NOT NULL ,"PM25" INTEGER)
11  '''
12  cursor.execute(sqlstr)
```

程式說明

- **4~5**　建立資料庫連線和 cursor 物件。
- **9~12**　建立 TablePM25 資料表，包含 no、SiteName 和 PM25 三個欄位，其中 no 為主索引欄位。

程式碼：ch06\pm25.py(續)

```
14  url = "http://opendata.epa.gov.tw/webapi/Data/REWIQA/
     ?$orderby=SiteName&$skip=0&$top=1000&format=json"
15  # 讀取網頁原始碼
16  html=requests.get(url).text.encode('utf-8-sig')
17
18  # 判斷網頁是否更新
19  md5 = hashlib.md5(html).hexdigest()
20  old_md5 = ""
21
22  if os.path.exists('old_md5.txt'):
23      with open('old_md5.txt', 'r') as f:
24          old_md5 = f.read()
25  with open('old_md5.txt', 'w') as f:
26      f.write(md5)
```

程式說明

- 14~16　讀取網頁原始碼，也就是 JSON 資料。
- 19　建立最新的 md5 編碼。
- 20~26　如果 <old_md5.txt> 檔案已存在，讀取 <old_md5.txt> 檔案的 md5 編碼存至 old_md5 變數中，準備和最新的 md5 碼比對是否相同，最後將最新的 md5 碼再存入 <old_md5.txt> 檔中 。

程式碼：ch06\pm25.py(續)

```
28  if md5 != old_md5:
29      print('資料已更新...')
30      sp=BeautifulSoup(html,'html.parser')
31      # 將網頁內轉換為 list,list 中的元素是 dict
32      jsondata = ast.literal_eval(sp.text)
33      # 刪除資料表內容
34      conn.execute("delete from TablePM25")
35      conn.commit()
36
37      n=1
38      for site in jsondata:
39          SiteName=site["SiteName"]
40          if site["PM2.5"] == "ND":
41              continue
42          PM25=0 if site["PM2.5"] == "" else int(site["PM2.5"])
43          print("站名:{}    PM2.5={}".format(SiteName,PM25))
44          # 新增一筆記錄
45          sqlstr="insert into TablePM25
```

```
            values({},'{}',{})" .format(n,SiteName,PM25)
46          cursor.execute(sqlstr)
47          n+=1
48          conn.commit() # 主動更新
49  else:
50      print('資料未更新，從資料庫讀取...')
51      cursor=conn.execute("select *  from TablePM25")
52      rows=cursor.fetchall()
53      for row in rows:
54          print("站名:{}    PM2.5={}".format(row[1],row[2]))
55
56  conn.close()  # 關閉資料庫連線
```

程式說明

- **28~54** 如果 md5 碼和 old_md5 不同，表示網站資料有更新，否則表示網站資料未更新。
- **28-48** 如果網站資料有更新，讀取網站資料並儲至 SQLIte 資料庫中。
- **30** 建立 BeautifulSoup 物件 sp。
- **32** jsondata = ast.literal_eval(sp.text) 將 json 資料轉換為串列。
- **34-35** 先刪除原有資料表內容。
- **37-48** 逐一讀取 SiteName、PM2.5 欄位，並儲存至 TablePM25資料表中，資料表的 no 欄位由數值 1 開始遞增。
- **40-41** 如果該欄位資料為「ND」表示沒有資料，忽略該筆資料，避免存取時發生錯誤。
- **42** 如果 PM2.5 為空字串時，設定 PM2.5=0。
- **49-54** 如果網站資料未更新，直接讀取 TablePM25 資料表並顯示。

6.2 工作排程自動下載

對於需要定時下載、更新的資料，利用作業系統的工作排程加以管理，是一個不錯的選擇，工作排程可以設定程式執行的時間 (開始時間 ~ 結束時間)，每隔多久執行一次，我們將上一範例改用設定工作排程來執行。

開啟工作排程器

以 Windows 10 為例，開啟工作排程操作如下：點選 **開始 / Windows 系統管理工具 / 工作排程器**。

建立工作排程器

1. 在工作排程視窗中點選 **工作排程器 (本機) \ 建立工作**，開啟 **建立工作** 對話方塊。

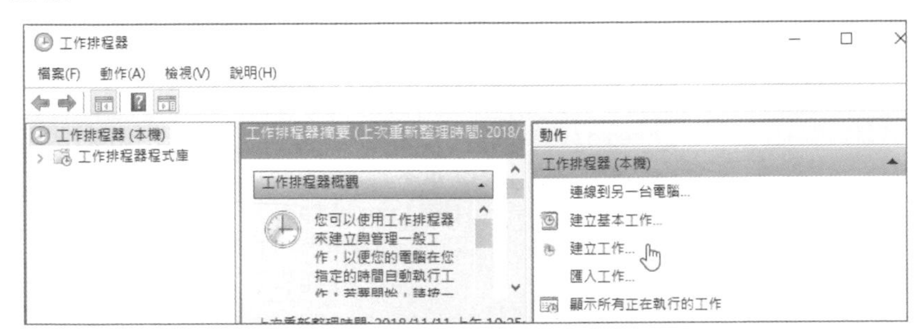

2. 在 **一般** 頁籤的 **名稱 (M)**、**描述 (D)** 欄分別輸入工作的名稱和相關描述，例如：名稱 (M)：「PM2.5 autorun」、描述 (D)：「每隔 1 小時，自動下載 PM2.5。」。

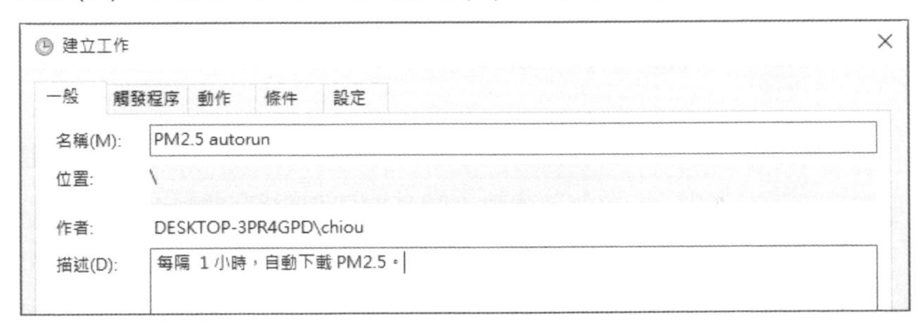

3. 點選 **觸發程序** 頁籤，按 **新增 (N)...** 鈕開啟 **新增觸發程序** 對話方塊。

4. 在 **新增觸發程序** 對話方塊中，**設定** 欄核選 **每天**，並設定開始執行時間，系統預設為現在時間，**進階設定** 欄核選 **重複工作每隔 (P)**，並設定時間為 1 小時，完成後按 **確定** 鈕。

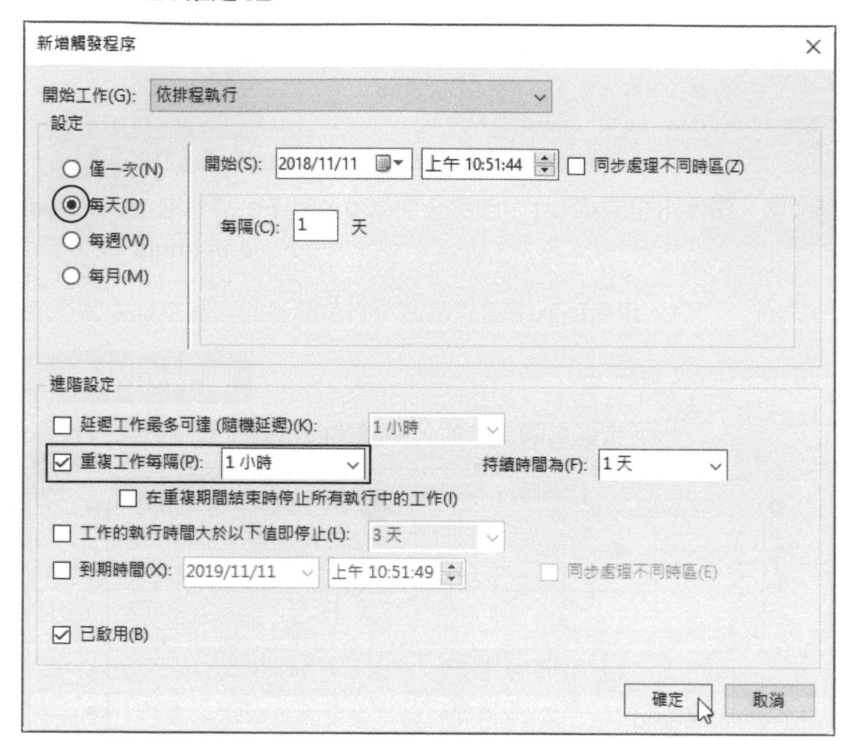

5. 點選 **動作** 頁籤，按 **新增 (N)...** 鈕開啟 **新的執行動作** 對話方塊，在 **新的執行動作** 對話方塊中 **動作** 欄選 **啟動程式**，**程式或指令碼 (P)** 欄輸入「python.exe」，**新增引數 (可省略)(A)** 欄輸入 Python 程式的路徑和名稱「C:\PythonBook\ch06\pm25_autorun.py」，完成後按 **確定** 鈕，回到 **建立工作** 視窗中，再按 **確定** 鈕結束建立工作設定返回工作排程序。

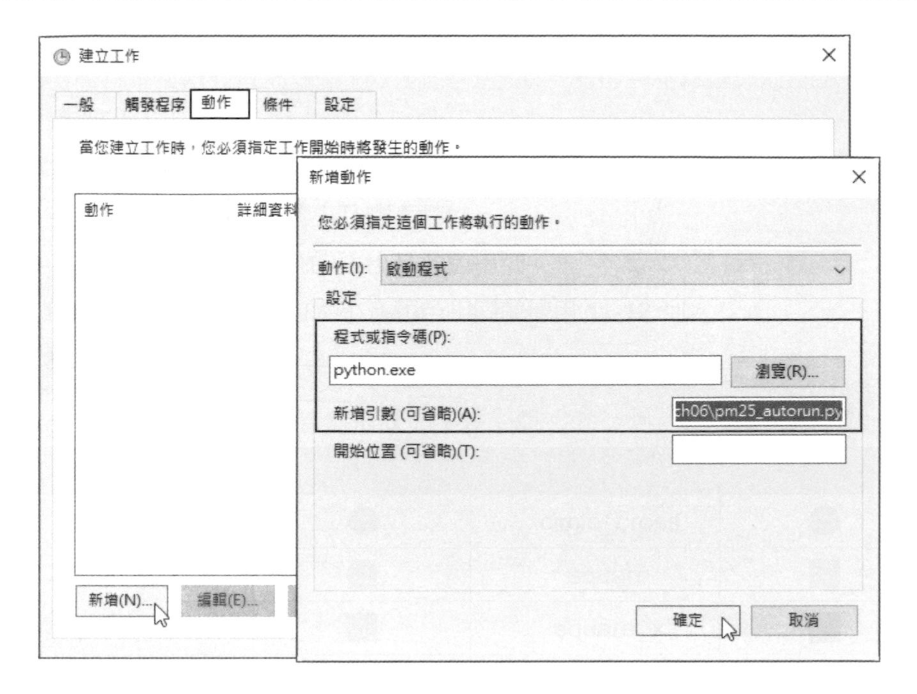

工作排程器測試或編輯

請關閉 **工作排程器** 後再重新開啟。回到 **工作排程器** 視窗中，點選 **工作排程器程式庫**，可看到剛才建立的「PM2.5 autorun」排程，在右邊的 **選取的項目** 中可按 **執行**、**結束**… 等項目進行測試或編輯。

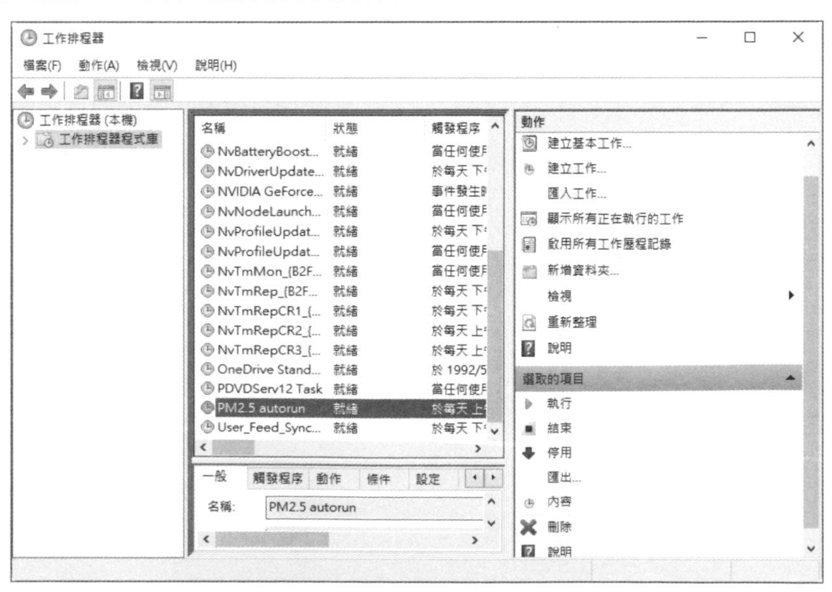

範例：PM2.5 自動排程下載

設定 Windows 工作排程，每隔 1 小時自動下載取得 PM2.5 空氣細懸浮微粒的資料，並儲存在 SQLite 資料庫中。

程式碼：ch06\pm25_autorun.py

```
1   import sqlite3,ast,requests,os
2   from bs4 import BeautifulSoup
3
4   cur_path=os.path.dirname(__file__) # 取得目前路徑
5   conn = sqlite3.connect(cur_path + '/' +
     'DataBasePM25.sqlite') # 建立資料庫連線
6   cursor = conn.cursor() # 建立 cursor 物件
7
8   # 建立一個資料表
9   sqlstr='''
10  CREATE TABLE IF NOT EXISTS TablePM25 ("no"
       INTEGER PRIMARY KEY AUTOINCREMENT
11  NOT NULL UNIQUE ,"SiteName" TEXT NOT NULL ,"PM25" INTEGER)
12  '''
13  cursor.execute(sqlstr)
14
15  url = "http://opendata.epa.gov.tw/webapi/Data/REWIQA/
     ?$orderby=SiteName&$skip=0&$top=1000&format=json"
16  # 讀取網頁原始碼
17  html=requests.get(url).text.encode('utf-8-sig')
18
19  print('資料已更新...')
20  sp=BeautifulSoup(html,'html.parser')
```

```
21 # 將網頁內轉換為 list,list 中的元素是 dict
22 jsondata = ast.literal_eval(sp.text)
23 # 刪除資料表內容
24 conn.execute("delete from TablePM25")
25 conn.commit()
26
27 n=1
28 for site in jsondata:
29     SiteName=site["SiteName"]
30     if site["PM2.5"] == "ND":
31         continue
32     PM25=0 if site["PM2.5"] == "" else int(site["PM2.5"])
33     print("站名:{}    PM2.5={}".format(SiteName,PM25))
34     # 新增一筆記錄
35     sqlstr="insert into TablePM25 values({},'{}',{})"
       .format(n,SiteName,PM25)
36     cursor.execute(sqlstr)
37     n+=1
38     conn.commit() # 主動更新
39
40 conn.close()  # 關閉資料庫連線
```

程式說明

- **4~6** 建立資料庫連線，本例必須明確指定資料庫路徑，若未指定會存在工作排程器應用程式的目錄中，即 <C:\Windows\system32> 中。
  第 4 列取得 <pm25_autorun.py> 執行程式的目錄。
  第 5 列將 <DataBasePM25.sqlite> 資料庫儲存在 <pm25_autorun.py> 執行程式目錄中
- **9~40** 讀取資料存入資料庫並顯示之。

6.3 Selenium：瀏覽器自動化操作

一般情況下，我們都是以人工操作方式，執行瀏覽器上的各項操作。事實上，只要安裝自動化操作模組，Python 就可以代替我們自動執行。

6.3.1 使用 Selenium

在網頁應用程式開發時，測試使用者介面一向是相當困難的工作。如果以手動的方式進行操作，不僅會因為人力時間而受到限制，而且也容易出錯。Selenium 的出現就是為了解決這個問題，它可以藉由指令自動操作網頁，達到測試的功能。如果延伸這個功能，Selenium 也能讓許多在網頁上要大量操作的工作指令化，能在設定的時間內自動執行，功能相當強大。

安裝 Selenium

首先必須安裝 Selenium 模組：

```
pip install selenium
```

下載 Chrome WebDriver

在 Google Chrome 瀏覽器操作，還必須安裝相關的驅動程式，請依照作業系統版本 (Linux, Mac, Windows) 下載 Chrome WebDriver 並解壓縮，網址如下：

```
https://sites.google.com/a/chromium.org/chromedriver/downloads
```

以 Windows 作業系統為例，下載 <chromedriver_win32.zip> 後解壓縮產生 <ChromeDrvier.exe> 檔，將 <ChromeDrvier.exe> 複製到 <C:\ProgramData\Anaconda3> 目錄或目前專案的工作目錄中。

建立 Google Chrome 瀏覽器物件

匯入 selenium 模組後，即可以使用 webdriver.Chrome() 建立 Google Chrome 瀏覽器物件。

```
from selenium import webdriver
driver = webdriver.Chrome()
```

Selenium Webdriver 的屬性和方法

Selenium Webdriver API 常用的屬性和方法如下：

方法	說明
current_url	取得目前的網址。
page_source	讀取網頁的原始碼。
text	讀取元素內容。
size	傳回元素大小，例如：{'width': 250, 'height': 30}。
get_window_position()	取得視窗左上角的位置。
set_window_position(x,y)	設定視窗左上角的位置。
maximize_window()	瀏覽器視窗最大化。
get_window_size()	取得視窗的高度和寬度。
set_window_size(x,y)	設定視窗的高度和寬度。
click()	按單擊鈕。
close()	關閉瀏覽器。
get(url)	連結 url 網址。
refresh()	重新整理畫面。
back()	返回上一頁。
forward()	下一頁。
clear()	清除輸入內容。
send_keys()	以鍵盤輸入。
submit()	提交。
quit()	關閉瀏覽器並且退出驅動程序。

利用 Python 操作 Google Chrome 瀏覽器

建立 Google Chrome 瀏覽器物件後，即可以 get() 方法連結到指定的網址，最後以 quit() 方法關閉瀏覽器。 例如：連結 Google 網站。

```
from selenium import webdriver
driver = webdriver.Chrome()
driver.get('http://www.google.com')
driver.quit()
```

也可以將瀏覽網站建立串列，即可以依序瀏覽這些網站。例如：開啟 Chrome 瀏覽器並將視窗最大化，然後依序每 3 秒瀏覽串列中的網站，最後關閉瀏覽器。(<browse.py>)

```
from selenium import webdriver
from time import sleep

urls = ['http://www.google.com',
        'http://www.e-happy.com.tw',
        'http://opendata.epa.gov.tw/',
        'https://tw.yahoo.com/']

driver = webdriver.Chrome()
driver.maximize_window()

for url in urls:
    driver.get(url)
    sleep(3)

driver.close()
```

6.3.2 尋找網頁元素

如果我們想要和網頁互動，例如：按下按鈕、超連結、輸入文字等，就必須先取得網頁元素，這樣才能對這些特定的網頁元素進行操作。

Selenium Webdriver API 提供多種取得網頁元素的方法。如下：

方法	說明
find_element_by_id(id)	以 id 查詢符合的元素。
find_element_by_class_name(name)	以類別名稱查詢符合的元素。

方法	説明
find_element_by_tag_name("tag name")	以 HTML 標籤查詢符合的元素。
find_element_by_name(name)	以名稱查詢符合的元素。
find_element_by_link_text(text)	以連結文字查詢符合的元素。
find_element_by_partial_link_text("cheese")	以部份連結文字查詢符合的元素。
find_element_by_css_selector(selector)	以 CSS 選擇器查詢符合的元素。
find_element_by_xpath()	以 xml 的路徑查詢，xpath 就是利用 node 的階層關係，以及每個 node 的特性來找尋元素。

在上面各個方法的 **element** 後面加上 **s** ，會傳回符合查詢的元素串列。以實例説明如下，以下列的 **HTML** 原始碼，**Webdriver** 為 **driver** 為例。

```
<html>
  <body>
    <h1>Welcome</h1>
    <form id="loginForm">
      <p class="content">Are you sure you want to do this?</p>
      <a href="continue.html">Continue</a>
      <a href="cancel.html">Cancel</a>
      <input name="username" type="text" />
      <input name="password" type="password" />
      <input name="continue" type="submit" value="Login" />
      <input name="continue" type="button" value="Clear" />
    </form>
  </body>
<html>
```

可以下列方法取得指定的元素

find_element_by_id

```
login_form = driver.find_element_by_id('loginForm')
```

find_element_by_name

```
username = driver.find_element_by_name('username')
password = driver.find_element_by_name('password')
```

find_element_by_xpath

```
login_form = driver.find_element_by_xpath("//form[@id='loginForm']")
username = driver.find_element_by_xpath("//input[@name='username']")
```

find_element_by_link_text

```
continue_link = driver.find_element_by_link_text('Continue')
```

find_element_by_partial_link_text

```
continue_link = driver.find_element_by_partial_link_text('Conti')
```

find_element_by_tag_name

```
heading1 = driver.find_element_by_tag_name('h1')
```

find_element_by_class_name

```
content = driver.find_element_by_class_name('content')
```

find_element_by_css_selector

```
content = driver.find_element_by_css_selector('.content')
```

CSS 選擇器中 class="content " 必須以「.content 」標示它是一個類別。

6.3.3 應用：自動登入 Google 網站

為了方便測試登入 Google 的步驟，我們新增一個 **無痕式視窗**，如下圖。

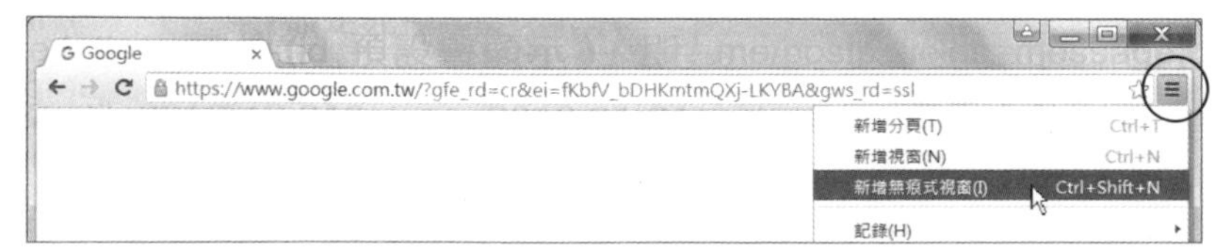

開啟 **無痕式視窗** 瀏覽器後在網址列輸入「google.com.tw」連結 Google 網站後，依下列步驟輸入帳號、密碼登入 Google 網站：

1. 按右上角的 **登入** 鈕。
2. 輸入電子郵件地址後按 **繼續** 鈕。
3. 輸入密碼後按 **繼續** 鈕。

現在，我們要改用 Python 程式，自動完成上面登入 Google 網站的動作。

範例：自動登入 Google

開啟 Google 網頁，並自動輸入帳號和密碼後按 **登入** 鈕登入 Google 網站。

程式碼：ch06\loginGoogle.py

```
1   from selenium import webdriver
2   from time import sleep
3
4   url = 'http://www.google.com'
5   email=" 您的 Email 帳號 "
6   password=" 您的密碼 "
7
8   driver = webdriver.Chrome()
9   driver.maximize_window()
10  driver.get(url)
11  #
12  driver.find_element_by_id('gb_70').click()   # 按右上角的 登入 鈕
13
14  driver.find_element_by_id('identifierId').
     send_keys(email) # 輸入 帳號
15  sleep(2)   # 必須加入等待，否則會有誤動作
16  driver.find_element_by_xpath("//span[@class='RveJvd snByac']")
     .click()   # 按 繼續 鈕
17  sleep(2)   # 必須加入等待，否則會有誤動作
18
19  driver.find_element_by_xpath("//input[@type='password']")
     .send_keys(password)   # 輸入 密碼
20  sleep(2)   # 必須加入等待，否則會有誤動作
21  driver.find_element_by_xpath("//span[@class='RveJvd snByac']")
     .click()   # 按 繼續 鈕
22  sleep(3)   # 必須加入等待，否則會有誤動作
```

程式說明

- 1~10　瀏覽 Google 網站，第 5~6 列請輸入您自己的帳號、密碼。
- 12　在右上角的 **登入** 鈕按滑鼠右鍵，在快顯功能上按 **檢查 (N)**，即可取得該元素的相關資訊。例如：它的「id="gb_70"」。以 find_element_by_id('gb_70').click() 即相當於按下 **登入** 鈕。

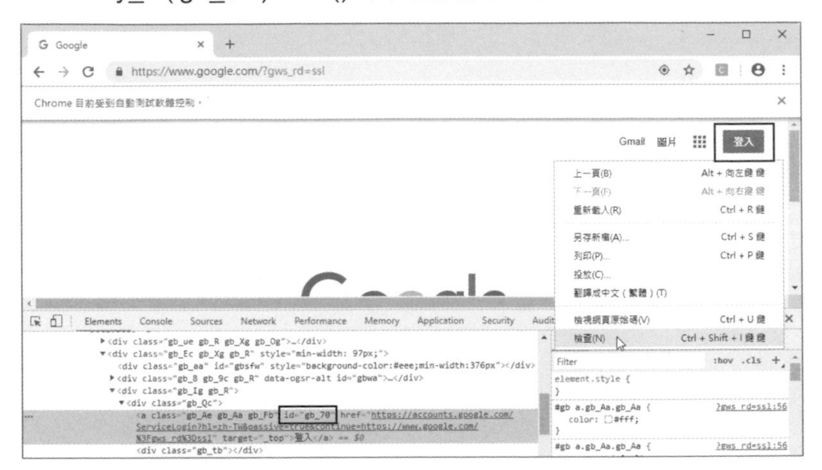

- 14~16　同樣的方式，可以「id=identifierId」取得帳號，以 send_keys() 輸入自己的帳號，按 **繼續** 鈕。

- 19~22　輸入自己的密碼，再按密碼下面的 **繼續** 鈕。

禁止 Alert 彈出式視窗

有些網站如 **facebook** 以帳號、密碼登入之後，還會出現 **Alert** 視窗，取消 **Alert** 視窗的方法是將原來以 **webdriver.Chrome()** 建立瀏覽器方式。

```
url = 'https://www.facebook.com/'
driver = webdriver.Chrome()
driver.get(url)
```

改為 **webdriver.Chrome(chrome_options=chrome_options)** 設定參數的方式建立瀏覽器。**(<loginFacebook.py>)**

```
url = 'https://www.facebook.com/'
# 取消 Alert
chrome_options = webdriver.ChromeOptions()
prefs = {"profile.default_content_setting_values.notifications" : 2}
chrome_options.add_experimental_option("prefs",prefs)
driver = webdriver.Chrome(chrome_options=chrome_options)
driver.get(url)
```

6.4 瀏覽器自動化實例

前面單元下載 PM2.5 公開資料的操作，都是以手動方式一步一步完成，這個範例我們要改用 Selenium 自動化方式完成 。

範例：自動化下載 PM2.5 公開資料

讀取行政院環境保護署空氣品質指標 (AQI) 公開資料，下載 PM2.5 空氣細懸浮微粒的資料，包括 JSON、XML 和 CSV 檔。

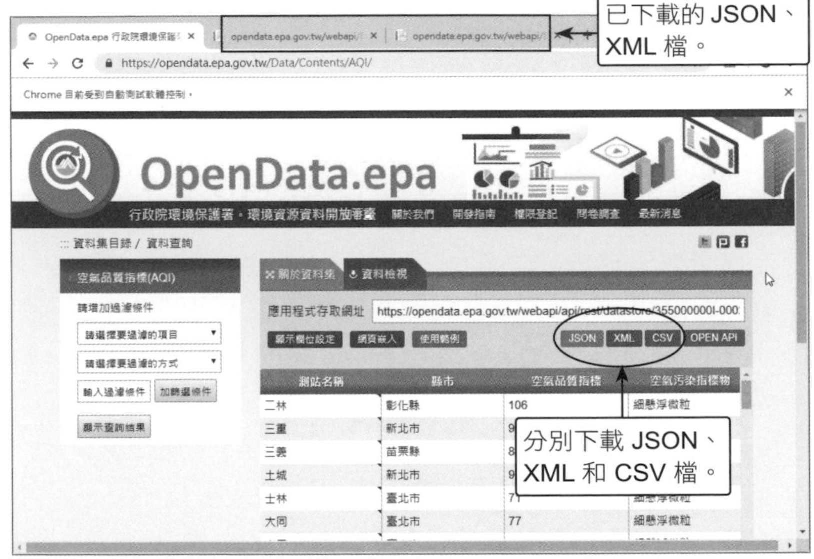

圖表繪製

Python 除了資料擷取進行分析之外，將相關數據繪製成統計圖表更是它的強項。

Matplotlib 是 Python 在 2D 繪圖領域使用最廣泛的模組，它能讓使用者很輕鬆地將數據圖形化，並且提供多樣化的輸出格式。Matplotlib 功能強大，尤其在繪製各種科學圖形上表現更是優異。

如果繪製的圖表不是非常複雜，小巧的 Bokeh 模組就足以應付，它所需要的資源只有 Matplotlib 的五分之一，卻已經能夠繪製出各種實用的圖表，並利用網頁的方式進行呈現。

7.1 Matplotlib 模組

Matplotlib 是 Python 在 2D 繪圖領域使用最廣泛的模組，它能讓使用者很輕鬆地將數據圖形化，並且提供多樣化的輸出格式。

7.1.1 Matplotlib 基本繪圖

使用 Matplotlib 模組繪圖時多半會搭配 Numpy 模組，第一章安裝 Anaconda 整合環境時，Matplotlib 及 Numpy 模組都已安裝完成，可以直接匯入使用。

使用 Matplotlib 繪圖首先要匯入 Matplotlib 模組，由於大部分繪圖功能是在「matplotlib.pyplot」中，因此通常會在匯入「matplotlib.pyplot」時設定一個簡短的別名，方便往後輸入，例如將別名取為「plt」:

```
import matplotlib.pyplot as plt
```

Matplotlib 繪圖主要功能是繪製 x、y 座標圖，必須將 x、y 座標存在串列中傳給 Matplotlib 繪製，例如繪製 6 個點：

```
listx = [1,5,7,9,13,16]
listy = [15,50,80,40,70,50]
```

x 座標串列及 y 座標串列的元素數目必須相同，否則執行時會產生「x and y must have same first dimension」的錯誤。

matplotlib.pyplot 的線形圖繪圖方法為 plot，語法為：

```
模組名稱 .plot(x 座標串列 , y 座標串列 )
```

例如以 listx 及 listy 串列繪圖：

```
plt.plot(listx, listy)
```

繪圖後如果不會自動顯示，可用 show 方法顯示，例如：

```
plt.show()
```

執行結果為：(ch07\plot1.py)

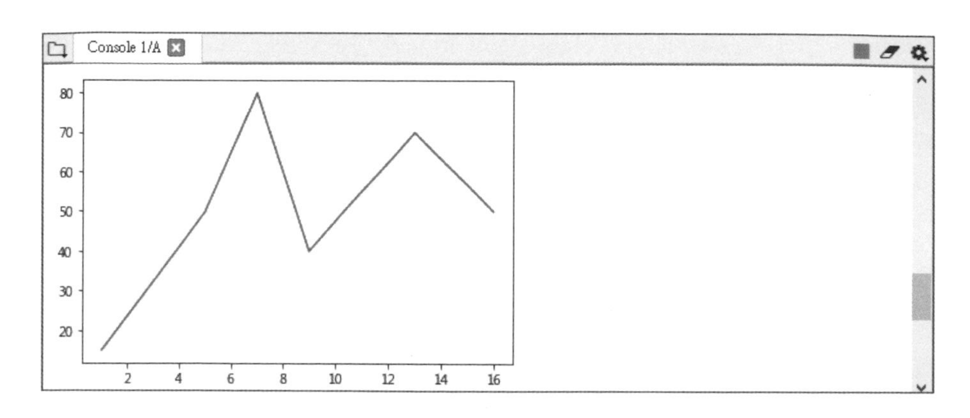

7.1.2 plot 方法參數及圖表設定

matplotlib.pyplot 的 plot 繪圖方法，除了 x 座標串列及 y 座標串列為必要參數外，還有數十個選擇性參數設定繪圖特性，下面是常用的 4 個選擇性參數：

- **color**：設定線條顏色，預設為藍色，例如設定線條為紅色：color="red"。
- **linewidth** or **lw**：設定線條寬度，預設為 1，例如設定線條寬度為 5：linewidth=5。
- **linestyle** or **ls**：設定線條樣式，可能值有「-」(實線)、「--」(虛線)、「-.」(虛點線)及「:」(點線)，預設為「-」。

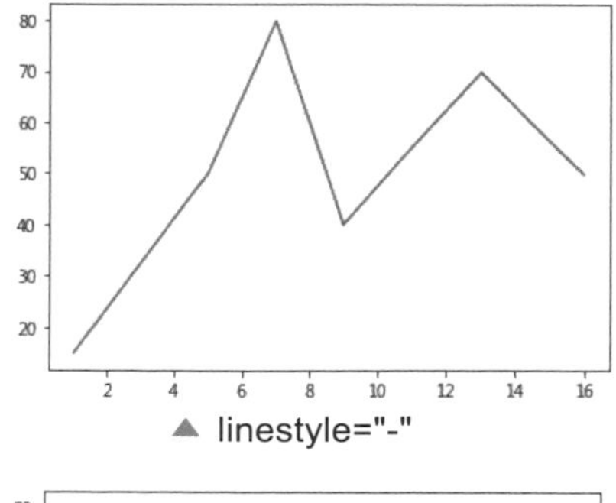

▲ linestyle="-"

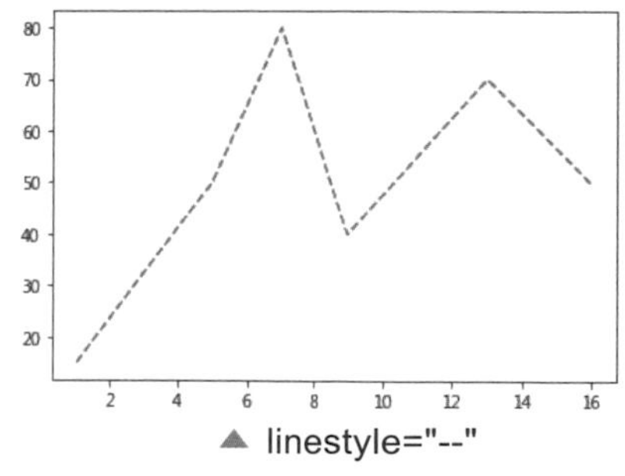

▲ linestyle="--"

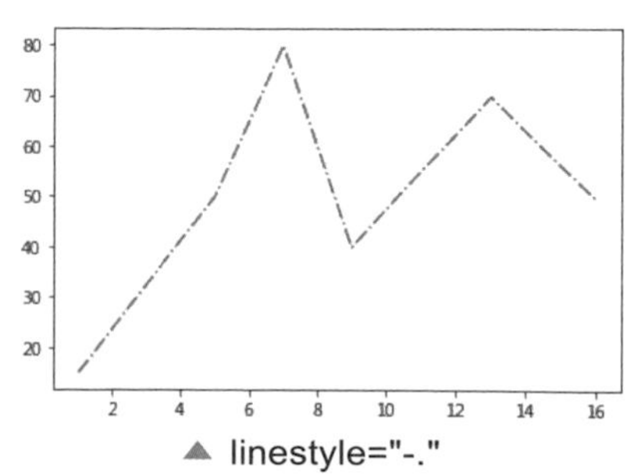

▲ linestyle="-."

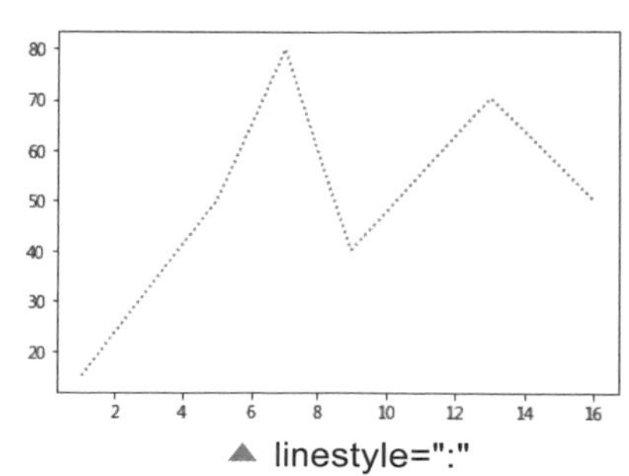

▲ linestyle=":"

- **label**：設定圖例名稱，例如設定圖例名稱為「money」：label="money"。此屬性需搭配 legend 方法才有效果。

例如繪製紅色、虛線、線寬為 5、圖例名稱為 food 的線形圖：

```
plt.plot(listx, listy, color="red", lw=5, ls="--", label="food")
```

前述 label 屬性設定後，需執行 legend 方法才會顯示：

```
plt.legend()
```

同時繪製多個圖形

一個圖表中可以繪製多個圖形，通常會先將所有圖形都繪製完成後再顯示，例如繪製 2 個圖形：

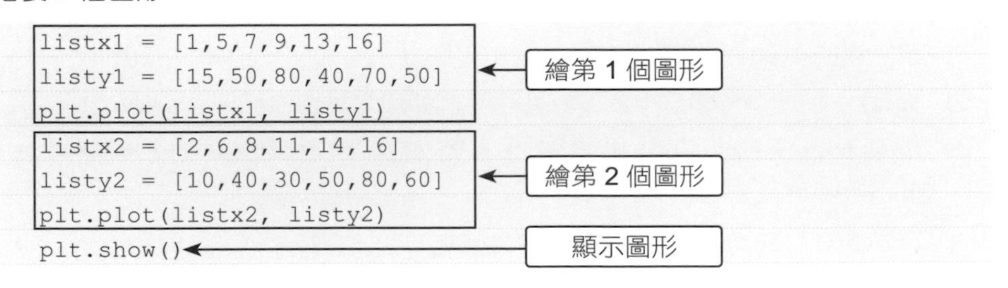
listx1 = [1,5,7,9,13,16]
listy1 = [15,50,80,40,70,50]
plt.plot(listx1, listy1)
繪第 1 個圖形
listx2 = [2,6,8,11,14,16]
listy2 = [10,40,30,50,80,60]
plt.plot(listx2, listy2)
繪第 2 個圖形
plt.show()
顯示圖形

如果沒有設定線條顏色，系統會自行設定不同顏色繪圖。

圖表設定

圖形繪製完成後，可對圖表做一些設定，如圖表標題、x 及 y 座標標題等，讓觀看圖表者更容易了解圖表的意義。

設定圖表標題、x 及 y 座標標題的語法分別為：

```
模組名稱 .title( 圖表標題 )
模組名稱 .xlabel(x 座標標題 )
模組名稱 .ylabel(y 座標標題 )
```

例如：

```
plt.title(" 學生成績 ")  # 圖表標題
plt.xlabel(" 座號 ")  #x 座標標題
plt.ylabel(" 成績 ")  #y 座標標題
```

如果沒有指定 x 及 y 座標範圍，系統會根據資料判斷最適合的 x 及 y 座標範圍。設計者可以自行設定 x 及 y 座標範圍，語法為：

```
模組 .xlim( 起始值 , 終止值 )  # 設定 x 座標範圍
模組 .ylim( 起始值 , 終止值 )  # 設定 y 座標範圍
```

例如設定 x 座標範圍為 0 到 100，y 座標範圍為 0 到 50：

```
plt.xlim(0, 100)  # 設定 x 座標範圍
plt.ylim(0, 50)  # 設定 y 座標範圍
```

範例：線形圖繪製

繪製 2 個線形圖並設定各種圖表特性。

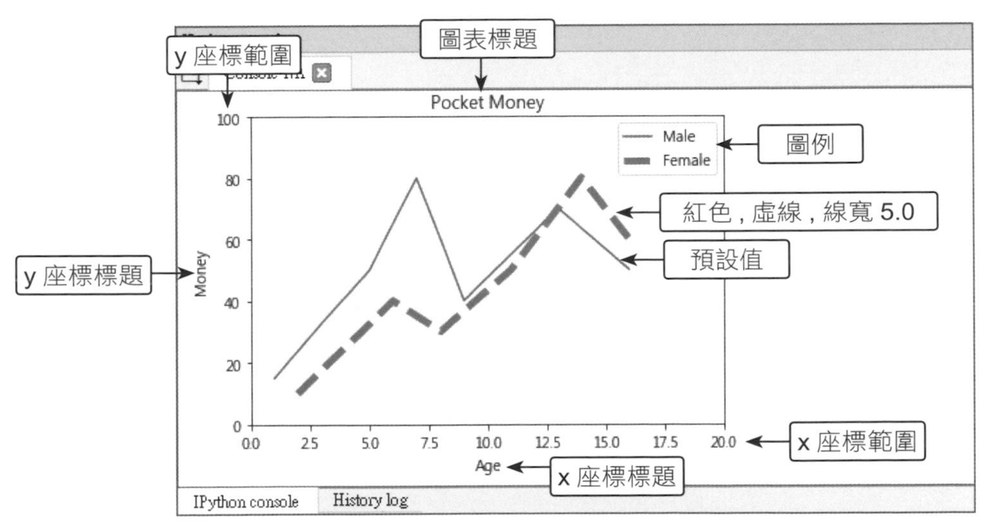

程式碼：ch07\plot2.py

```
1 import matplotlib.pyplot as plt
2
3 listx1 = [1,5,7,9,13,16]
4 listy1 = [15,50,80,40,70,50]
5 plt.plot(listx1, listy1, label="Male")
6 listx2 = [2,6,8,11,14,16]
7 listy2 = [10,40,30,50,80,60]
8 plt.plot(listx2, listy2, color="red", linewidth=5,
       linestyle="--", label="Female")
```

```
 9 plt.legend()
10 plt.xlim(0, 20)
11 plt.ylim(0, 100)
12 plt.title("Pocket Money")
13 plt.xlabel("Age")
14 plt.ylabel("Money")
15 plt.show()
```

程式說明

- 1 匯入模組並設定別名。
- 3-5 畫第 1 個線形圖，使用預設值。
- 6-8 畫第 2 個線形圖：紅色、線寬 5.0、虛線。
- 9 顯示圖例。
- 10-11 設定 x 及 y 座標範圍。
- 12-14 設定圖表標題及 x、y 座標標題。
- 15 顯示圖表。

7.1.3 Matplotlib 顯示中文

Matplotlib 預設無法顯示中文，所以前一範例中各種標題及圖例都使用英文，若要在 Matplotlib 顯示中文，只要將其預設使用的字體更換為繁體中文字體即可。更換字體的操作為：

1. 在文字編輯器 (例如：記事本) 中開啟 <C:\ProgramData\Anaconda3\Lib\site-packages\matplotlib\mpl-data\matplotlibrc> 檔，使用搜尋功能找到下面文字列：

```
#font.sans-serif : DejaVu Sans, Bitstream Vera Sans, ……
```

將第 1 個字元「#」移除。再移到此文字列：

```
#axes.unicode_minus  : True
```

將第 1 個字元「#」移除，同時將「True」改為「False」。

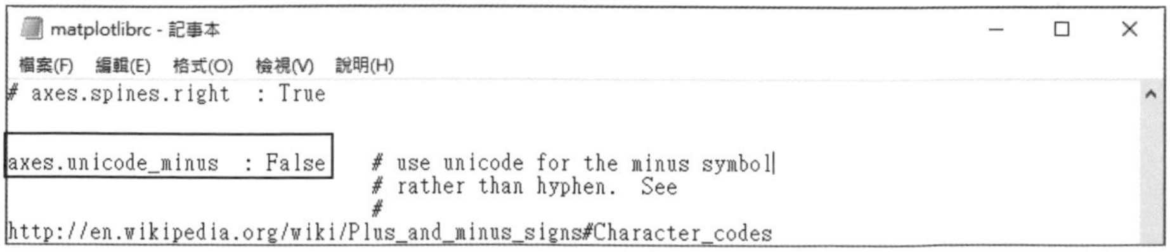

```
matplotlibrc - 記事本
檔案(F) 編輯(E) 格式(O) 檢視(V) 說明(H)
# axes.spines.right  : True

axes.unicode_minus  : False    # use unicode for the minus symbol
                               # rather than hyphen.  See
                               #
http://en.wikipedia.org/wiki/Plus_and_minus_signs#Character_codes
```

2. 關閉 Spyder。複製 <C:\Windows\Fonts> 資料夾中「Microsoft JhengHei UI」字型，到 <C:\ProgramData\Anaconda3\Lib\site-packages\matplotlib\mpl-data\fonts\ttf> 資料夾：刪除 <Vera.ttf> 字型，執行「貼上」功能，此時會複製 3 個檔案，將 <msjh.ttc> 更名為 <DejaVuSans.ttf> 就完成更換字型。

7.1.4 柱狀圖及圓餅圖

Matplotlib 除了可畫線形圖外，還可讓資料以柱狀圖或圓餅圖呈現。

柱狀圖 是以 bar 方法繪製，語法為：

```
模組名稱 .bar(x 座標串列 , y 座標串列，其他參數…)
```

繪製柱狀圖的參數與繪製線形圖類似，除了一些設定線的特性參數如線寬度、線樣式等不能使用外，其餘參數在繪製柱狀圖皆可使用。

下面範例與前一範例相同，只是以柱狀圖呈現，並以中文顯示各項文字。

範例：柱狀圖繪製

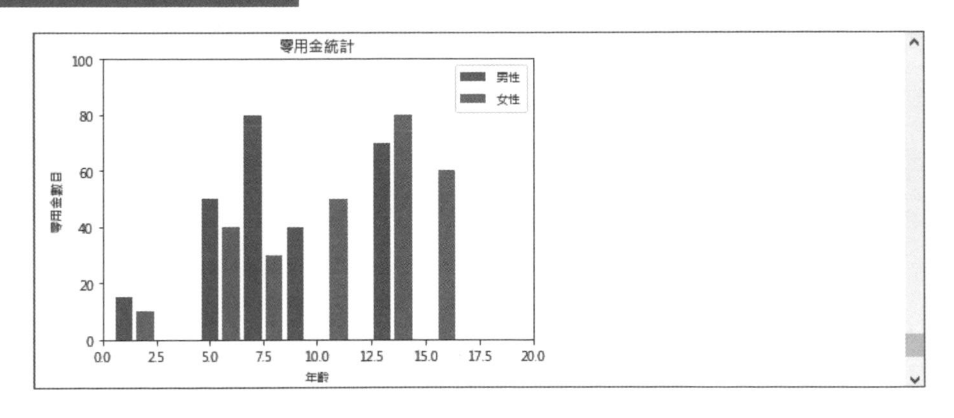

程式碼僅列出與前一範例不同之處。

程式碼：ch07\bar1.py

```
.........
 5 plt.bar(listx1, listy1, label=" 男性 ")
.........
 8 plt.bar(listx2, listy2, color="red", label=" 女性 ")
.........
12 plt.title(" 零用金統計 ")
13 plt.xlabel(" 年齡 ")
```

```
14 plt.ylabel(" 零用金數目 ")
.........
```

圓餅圖 是以 pie 方法繪製，語法為：

```
模組名稱 .pie( 資料串列 [, 選擇性參數串列 ])
```

「資料串列」是一個數值串列，為畫圓餅圖的資料，其為必要參數。

「選擇性參數串列」可有可無，參數名稱及功能為：

- **labels**：每一個項目標題組成的串列。
- **colors**：每一個項目顏色組成的串列。
- **explode**：每一個項目凸出數值組成的串列，「0」表示正常顯示未爆出。下圖顯示第一部分不同凸出值的效果。

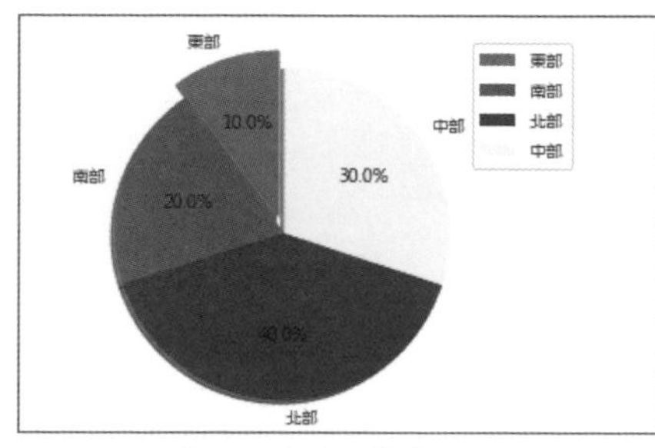

▲ explode=0.1

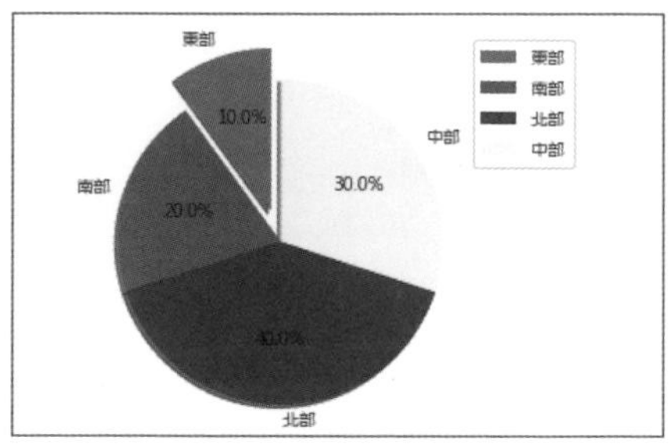

▲ explode=0.2

- **labeldistance**：項目標題與圓心的距離是半徑的多少倍，例如「1.1」表示項目標題與圓心的距離是半徑的 1.1 倍。
- **autopct**：項目百分比的格式，語法為「% 格式 %%」，例如「%2.1f%%」表示整數 2 位數，小數 1 位數。
- **shadow**：布林值，True 表示圖形有陰影，False 表示圖形沒有陰影。
- **startangle**：開始繪圖的起始角度，繪圖會以逆時針旋轉計算角度。

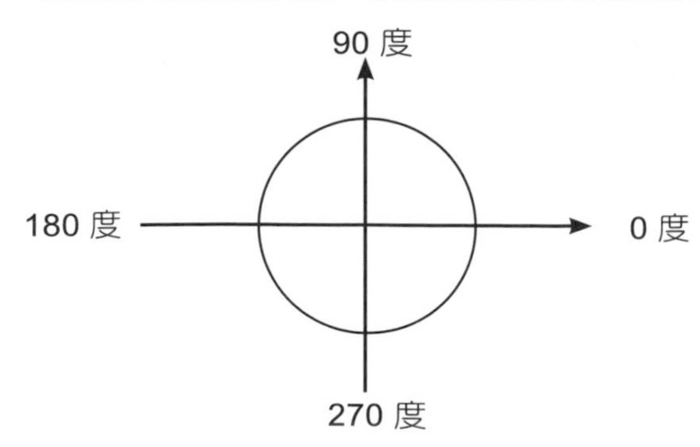

- **pctdistance**：百分比文字與圓心的距離是半徑的多少倍。

預設繪製的圓餅圖是橢圓形，若要繪製正圓形圓餅圖，需以下列方法讓 x、y 軸單位相等：

```
模組名稱 .axis("equal")
```

圓餅圖的展示效果很好，但僅適合少量資料呈現，若將圓餅圖分割太多塊，比例太低資料會看不清楚。

範例：繪製圓餅圖

以圓餅圖繪製東、西、南、北區業績統計。

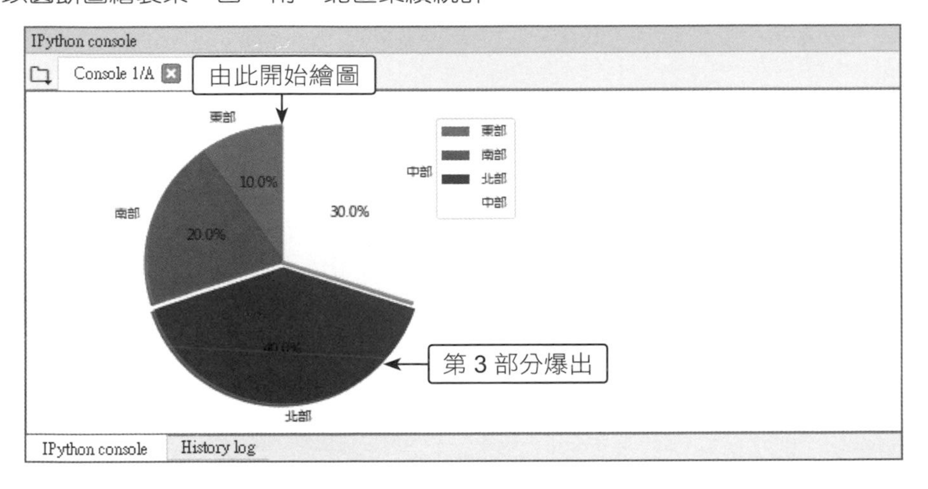

程式碼：ch07\pie1.py

```
 1 import matplotlib.pyplot as plt
 2 
 3 labels = [" 東部 ", " 南部 ", " 北部 ", " 中部 "]
 4 sizes = [5, 10, 20, 15]
 5 colors = ["red", "green", "blue", "yellow"]
 6 explode = (0, 0, 0.05, 0)
 7 plt.pie(sizes,explode = explode,labels = labels,colors = colors,\
 8     labeldistance = 1.1,autopct = "%3.1f%%",shadow = True,\
 9     startangle = 90,pctdistance = 0.6)
10 plt.axis("equal")
11 plt.legend()
12 plt.show()
```

程式說明

- 3　項目標題串列。
- 4　資料串列。
- 5　項目顏色串列。
- 6　爆出數值串列，此處為第 3 部分爆出，數值 0.05。
- 7-9　繪出圓餅圖。
- 10　設定畫正圓圓餅圖。
- 11　畫圖例。

7.1.5 應用：桃園市大溪區戶數統計圖

繪製圖表的資料來源通常不是固定的，而是由網頁擷取，或從檔案或資料庫中取得。本小節利用第五章擷取網頁資料技術，將桃園市大溪區 81 年到 106 年戶數統計資料擷取出來，再使用 Matplotlib 繪出統計圖。

開啟大溪區戶數統計表網頁「http://www.daxi-hro.tycg.gov.tw/home.jsp?id=25&parentpath=0,21,22」：

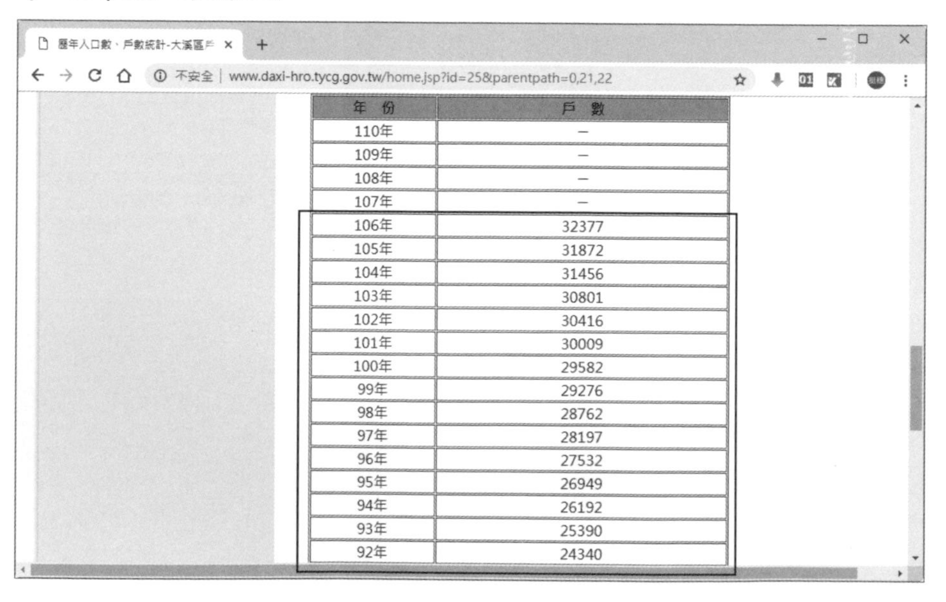

年 份	戶 數
110年	—
109年	—
108年	—
107年	—
106年	32377
105年	31872
104年	31456
103年	30801
102年	30416
101年	30009
100年	29582
99年	29276
98年	28762
97年	28197
96年	27532
95年	26949
94年	26192
93年	25390
92年	24340

將滑鼠移到「106 年」文字按滑鼠右鍵，於快顯功能表點選 **檢查** 項目。

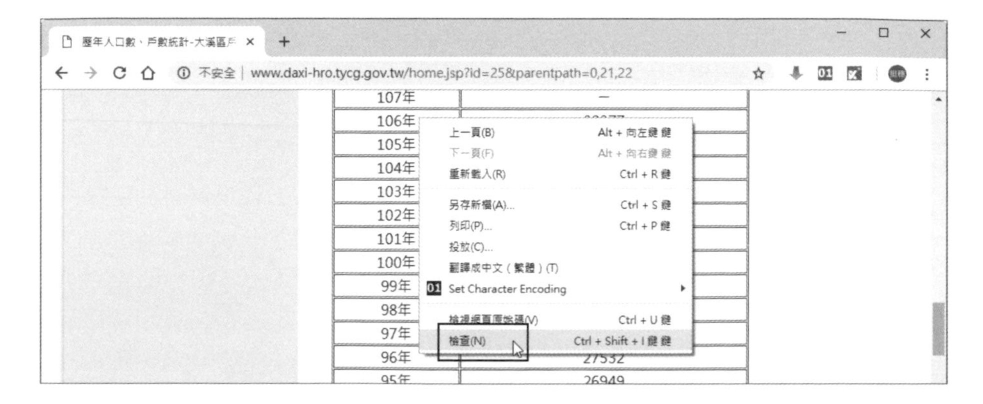

Chrome 會開啟網頁開發人員工具，並自動顯示滑鼠位置的 html 程式碼，設計者可根據 html 程式碼擷取資料：戶數資料位於第 1 個 <tbody> 標籤的 <tr> 標籤中，一個 <tr> 標籤包含一筆戶數資料。

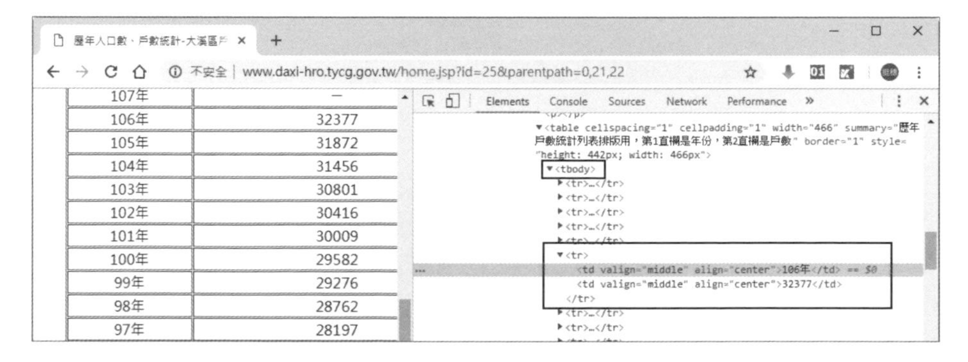

範例：繪製大溪區歷年戶數統計線形圖

由網頁讀取大溪區歷年戶數統計資料，以 Matplotlib 模組繪製線形圖。

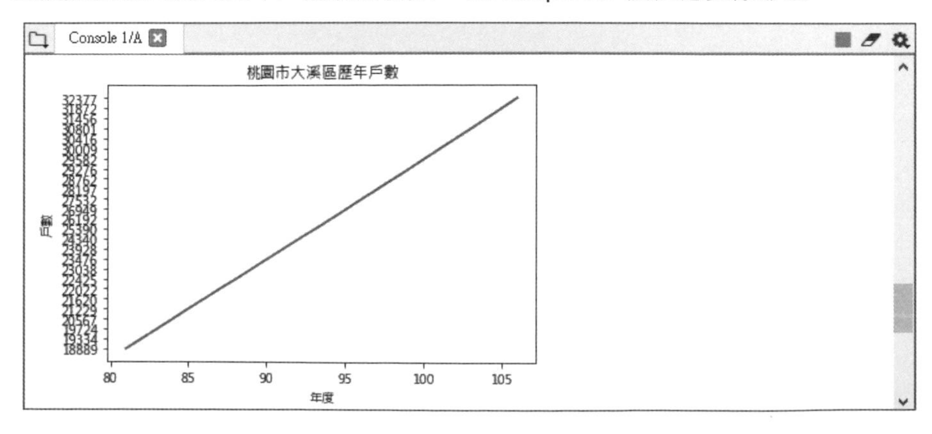

程式碼：ch07\personplot.py

```
1 import matplotlib.pyplot as plt
2 from bs4 import BeautifulSoup as bs
3 import requests
4
5 year = []
6 person = []
7 url = "http://www.daxi-hro.tycg.gov.tw/home.jsp?id=25&parentpath=0,21,22"
8 content = requests.get(url).text
9 parse = bs(content, "html.parser")
10 data1 = parse.select("table[summary^='歷年戶數統計列表排版用']")[0]
11 rows = data1.find_all("tr")
12 for row in rows:
13     cols = row.find_all("td")
14     if(len(cols) > 0):
15         if cols[1].text!="—":
16             year.append(cols[0].text[:-1])
17             person.append(cols[1].text)
18 plt.plot(year, person, linewidth=2.0)
19 plt.title("桃園市大溪區歷年戶數")
20 plt.xlabel("年度")
21 plt.ylabel("戶數")
22 plt.show()
```

程式說明

- 5-6　year 為儲存年度資料的串列，person 為儲存戶數資料的串列。
- 8-9　讀取網頁，然後以 html 格式解析。
- 10　讀取表格中 summary 屬性值以「歷年戶數統計列表排版用」開頭的表格內容。
- 11　讀取表格中所有 <tr> 標籤內容。
- 12-13　逐筆讀取 <tr> 中所有 <td> 標籤內容。
- 14　因為標題列的標籤是 <th>，因此標題列中 <td> 數量為 0，此列程式檢查 <td> 數量大於 0 才是戶數資料列。
- 15　若 <td> 標籤內容為「—」表示無資料，將其去除不處理。
- 16　以 year 串列做為 x 座標，因此元素必須為數值。「text[:-1]」會從頭至倒數第 2 個字元擷取字串，於是就把「年」去除了。
- 17　以 person 串列做為 y 座標，所以將戶數資料加入 person 串列。
- 18-21　以線寬 2.0 繪製線形圖，及設定圖表、x 軸及 y 軸標題。

7.2 Bokeh 模組

Matplotlib 功能強大，尤其在繪製各種科學圖形上表現更是優異，但也因此佔用的記憶體空間及資源也很龐大。如果繪製的圖表不是非常複雜，小巧的 Bokeh 模組就足以應付，體積只有 Matplotlib 的五分之一。Bokeh 模組的另一特色：其繪製的圖表是以網頁呈現。

7.2.1 Bokeh 基本繪圖

與 Matplotlib 模組相同，安裝 Anaconda 整合環境時，Bokeh 模組已安裝完成，可以直接匯入使用。

使用 Bokeh 繪圖首先要匯入 Bokeh 模組，由於大部分繪圖功能是在「bokeh.plotting」中，繪製圖表至少要匯入 figure 及 show 兩個函式：

```
from bokeh.plotting import figure, show
```

Bokeh 繪製的圖形是在瀏覽器顯示，因此要先用 figure 方法在瀏覽器建立一個網頁做為繪圖區域，語法為：

```
變數 = figure(width= 繪圖區寬度 , height= 繪圖區高度 )
```

例如建立一個寬 800 像素、高 400 像素的繪圖區，並將繪圖區設為變數 p：

```
p = figure(width=800, height=400)
```

Bokeh 主要也是繪製 x、y 座標圖，必須將 x、y 座標存在串列中傳給 Bokeh 繪製，例如繪製 6 個點：

```
listx = [1,5,7,9,13,16]
listy = [15,30,50,60,80,90]
```

bokeh.plotting 繪製線形圖方法為 line，語法為：

```
繪圖區變數 .line(x 座標串列 , y 座標串列 )
```

例如以 listx 及 listy 繪線形圖：

```
p.line(listx, listy)
```

繪圖後不會自動顯示，需以 show 方法開啟瀏覽器顯示繪圖區，例如：

```
show(p)
```

執行結果為：(ch07\line1.py)

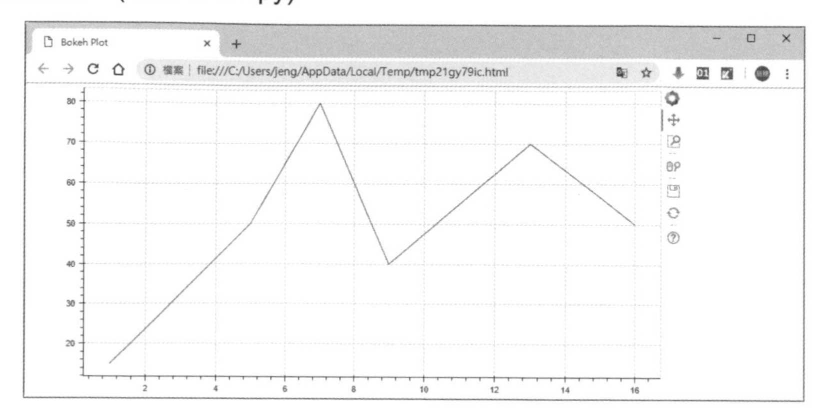

Bokeh 會產生與 Python 檔案名稱相同的網頁檔，再開啟該網頁檔顯示圖形。

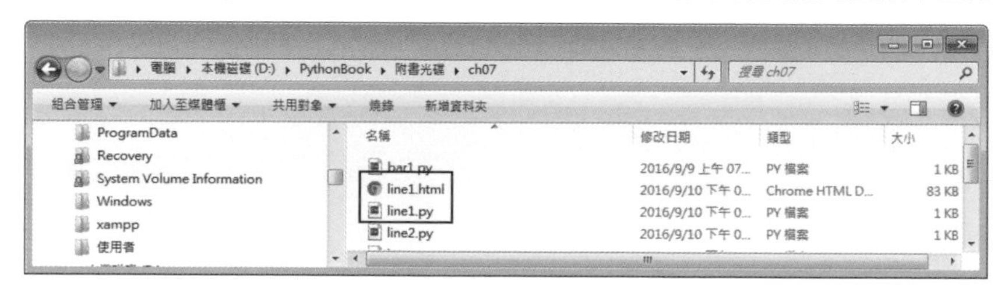

如果要產生自訂名稱的網頁檔，可用 output_file 函式指定輸出檔案的名稱，例如自訂網頁名稱為 <lineout.html>：

```
output_file("lineout.html")
```

同時需匯入 output_file 函式。<line2.py> 執行結果與 <line1.py> 相同，只是產生的網頁檔為 <lineout.html>，其程式碼為：

程式碼：ch07\line2.py

```
1 from bokeh.plotting import figure, show, output_file
2
3 output_file("lineout.html")
4 p = figure(width=800, height=400)
5 listx = [1,5,7,9,13,16]
6 listy = [15,50,80,40,70,50]
7 p.line(listx, listy)
8 show(p)
```

7.2.2 line 方法參數及圖表設定

bokeh.plotting 的 line 方法，除了 x 座標串列及 y 座標串列為必要參數外，其主要選擇性參數整理如下：

- **line_color**：設定線條顏色，例如設定線條為紅色：line_color="red"。
- **line_width**：設定線條寬度，例如設定線條寬度為 5：linewidth=5。
- **line_alpha**：設定線條透明度，0 為完全透明，1.0 為完全不透明，例如設定透明度為 0.5：line_alpha=0.5。
- **line_dash**：設定虛線樣式，其值是一個串列：第一個元素為顯示點數，第二個元素為空白點數，例如：line_dash=[12,6]。

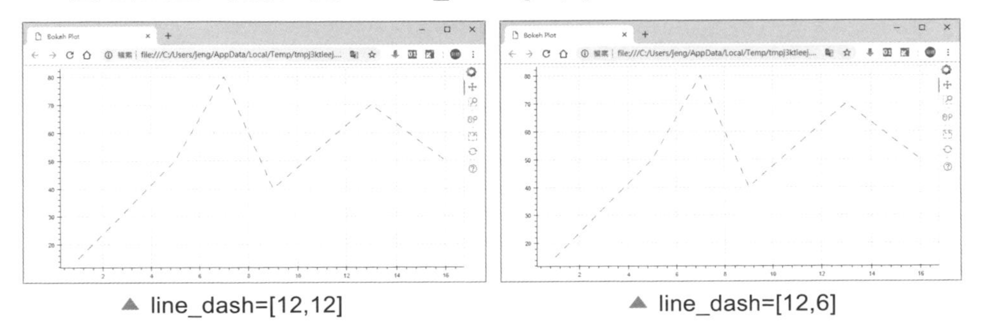

▲ line_dash=[12,12]　　▲ line_dash=[12,6]

- **legend**：設定圖例名稱，例如設定圖例名稱為「年度」：legend=" 年度 "。

同時繪製多個圖形

一個圖表中可以繪製多個圖形，通常會先將所有圖形都繪製完成後再顯示，例如繪製 2 個圖形：

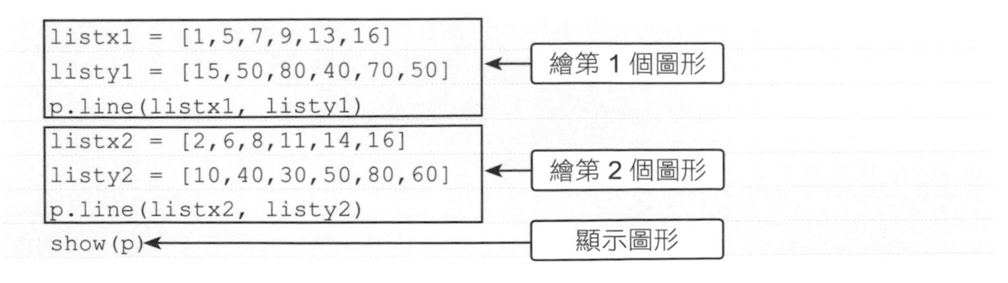
listx1 = [1,5,7,9,13,16]
listy1 = [15,50,80,40,70,50]
p.line(listx1, listy1)
繪第 1 個圖形
listx2 = [2,6,8,11,14,16]
listy2 = [10,40,30,50,80,60]
p.line(listx2, listy2)
繪第 2 個圖形
show(p)
顯示圖形

圖表設定

圖表標題是以 figure 函式的 title 參數設定，其語法為：

```
figure(title= 圖表標題 )
```

例如設定圖表標題為「統計圖」：

```
p = figure(width=800, height=400, title=" 統計圖 ")
```

圖表標題顯示的字體很小，系統提供設定字體大小及顏色功能，語法為：

```
p.title_text_color = 文字顏色
p.title_text_font_size = 字體大小
```

字體大小值需附上單位，例如設定文字為藍色，大小為「20pt」：

```
p.title_text_color = "blue"
p.title_text_font_size = "20pt"
```

圖表 x、y 軸標題是以 xaxis.axis_label 及 yaxis.axis_label 方法設定，例如設定 x 軸標題為「年度」，y 軸標題為「金額」：

```
p.xaxis.axis_label = " 年度 "
p.yaxis.axis_label = " 金額 "
```

還可以用 p.xaxis.axis_label_text_color 及 p.yaxis.axis_label_text_colorl 方法設定 x、y 軸標題顏色，例如設定 x 軸標題為「紅色」，y 軸標題為「綠色」：

```
p.xaxis.axis_label_text_color = "red"
p.yaxis.axis_label_text_color = "green"
```

範例：Bokeh 線形圖繪製

繪製 2 個線形圖並設定各種圖表特性。

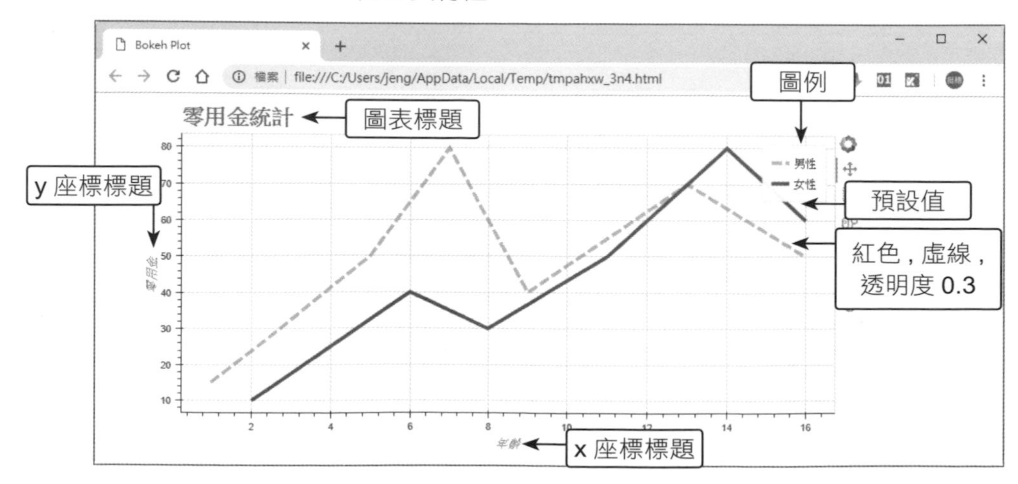

程式碼：ch07\line3.py

```
 1 from bokeh.plotting import figure, show
 2 
 3 p = figure(width=800, height=400, title="零用金統計")
 4 p.title.text_color = "green"
 5 p.title.text_font_size = "18pt"
 6 p.xaxis.axis_label = "年齡"
 7 p.xaxis.axis_label_text_color = "violet"
 8 p.yaxis.axis_label = "零用金"
 9 p.yaxis.axis_label_text_color = "violet"
10 dashs = [12, 4]
11 listx1 = [1,5,7,9,13,16]
12 listy1 = [15,50,80,40,70,50]
13 p.line(listx1, listy1, line_width=4, line_color="red",
       line_alpha=0.3, line_dash=dashs, legend="男性")
14 listx2 = [2,6,8,11,14,16]
15 listy2 = [10,40,30,50,80,60]
16 p.line(listx2, listy2, line_width=4, legend="女性")
17 show(p)
```

程式說明

- 3　　設定瀏覽器繪圖區塊及圖表標題。
- 4-5　　設定圖表標題的顏色及字體大小。
- 6-9　　設定 x、y 軸標題及顏色。
- 10　　設定虛線樣式串列。
- 11-13　　繪製第 1 條線形圖。
- 14-16　　繪製第 2 條線形圖。

7.2.3 散點圖

Bokeh 模組除線形圖外，較常用的是散點圖，就是僅標識各座標點而不連線，且提供各式座標點圖形。

繪製圓形座標點散點圖的語法為：

```
繪圖區變數.circle(x座標串列, y座標串列, size=尺寸, color=顏色, alpha=透明度)
```

- **尺寸**：可以是一個數值，表示所有座標點大小相同；也可以是數值串列，依序指定各座標點大小。例如：

```
p.circle(listx, listy, size=20)  # 所有點大小皆為 20
p.circle(listx, listy, size=[20,30,40])  # 座標點大小依序為 20,30,40
```

- **顏色**：可以是一個顏色字串，表示所有座標點顏色相同；也可以是字串串列，依序指定各座標點顏色。例如：

```
p.circle(listx, listy, color="green")  # 所有點皆為綠色
p.circle(listx, listy, color=["red","blue","green"])  # 座標點
    顏色依序為紅、藍、綠色
```

- **alpha**：設定座標點透明度，0 為完全透明，1.0 為完全不透明，例如設定透明度為 0.5：alpha=0.5。

其餘線形圖中設定圖表的各種特性，在散點圖中皆可使用。

範例：繪製散點圖

以 Bokeh 繪製座標點為圓形的散點圖，並加上圖表設定。

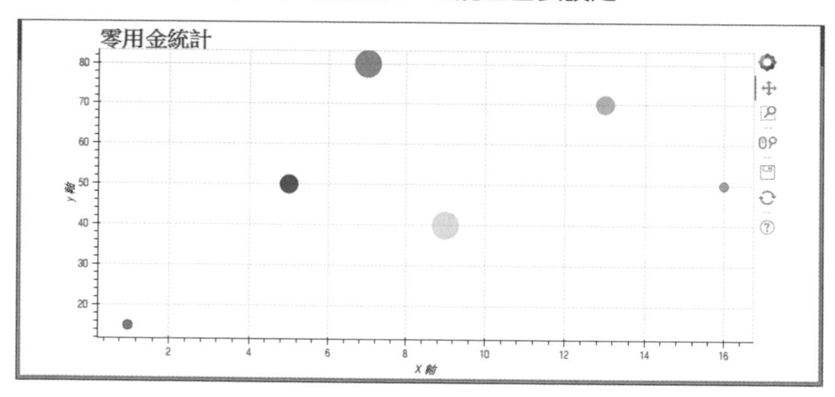

程式碼：ch07\circle1.py

```
1 from bokeh.plotting import figure, show
2
3 p = figure(width=800, height=400, title=" 零用金統計 ")
4 p.title_text_font_size = "18pt"
5 p.xaxis.axis_label = "X 軸 "
6 p.yaxis.axis_label = "y 軸 "
7 listx = [1,5,7,9,13,16]
8 listy = [15,50,80,40,70,50]
9 sizes=[10,20,30,30,20,10]
10 colors=["red","blue","green","pink","violet","gray"]
11 #sizes=25  # 所有點相同大小
```

```
12 #colors="red"  # 所有點相同顏色
13 p.circle(listx, listy, size=sizes, color=colors, alpha=0.5)
14 show(p)
```

程式說明

- 3-6　設定繪圖區大小及圖表特性。
- 9-10　建立各座標點的大小及顏色串列。
- 11-12　若各座標點的大小及顏色相同就使用 11-12 列。
- 13　繪製散點圖。

Bokeh 提供各種散點圖座標點形狀如下表：

函式名稱	形狀	函式名稱	形狀
circle	●	circle_cross	⊕
circle_x	⊗	square	■
square_cross	⊞	square_x	⊠
inverted_triangle	▼	triangle	▲
asterisk	✳	cross	＋
x	╳		

繪製散點圖的語法為：

```
繪圖區變數 . 函式名稱 (x 座標串列 , y 座標串列 ……)
```

例如繪製方形座標點散點圖的語法為：

```
p.square(listx, listy)
```

其中 circle_cross、circle_x、square_cross、square_x 會在圓形或方形內加入「X」或「＋」符號，因其顏色與圓形或方形相同，繪圖時必須設定較低透明度才能看到圖形內的「X」或「＋」符號。

7.2.4 應用：以 Bokeh 繪製大溪區戶數統計圖

與 7.1.5 節範例相同，將桃園市大溪區 81 年到 104 年戶數統計資料擷取出來，再使用 Bokeh 繪出統計圖。

範例：Bokeh 繪製大溪區歷年戶數統計圖

由網頁取大溪區歷年戶數統計資料，以 Bokeh 模組繪製線形圖。

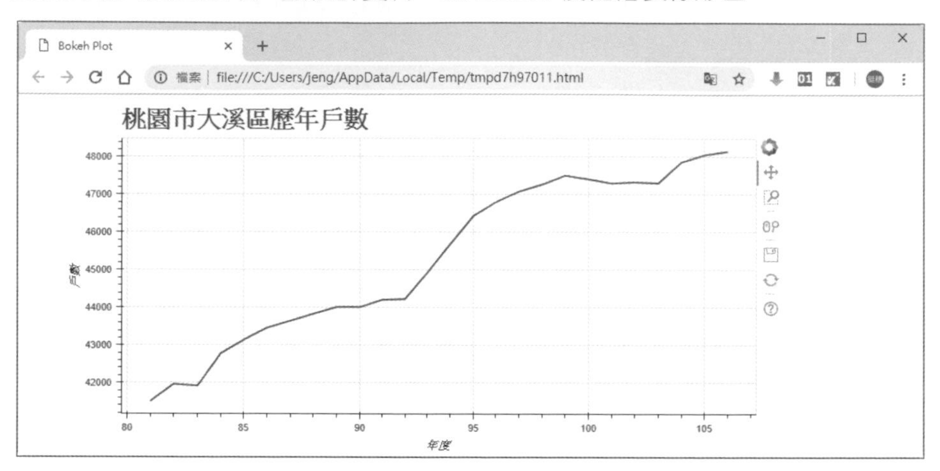

程式碼：ch07\personbokeh.py

```
 1 from bokeh.plotting import figure, show
 2 from bs4 import BeautifulSoup as bs
 3 import requests
 4 
 5 year = []
 6 person = []
 7 url = "http://www.daxi-hro.tycg.gov.tw/home.jsp?id=25&parentpath=0,21,22"
 8 content = requests.get(url).text
 9 parse = bs(content, "html.parser")
10 data1 = parse.find("tbody")
11 rows = data1.find_all("tr")
12 for row in rows:
13     cols = row.find_all("td")
14     if(len(cols) > 0):
15         if cols[1].text!="—":
16             year.append(cols[0].text[:-1])
17             person.append(cols[1].text)
18 
```

```
19 p = figure(width=800, height=400, title="桃園市大溪區歷年戶數")
20 p.title_text_font_size = "20pt"
21 p.xaxis.axis_label = "年度"
22 p.yaxis.axis_label = "戶數"
23 p.line(year, person, line_width=2)
24 show(p)
```

程式說明

- 19　設定圖表標題。
- 20　設定圖表標題字體大小。
- 21　設定 x 軸標題。
- 22　設定 y 軸標題。
- 23　以線寬為 2 繪製線形圖。
- 24　顯示圖表。

Memo

實戰：Facebook 貼文與照片下載

Facebook 是目前最流行的社群網站，個人社交或是商業運用，似乎都離不開這個無形的領域。

如何使用 Python 來進行 Facebook 上的操作，是許多人很有興趣的主題，這裡將以一些實用的功能進行實例的操作。

本章重點在於了解如何使用 Facebook 應用程式的開發工具：以 Graph API Explorer 學習如何進行 Facebook 功能的操作，讓 Python 透過 facebook-sdk 模組，在取得存取權限後，可以透過 Facebook 的 API 模組直接存取 Facebook 的資料再加以運用。

8.1 認識 Facebook 圖形 API

現代人生活中已離不開 Facebook，經常要花費許多時間在發表文章、觀看文章、回覆文章、貼圖、按讚等，這些瑣事就可以利用 Python 代勞。這一章將要說明如何使用 Python 連結 Facebook，自動完成上面的操作。

8.1.1 使用 Facebook 圖形 API 測試工具 測試

Facebook 提供一個網站開發的工具 **圖形 API 測試工具**，提供程式設計師在設計程式前先作測試，請連結「https://developers.facebook.com/」網站，選擇 **Facebook 登入** 並輸入帳號、密碼後，在 **更多** 頁籤點選 **工具** 進入 **開發人員工具視窗**，在 **開發人員工具視窗** 點選 **圖形 API 測試工具**。

進入 **圖形 API 測試工具** 介面，首先必須設定 **存取權杖** (Access Token)，設定後 Facebook 才有存取資料的權限，展開 **取得權杖** 下拉式功能表，點選 **取得用戶存取權杖**。

依需求核選所需的權限，本例核選 **user_likes**、**user_posts** 設定按讚和發表文章的權限，然後按下方的 **取得存取權杖** 鈕完成設定。

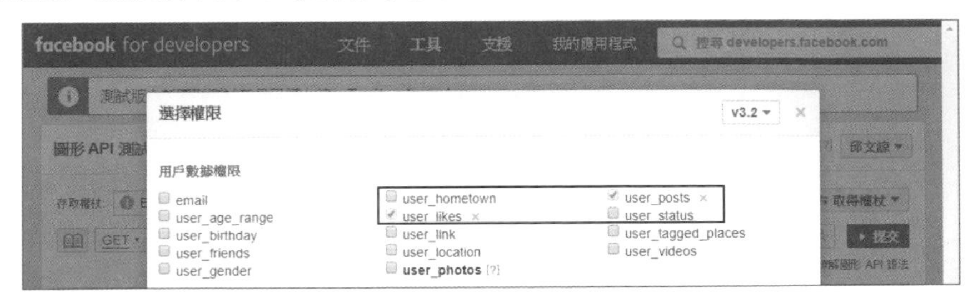

最後會再要求確認允許授權，按 **以 XX 的身分繼續** 鈕。

回到 **圖形 API 測試工具** 介面，可從下拉式選單中選擇 API 版本，注意：不同的版本執行結果可能稍有差異。按下 **提交** 鈕會顯示使用者的 id 和 name。

v 是 API 版本，目前最新的版本是 v3.2

顯示自己張貼的文章及即時動態

在 **GET** 欄位輸入「me/posts」後按下 **提交** 鈕會顯示自己張貼的文章。

同樣方式，輸入「me/feed」後按下 **提交** 鈕會顯示即時動態貼文。

設定資料擷取條件

利用 **搜尋欄位** 中的各項參數，可以設定資料擷取的條件，在 **modifiers** 項目中：**limit** 可以設定資料筆數、**since** 可以設定起始時間、**until** 可以設定結束時間。**fields** 項目則可以設定資料欄位。

例如：顯示自 2016-01-01 起至 2016-12-01 止張貼的文章，只顯示 message、created_time 欄位 (id 預設會顯示)，即「me/posts?fields=message,created_time&until=2016-12-01&since=2016-01-01」。(version 使用 3.2)

取得 cURL 代碼

要在 Python 中利用程式完成上面操作，必須將上面操作的 cURL 複製下來。請將螢幕往下捲動，按 **取得代碼** 鈕，在代碼對話方塊中點選 **cURL** 頁籤，然後將 cURL 代碼內容複製下來。最重要的是 https 這段網址。如下：

「"https://graph.facebook.com/v3.2/me/posts?fields=message%2Ccreated_time&until=2016-09-01&since=2016-01-01&access_token=EAADAqsB…"」

8.1.2 使用 Python 程式存取 cURL

於瀏覽器輸入取得的 cURL 網址，將傳回設定的 JSON 資料。

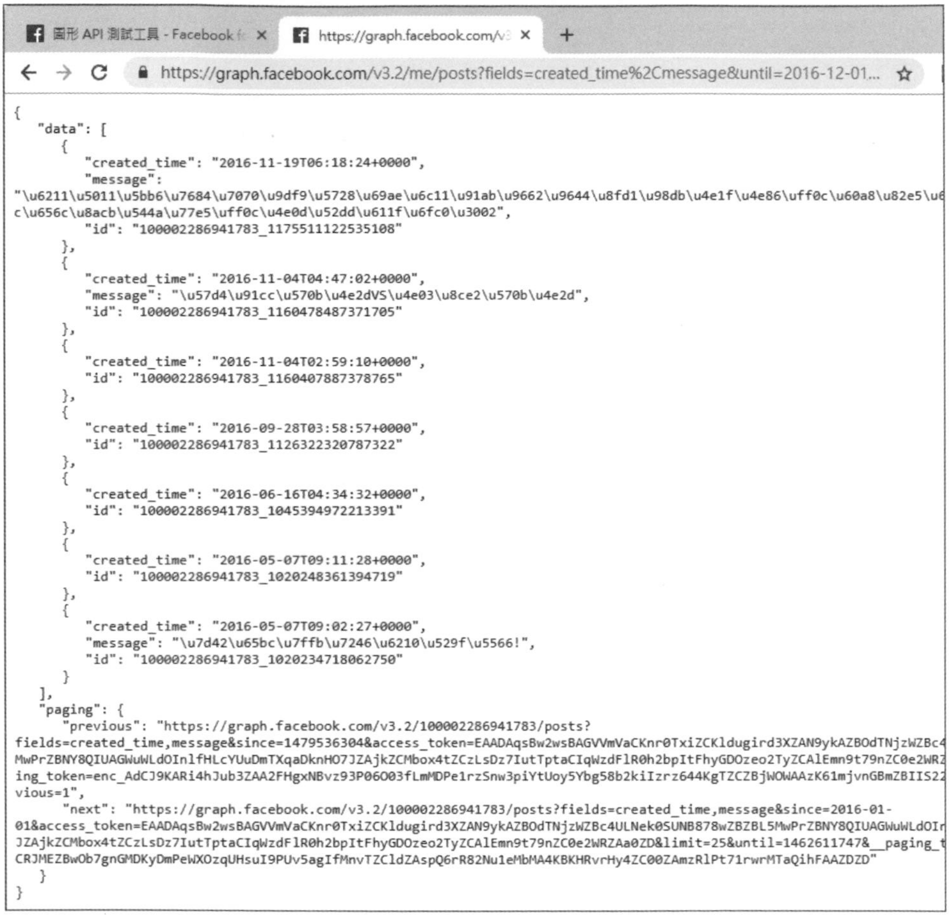

圖形 API 測試工具 - Facebook f× https://graph.facebook.com/v3 ×

https://graph.facebook.com/v3.2/me/posts?fields=created_time%2Cmessage&until=2016-12-01...


```
{
   "data": [
      {
         "created_time": "2016-11-19T06:18:24+0000",
         "message":
"\u6211\u5011\u5bb6\u7684\u7070\u9df9\u5728\u69ae\u6c11\u91ab\u9662\u9644\u8fd1\u98db\u4e1f\u4e86\uff0c\u60a8\u82e5\u6
c\u656c\u8acb\u544a\u77e5\uff0c\u4e0d\u52dd\u611f\u6fc0\u3002",
         "id": "100002286941783_1175511122535108"
      },
      {
         "created_time": "2016-11-04T04:47:02+0000",
         "message": "\u57d4\u91cc\u570b\u4e2dVS\u4e03\u8ce2\u570b\u4e2d",
         "id": "100002286941783_1160478487371705"
      },
      {
         "created_time": "2016-11-04T02:59:10+0000",
         "id": "100002286941783_1160407887378765"
      },
      {
         "created_time": "2016-09-28T03:58:57+0000",
         "id": "100002286941783_1126322320787322"
      },
      {
         "created_time": "2016-06-16T04:34:32+0000",
         "id": "100002286941783_1045394972213391"
      },
      {
         "created_time": "2016-05-07T09:11:28+0000",
         "id": "100002286941783_1020248361394719"
      },
      {
         "created_time": "2016-05-07T09:02:27+0000",
         "message": "\u7d42\u65bc\u7ffb\u7246\u6210\u529f\u5566!",
         "id": "100002286941783_1020234718062750"
      }
   ],
   "paging": {
      "previous": "https://graph.facebook.com/v3.2/100002286941783/posts?
fields=created_time,message&since=1479536304&access_token=EAADAqsBw2wsBAGVVmVaCKnr0TxiZCKldugird3XZAN9ykAZBOdTNjzWZBc4
MwPrZBNY8QIUAGWuWLdOInlfHLcYUuDmTXqaDknHO7JZAjkZCMbox4tZCzLsDz7IutTptaCIqWzdFlR0h2bpItFhyGDOzeo2TyZCAlEmn9t79nZC0e2WRZ
ing_token=enc_AdCJ9KARi4hJub3ZAA2FHgxNBvz93P06O03fLmMDPe1rzSnw3piYtUoy5Ybg58b2kiIzrz644KgTZCZBjWOWAAzK61mjvnGBmZBIIS22
vious=1",
      "next": "https://graph.facebook.com/v3.2/100002286941783/posts?fields=created_time,message&since=2016-01-
01&access_token=EAADAqsBw2wsBAGVVmVaCKnr0TxiZCKldugird3XZAN9ykAZBOdTNjzWZBc4ULNek0SUNB878wZBZBL5MwPrZBNY8QIUAGWuWLdOIr
JZAjkZCMbox4tZCzLsDz7IutTptaCIqWzdFlR0h2bpItFhyGDOzeo2TyZCAlEmn9t79nZC0e2WRZAa0ZD&limit=25&until=1462611747&__paging_t
CRJMEZBwOb7gnGMDKyDmPeWXOzqUHsuI9PUv5agIfMnvTZCldZAspQ6rR82Nu1eMbMA4KBKHRvrHy4ZC00ZAmzRlPt71rwrMTaQihFAAZDZD"
   }
}
```


主要結構如下：

```
{
   "data": [
         {
      "created_time": "2016-06-16T04:34:32+0000",
      "id": "100002286941783_1045394972213391"
   },
   {
      "created_time": "2016-05-07T09:11:28+0000",
      "id": "100002286941783_1020248361394719"
```

```
            },
            {
                "message": "\u7d42\u65bc\u7ffb\u7246\u6210\u529f\u5566!",
                "created_time": "2016-05-07T09:02:27+0000",
                "id": "100002286941783_1020234718062750"
            }
        ],
        "paging": {
            "previous": "https://graph.facebook.com/v3.1/100002286941783/…略",
            "next": "https://graph.facebook.com/v3.1/100002286941783/…略"
        }
    }
```

從資料結構可看出，資料是 {} 組成的字典，有 data 和 paging 兩個 Key，第一個 Key 是「data」，它的內容是串列，串列元素是由許多字典組成。

在 Python 中使用 requests 就可以讀出 cURL 網站資料，然後將讀取的資料以 json.loads() 函式轉換為字典變數存到 data 變數中。

```
data = json.loads(requests.get(cURL).text)
```

以 data['data'] 可以取得 data 這個 Key 的內容。每一筆資料元素又有 message、created_time 和 id 欄位，但請注意：有的欄位資料不全，因此在讀取欄位時最好先判斷欄位是否存在。

第二個 Key 是 paging，其中記錄了一些分頁的資訊。

範例：使用 Python 程式存取 cURL

利用 Python 讀取自 2016-01-01 起至 2016-09-01 止張貼的文章，只顯示 message、create_time 欄位 (id 預設會顯示)。

請複製前例操作的 cURL，並請注意：cURL 有期限，必須經常更新。

```
IPython console
Console 1/A

In [29]: runfile('C:/PythonBook/ch08/fbfeed.py', wdir='C:/PythonBook/ch08')
message:終於翻牆成功啦!
created_time:2016-05-07T09:02:27+0000
id:100002286941783_1020234718062750
```

程式碼：ch08\fbfeed.py

```
1   import requests,json
2
3   url="https://graph.facebook.com/v3.2/me/posts?
        fields=message%2Ccreated_time&until=2016-09-01
        &since=2016-01-01&access_token=EAADAqsBw2wsBAL9vAlc8Y
        ZBZBpIClS2c0xBs0CdCOK1wZBW8lZCISy2CY2qUyG6waEYTNQhSZB
        45zb5ky8B9mk4SdZC8qZBUUdHmJnpB1q7owbmOt0mIC0SGhAHBFEZBZ
        AMqRvvTFfJcWSvkKjXiP3l9qZCrlPyadqO6JUYDpsTmEtPR59Ct
        R9upr0HdHesJIEMLlCNg0xP5c04AZDZD"
4
5   data = json.loads(requests.get(url).text) # 讀取資料並轉成 json
6
7   for d in data['data']: # 讀取 Key 名稱為 data 的字典資料
8       if 'message' in d: # 確認 message 存在
9           print("message:{}".format(d['message']))
10          print("created_time:{}".format(d['created_time']))
11          print("id:{}".format(d['id']))
12          print()
```

程式說明

- 1~5　讀取資料並轉成 json 變數，儲存於 data。
- 7　逐一讀取 data 這個 Key 為「data 」的內容。
- 8　確認 message 欄位存在才處理。
- 9~10　分別顯示 message、created_time 和 id 欄位內容。

cURL 代碼的期限

請注意：**cURL** 代碼有一定期限，超過期限就必須再重新取得新的 **cURL** 代碼才能正確執行。

8.2 使用 facebook-sdk 存取資料

以 cURL 代碼存取 facebook 資料的方式，每次都必須設定好正確參數後才能取得正確的結果。

另一種較簡便的作法，就是在 Python 中安裝 facebook-sdk 模組，在設定 **存取權杖** (Access Token) 後就可以直接存取 facebook 的資料。

8.2.1 安裝 facebook-sdk 模組

Facebook 提供 API 模組，讓你可以透過 Python 操作 Facebook，首先必須安裝 facebook-sdk 模組。

```
pip install -v facebook-sdk==3.0.0
```

安裝 facebook-sdk 模組之後，即可以匯入模組。

```
import facebook
```

8.2.2 以 facebook-sdk 存取 Facebook

facebook.GraphAPI() 函式可以存取指定的 Token 資料並建立 GraphAPI 物件。語法：

```
GraphAPI 物件 = facebook.GraphAPI(access_token='your_token'
                  [,version='2.x'])
```

參數 access_token 表示存取權杖，可以複製下圖中的編碼，請注意存取權杖有一定的期限，超過期限就必須再重新取得才能正確執行。

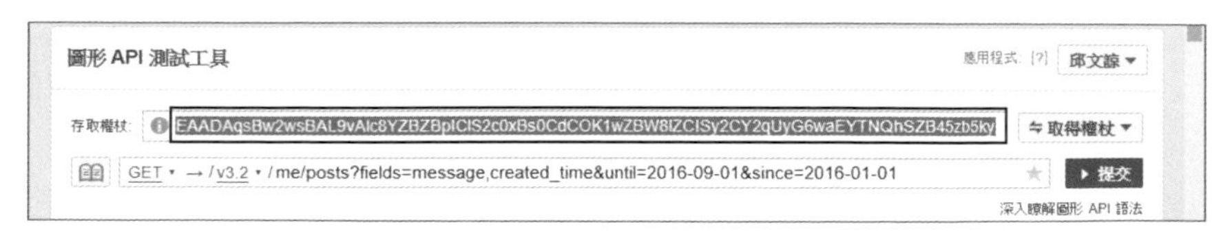

參數 version 是 sdk 版本，省略不寫時預設會是 2.7 版。

例如：建立 GraphAPI 物件變數 graph，sdk 版本使用 3.0 版。

```
import facebook
token="EAADAqsBw2wsBAL9vAlc8YZBZBpIClS2c0xBs0CdCOK1wZBW8lZ…"
graph = facebook.GraphAPI(access_token=token,version='3.0')
```

利用 GraphAPI 物件變數就可以透過 facebook-sdk 提供的方法，存取 Fackbook 已授權的資料內容。

facebook-sdk 提供下列方法：

方法	功能
get_object(id)	取得指定物件。
get_objects(ids)	取得指定串列物件。
get_connections(id,connection_name)	取得指定物件的所有關聯。
delete_object(id)	刪除指定的物件。

使用這些方法都會傳回字典物件。

8.2.3 應用：Facebook 下載照片

get_object(id)

取得指定 id 的物件。

例如：取得「id='798156653603892_1077005465719008'」的文章，顯示其 id 和訊息，您的貼文 id 會和書中不同，必須利用前面介紹的 me/posts 或 me/feed 的方式取得。(<getobject.py>)

```
import facebook
token="EAACEdEose0cBAA9ofhsgPfM4uv4TXZBk3rXDBMezZAjcTfbIgBbi2d8
   TsFPHzI5A4fJzSZA1806PvNUNU9lVagw1lwnKVu2O9oAc8DXRlFhkivUCw8ZAq
   PjZBEk4yz3kwZAvp35sGHHXN42EKMbGSJboxN9uz6lVdIhfrZChrHvOgZDZD"
graph = facebook.GraphAPI(access_token=token,version='3.0')
post = graph.get_object(id='100002286941783_1020234718062750')
print(post["id"])
if 'message' in post:
    print(post["message"])
else:
    print("缺少 message 欄位")
```

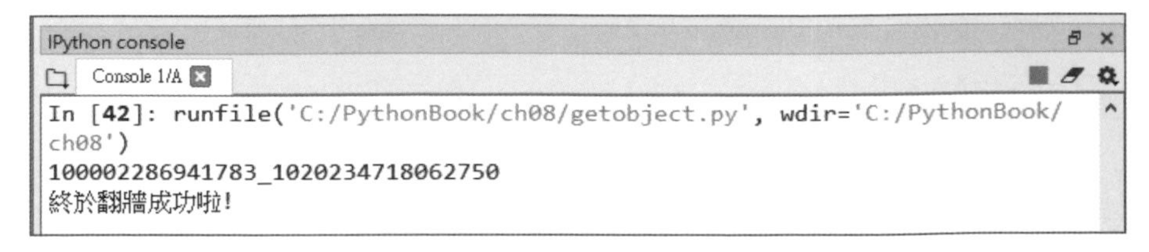
IPython console
Console 1/A
In [42]: runfile('C:/PythonBook/ch08/getobject.py', wdir='C:/PythonBook/ch08')
100002286941783_1020234718062750
終於翻牆成功啦!

使用 fields 指定過濾條件

get_object() 可以取得指定 id 的文章，還可以使用 fields 指定過濾條件，例如：fields=message 取得 message 欄位。(<fbfields.py>)

```
post = graph.get_object(id='798156653603892_1020234718062750?fields=message')
print('訊息：{}'.format(post['message']))
```

同樣方式，可以 likes 取得按讚名單和按讚人數，其中按讚名單是在 data 鍵中。

```
post = graph.get_object(id='798156653603892_1020234718062750?fields=likes')
likes = post['likes']['data']
print('共有 ', len(likes), ' 人按讚，: 按讚者：')
for like in likes:
    print (like['name'],end="、")
```

使用 comments 可以取得留言資料。其中 comment['from']['data'] 的值是留言的資料，comment['from']['name'] 的值是留言名單，而 comment['message'] 的值是留言內容。

```
post = graph.get_object(id='798156653603892_1020234718062750?fields=comments')
comments = post['comments']['data']
print('共有 ', len(comments), ' 留言，: 留言者：')
for comment in comments:
    print ("{}:{}".format(comment['from']['name'], comment['message']))
```

get_objects(ids)

取得指定 ids 串列物件，傳回字典串列，每篇貼文是以 id 為 Key，因此可使用 p=posts[post_id] 取得每篇貼文。

例如：取得 ['100002286941783_1160478487371705','100002286941783_1020234718062750'] 串列文章，顯示所有的 id 和 message。(<getobjects.py>)

```
…略
post_ids = ['100002286941783_1160478487371705',
            '100002286941783_1020234718062750']
posts = graph.get_objects(ids=post_ids)
for post_id in post_ids:
    p=posts[post_id] # 讀取每篇貼文
    print(p["id"])
    print(p["message"])
    print()
```

```
IPython console
Console 1/A
100002286941783_1160478487371705
埔里國中VS七賢國中

100002286941783_1020234718062750
終於翻牆成功啦!
```

get_connections(id,connection_name)

取得指定物件的所有關聯。參數 id 字串表示指定的 id 編號，me 表示自己；connection_name 表示關聯類別，如：feed、friends、groups、likes、posts、comments、photos 分別取得即時動態、朋友、群組、按讚、張貼文章、評論和照片等物件。

例如：取得自己張貼的文章並顯示訊息和日期。(<getconnections.py>)

```
…略
pages = graph.get_connections(id='me', connection_name='posts')
posts = pages['data']
for p in posts:
    if 'message' in p:
        print('訊息：{}'.format(p['message']))
        print('貼文日期：{}'.format(p['created_time']))
```

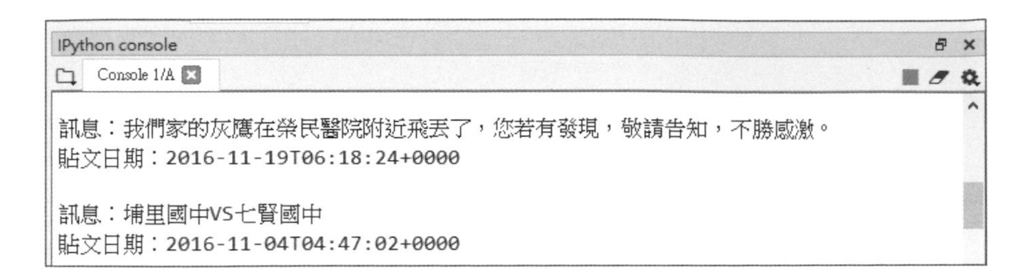

設定參數為「connection_name='photos?fields=images'」就可利用 Python 程式自動下載照片。使用 Python 程式下載照片前請先開啟「user_photos」權限。

例如：下載 Facebook 中的照片，並儲存在專案目錄下的 <fb-photos> 目錄中。(<fbphotoscopy.py>)

```
1   import facebook,os,shutil,requests
2
3   token="EAACEdEose0cBAMHt1amIbmAVTCFQmPc0YFbjwu…略 "
4   graph = facebook.GraphAPI(access_token=token,version='3.0')
5
6   pages = graph.get_connections(id='me',
                 connection_name='photos?fields=images')
7   photos = pages['data']
8   #print(photos)
9
10  if not os.path.exists("fb-photos"):  # 建立 fb-photos 目錄
11      os.mkdir("fb-photos")
12
13  for p in photos:
14      imagelst = p['images']
15  #     print(imagelst)
16      for img in imagelst:
17          filename = img['source'].split('/')[-1].split('?')[0]
18          print(filename)
19          f = open('fb-photos/'+filename, 'wb') #儲存照片的路徑、檔名
```

```
20          pic = requests.get(img['source'], stream=True) #開啟照片
21          shutil.copyfileobj(pic.raw, f) # 複製照片
22          f.close()
```

程式說明

- 6　get_connections(id='me',connection_name='photos?fields=images') 取得照片資料。
- 7　照片存在 pages['data'] 中。
- 10~11　建立 fb-photo 目錄儲存下載的照片。
- 14　所有的照片是在 photos['images'] 串列中。
- 16~22　依序下載所有 photos['images'] 串列的照片，並儲存在 <fb-photos> 目錄中。
- 17　照片原始檔名格式如下：

```
https://scontent.xx.fbcdn.net/v/t1.0-0/p75x225/1069847_63344449667
3216_66318310_n.jpg?oh=0666c9ff2413bc63139bb24bf329b8b&oe=58630F47
```

首先以「split('/')[-1]」字元分割後取最後一組，因此得到：

```
1069847_633444496673216_66318310_n.jpg?oh=0666c
9ff2413bc63d139bb24bf329b8b&oe=58630F47
```

再以「split('?')[0]」字元分割後取第一組，因此得到檔名：

```
1069847_633444496673216_66318310_n.jpg
```

- 19~22　下載所有照片，並儲存在 <fb-photos 目錄中。

delete_object(id)

刪除指定的物件，例如刪除指定 id 的貼文。

```
graph.delete_object(id='798156653603892_1127424290677125')
```

分析下載的資料和結構

建議讀者養成良好的習慣，在開發階段顯示下載的資料，並解析其結構。

```
…略
graph = facebook.GraphAPI(access_token=token,version='3.0')
pages = graph.get_connections(id='me', connection_name='photos')
print(pages) # 顯示下載的原始資料
photos = pages['data']
print(photos) # 顯示 data 鍵的資料
```

8.3 實戰：粉絲專頁投票抽獎機

Facebook 粉絲專頁抽獎活動是吸引人潮最快的方式。舉辦的方法是請粉絲在活動貼文按讚，活動結束後再由按讚名單中抽出一位幸運者。以下將利用 Python 來實作一個粉絲專頁投票抽獎機。

應用程式總覽

由於近期發表的文章獲得粉絲熱烈回響，所以決定從所有按讚的粉絲中抽出一位幸運者，可獲得 iPhone 壹台。(<fbLottery.py>)

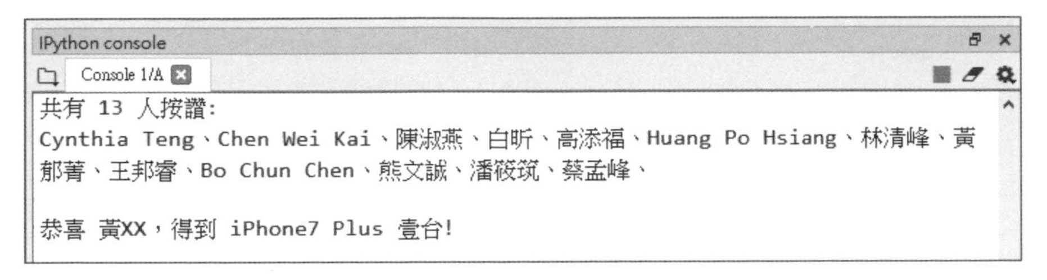

應用程式內容

首先請用測試工具取得指定 id (以 id='105081412905972_1963934413687320' 為例) 中 likes 者 1000 筆的資料，如下：

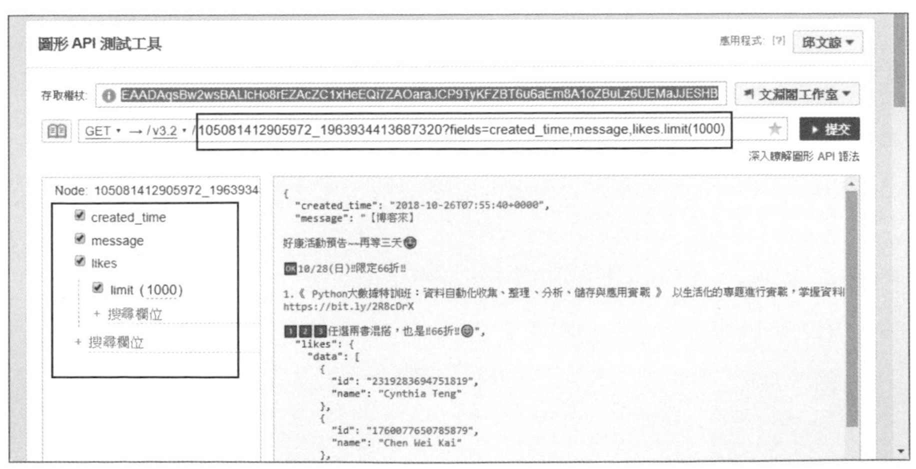

程式碼：ch08\fbLottery.py

```
1   import facebook,random
2   token="EAACEdEose0cBAE2rivZCql2s6OCCQYNtZB0Ee…略 "
```

```
3    graph = facebook.GraphAPI(access_token=token,version='3.0')
4    object_id='105081412905972_1963934413687320'
5
6    # 按讚
7    likeslist=[]
8    post = graph.get_object(id=object_id + '?fields=likes.limit(1000)')
9    #print(post)
10
11   likes = post['likes']['data']
12   #print(likes)
13   print('共有', len(likes), '人按讚:')
14   for like in likes:
15       print (like['name'],end="、")
16       likeslist.append(like['name'])
17
18   # 抽獎
19   no = random.randint(0,len(likeslist)-1)
20   print("\n\n 恭喜 {}XX，得到 iPhone7 Plus 壹台！"
      .format(likeslist[no][0:1]))
```

程式說明

- 1~4　讀取指定的文章。
- 7~16　讀取按讚名單。
- 8　「graph.get_object(id=object_id + '?fields=likes.limit(1000)'」讀取按讚名單，預設只能取得前面 25 筆，因此以 limit 設定最多可取得 1000 筆。
- 16　將按讚者加入 likeslist 串列中。
- 19~20　從 likeslist 串列中抽出一位得獎者。

請使用讀者擁有存取權限的貼文作練習

請注意：請先擁有正確的權限和有效期限的存取權杖，將書中所提的相關技術應用在您的程式中，才能有合法的權限執行本程式。

實戰：YouTube 影片下載器

YouTube 是目前最大的影音分享網站，其中有許多值得珍藏的影片，因此許多人皆有從 YouTube 網站下載影片的需求。

本章將介紹如何利用 Tkinter 模組製作出容易操作、圖形化的使用者介面，再使用 PyTube 模組分析指定的 YouTube 網址，設定好影片品質及檔案類型後，把影片下載到本機中。

9.1 Pytube：下載 YouTube 影片模組

YouTube 已是最大的影片網站，其中有許多值得珍藏的影片，因此許多人皆有從 YouTube 網站下載影片的需求。

本應用實例將介紹如何利用 Pytube 模組輕鬆下載 YouTube 影片。

9.1.1 Pytube 模組基本使用方法

安裝 Anaconda 整合環境時，並未安裝 Pytube 模組，自行安裝 Pytube 模組的方法為：開啟 Anaconda Prompt，輸入下列命令即可安裝。

```
pip install pytube
```

使用 Pytube 模組下載 YouTube 影片非常簡單，只要 3 列程式即可完成！

撰寫使用 Pytube 下載 YouTube 影片的程式，首先要匯入 Pytube 模組：

```
from pytube import YouTube
```

接著以 Pytube 模組中 YouTube 類別建立物件，語法為：

```
物件變數 = YouTube(影片位址)
```

例如建立的物件變數為 yt，要下載的影片網址為「https://www.youtube.com/watch?v=27ob2G3GUCQ」：

```
yt = YouTube('https://www.youtube.com/watch?v=27ob2G3GUCQ')
```

最後利用 download 方法就可下載影片，語法為：

```
物件變數.streams.first().download()
```

例如使用 yt 物件變數下載影片：

```
yt.streams.first().download()
```

下載的影片會儲存於 Pytube 程式所在的資料夾。

只要短短 3 列程式碼就可下載 YouTube 影片了！

程式碼：ch05\pytube1.py

```
1 from pytube import YouTube
2
```

```
3 yt = YouTube('https://www.youtube.com/watch?v=27ob2G3GUCQ')
4 print('開始下載影片，請稍候！')
5 yt.streams.first().download()
6 print('影片下載完成')
```

由於影片下載需一段時間，因此第 4 列在下載前告知使用者已開始下載，下載完成後在第 6 列顯示訊息。

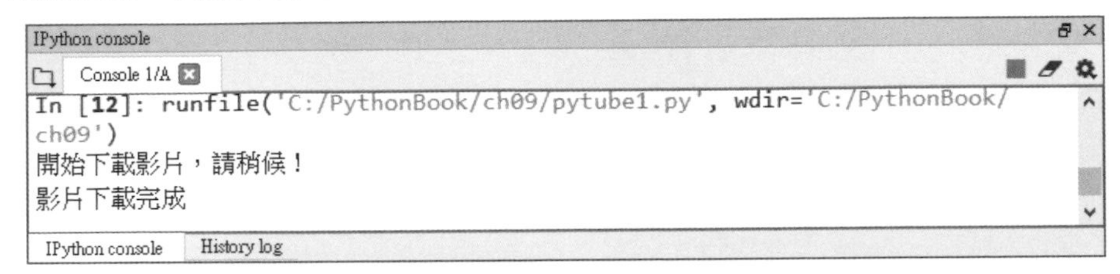

執行後會將影片檔案存於 Python 程式所在的資料夾，而檔案名稱則是 YouTube 網站中的影片名稱。

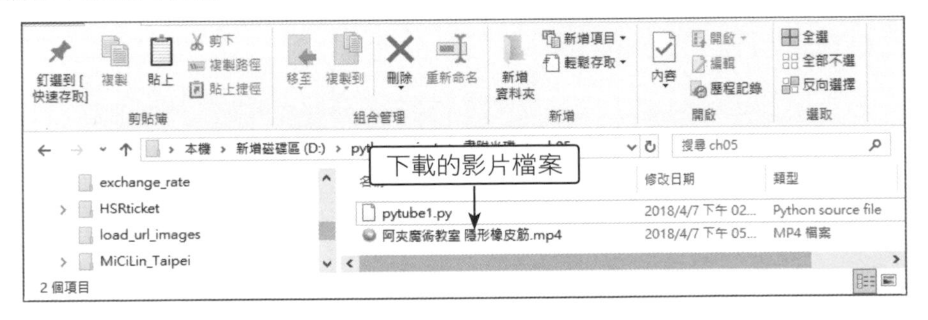

9.1.2 影片名稱及存檔路徑

在 YouTube 中，影片可能具有多種不同格式，<pytube1.py> 範例第 5 列是下載第一個格式的影片 (通常是品質最好的格式)。Pytube 提供許多方法可取得 YouTube 影片各種資訊。

取得影片名稱

title 屬性可取得影片名稱，以 <pytube1.py> 的網址為例：

```
print(yt.title)
```

執行結果為「阿夾魔術教室 隱形橡皮筋」。

下載的檔案名稱即為影片名稱，下載時會自動依影片格式加入附加檔名。

下載時存於指定資料夾

<pytube1.py> 中 download 方法沒有傳送參數，下載的檔案會存於 Python 程式所在的資料夾；若是要將下載檔案存於指定的資料夾時，可將存檔路徑做為 download 方法的參數。例如要將下載檔案存於 d 磁碟機的 tem 資料夾：

```
yt.streams.first().download('d:\\tem')
```

要特別注意：download 方法指定的路徑必須存在，否則執行時會產生資料夾不存在的錯誤：

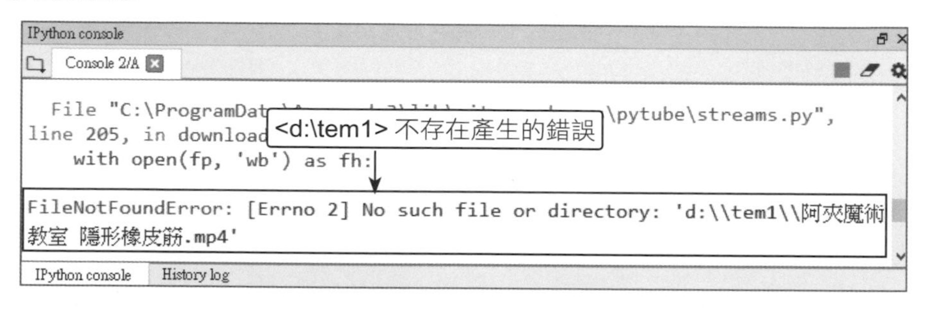

為了避免發生 download 方法指定路徑不存在的錯誤而讓程式執行中斷，最好在使用 download 方法之前，先檢查存檔資料夾是否存在，如果不存在就新建該資料夾。例如檢查 d 磁碟機的 tem1 資料夾是否存在，若不存在就新建的語法為：

```
import os
if not os.path.isdir('d:\\tem1'):
    os.mkdir('d:\\tem1')
```

下面範例會顯示目前正在下載的影片名稱，並會下載影片存於 d 磁碟機的 tem1 資料夾，若該資料夾不存在，則會先建立該資料夾。

程式碼：ch05\pytube2.py

```
 1 from pytube import YouTube
 2 import os
 3 
 4 yt = YouTube('https://www.youtube.com/watch?v=27ob2G3GUCQ')
 5 print('開始下載：' + yt.title)
 6 pathdir = 'd:\\tem1'  #下載資料夾
 7 if not os.path.isdir(pathdir):  #如果資料夾不存在就建立
 8     os.mkdir(pathdir)
 9 yt.streams.first().download(pathdir)
10 print('「' + yt.title + '」下載完成！')
```

顯示下載的影片名稱可讓使用者判斷下載的影片是否正確。

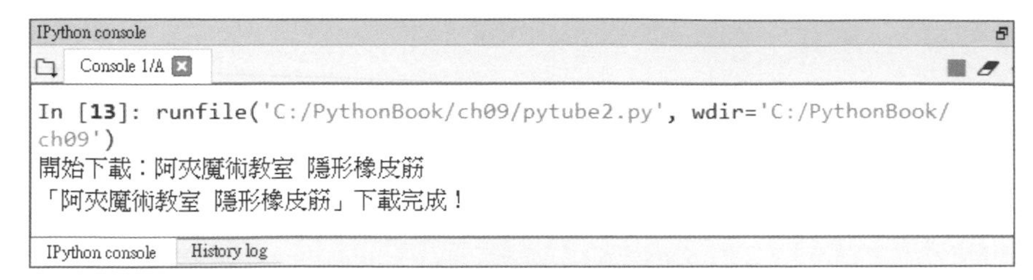
IPython console
Console 1/A
In [13]: runfile('C:/PythonBook/ch09/pytube2.py', wdir='C:/PythonBook/ch09')
開始下載：阿夾魔術教室 隱形橡皮筋
「阿夾魔術教室 隱形橡皮筋」下載完成！
IPython console
History log

9.1.3 影片格式

YouTube 為每部影片提供非常多格式以滿足使用者不同的需求，Pytube 模組提供 streams 方法取得影片所有格式。streams 又有下列主要方法對影片格式進一步操作：

方法	功能	語法範例
all()	傳回所有影片格式	yt.streams.all()
first()	傳回第一個影片格式	yt.streams.first()
last()	傳回最後一個影片格式	yt.streams.last()
filter()	傳回符合指定條件的影片格式	yt.streams.filter(subtype='mp4')
count()	傳回影片格式的數量	yt.streams.all()

例如前一小節的範例，以 count 方法會傳回共有 20 種影片格式：

```
print(yt.streams.count())  #20
```

以 all 方法查看影片所有格式：

```
print(yt.streams.all())
```

傳回值是一個串列，每一個元素就是一種格式 (共 20 個元素)：

```
[<Stream: itag="22" mime_type="video/mp4" res="720p" fps="30fps"
   vcodec="avc1.64001F" acodec="mp4a.40.2">,
<Stream: itag="43" mime_type="video/webm" res="360p" fps="30fps"
   vcodec="vp8.0" acodec="vorbis">,
<Stream: itag="18" mime_type="video/mp4" res="360p" fps="30fps"
   vcodec="avc1.42001E" acodec="mp4a.40.2">,
.........
<Stream: itag="251" mime_type="audio/webm"
   abr="160kbps" acodec="opus">]
```

格式中包含影片類型、解析度、影像編碼、聲音編碼等資訊。

前一小節的範例是以 first 方法下載第一個格式的影片：影片類型為「mp4」、解析度為「720p」、影像編碼為「avc1.64001F」、聲音編碼為「mp4a.40.2」。

篩選影片

YouTube 提供的影片格式太多，使用者最好使用 filter 篩選所要下載的影片格式。filter 的語法為：

```
yt.streams.filter(條件一 = 值一， 條件二 = 值二， ……).處理方法
```

filter 的處理方法與 streams 的方法雷同，整理於下表：

方法	功能
all()	傳回符合條件的所有影片格式
first()	傳回符合條件的第一個影片格式
last()	傳回符合條件的最後一個影片格式
count()	傳回符合條件的影片格式數量

filter 的條件整理於下表：

條件	功能	語法範例
progressive	篩選同時具備影像及聲音的格式	progressive=True
adaptive	篩選只具有影像或聲音其中之一的格式	adaptive=True
subtype	篩選指定影片類型的格式	subtype='mp4'
res	篩選指定解析度的格式	res='720p'

條件「adaptive」是只有影像或聲音兩者之一，也就是格式中只有影像編碼 (vcodec) 或聲音編碼 (acodec)。前一小節範例符合此種條件的格式有 15 個：

```
print(yt.streams.filter(adaptive=True).count())   #15
```

條件「progressive」則是影像及聲音兩者都具備才符合條件，也就是格式中同時具有影像編碼 (vcodec) 或聲音編碼 (acodec)。前一小節範例符合此種條件的格式有 5 個，將其列出的程式碼為：

```
print(yt.streams.filter(progressive=True).all())
```

傳回值為：

```
[<Stream: itag="22" mime_type="video/mp4" res="720p" fps="30fps"
   vcodec="avc1.64001F" acodec="mp4a.40.2">,
 <Stream: itag="43" mime_type="video/webm" res="360p" fps="30fps"
   vcodec="vp8.0" acodec="vorbis">,
 <Stream: itag="18" mime_type="video/mp4" res="360p" fps="30fps"
   vcodec="avc1.42001E" acodec="mp4a.40.2">,
 <Stream: itag="36" mime_type="video/3gpp" res="240p" fps="30fps"
   vcodec="mp4v.20.3" acodec="mp4a.40.2">,
 <Stream: itag="17" mime_type="video/3gpp" res="144p" fps="30fps"
   vcodec="mp4v.20.3" acodec="mp4a.40.2">]
```

「subtype」是以影片類型篩選，「res」是以解析度篩選，使用者通常使用這兩者做為下載影片的依據。例如篩選影片類型為「mp4」，解析度為「720p」的格式：

```
yt.streams.filter(subtype='mp4', res='720p').all()
```

下載影片

下載影片的方法為 download，需注意 download 方法要置於 first 或 last 方法的後面，例如下載所有格式的第一個影片：

```
yt.streams.first().download()
```

或者下載影片類型為「mp4」格式的最後一個影片：：

```
yt.streams.filter(subtype='mp4').last().download()
```

下面是使用者常犯的錯誤語法，會使程式中斷執行：

```
yt.streams.download()  #錯誤
yt.streams.all().download()  #錯誤
yt.streams.filter(subtype='mp4').download()  #錯誤
yt.streams.filter(subtype='mp4').all().download()  #錯誤
```

範例：下載 YouTube 影片

以 Pytube 模組下載指定的 YouTube 影片，並顯示各項影片資訊。

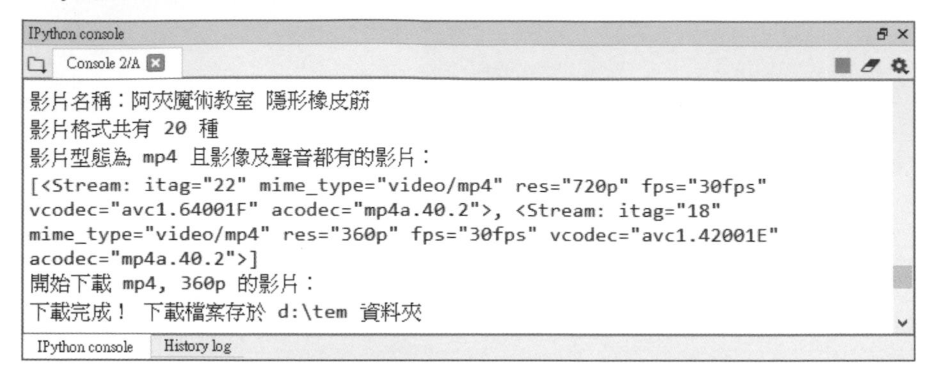
IPython console
Console 2/A
影片名稱：阿夾魔術教室 隱形橡皮筋
影片格式共有 20 種
影片型態為 mp4 且影像及聲音都有的影片：
[<Stream: itag="22" mime_type="video/mp4" res="720p" fps="30fps" vcodec="avc1.64001F" acodec="mp4a.40.2">, <Stream: itag="18" mime_type="video/mp4" res="360p" fps="30fps" vcodec="avc1.42001E" acodec="mp4a.40.2">]
開始下載 mp4, 360p 的影片：
下載完成！ 下載檔案存於 d:\tem 資料夾
IPython console
History log

程式碼：ch05\pytube3.py

```
 1 from pytube import YouTube
 2 import os
 3 
 4 yt = YouTube('https://www.youtube.com/watch?v=27ob2G3GUCQ')
 5 print("影片名稱：" + yt.title)
 6 print("影片格式共有 " + str(yt.streams.count()) + ' 種')
 7 print("影片型態為 mp4 且影像及聲音都有的影片：")
 8 print(yt.streams.filter(subtype='mp4', progressive=True).all())
 9 print('開始下載 mp4, 360p 的影片：')
10 pathdir = 'd:\\tem'  #下載資料夾
11 if not os.path.isdir(pathdir):  #如果資料夾不存在就建立
12     os.mkdir(pathdir)
13 yt.streams.filter(subtype='mp4', res='360p', progressive=True).
       first().download(pathdir)  #下載mp4,360p影片
14 print('下載完成！ 下載檔案存於 ' + pathdir + ' 資料夾')
```

程式說明

- 5 顯示下載的影片名稱。
- 6 顯示所有影片格式數量。
- 7-8 顯示影片型態為「mp4」且具有影像及聲音的影片格式。
- 10-12 若 <d:\tem> 資料夾不存在就建立該資料夾。
- 13 下載影片。

9.2 Tkinter ：圖形使用者介面模組

通常應用程式需要許多輸入及輸出介面，Python 預設是在文字介面操作，造成 Python 應用程式與使用者互動非常不方便。Tkinter 模組是一個小巧的圖形使用者介面 (GUI)，雖然功能略為陽春，但已足夠一般應用程式使用，而且 Tkinter 模組是內含於 Python 系統中，不需另外安裝即可使用。

9.2.1 建立主視窗 (Tk)

使用 Tkinter 模組前必須先匯入模組，例如匯入 Tkinter 模組並命名為「tk」：

```
import tkinter as tk
```

Tkinter 模組的元件 (widget) 是置於主視窗中，因此要先建立主視窗，語法為：

```
主視窗名稱 = tk.Tk()
```

例如建立的主視窗名稱為「win」：

```
win=tk.Tk()
```

主視窗常用的方法有：

- **geometry**：功能為設定主視窗的尺寸，語法為：

  ```
  主視窗名稱.geometry("寬度x高度")  #「x」為小寫字母x
  ```

  例如設定 win 主視窗的寬度為 450，高度為 100：

  ```
  win.geometry("450x100")
  ```

  若未設定主視窗尺寸，則主視窗尺寸由系統根據元件自行決定。

- **title**：功能為設定主視窗的標題 (一般為應用程式名稱)，例如設定 win 主視窗的標題為「這是主視窗」：

  ```
  win.title("這是主視窗")
  ```

  若未設定主視窗標題，預設值為「tk」。

主視窗建立完成後，必須在程式最後使用「mainloop」方法讓程式進入與使用者互動模式，等待使用者觸發事件後進行處理。

```
win.mainloop()
```

程式碼：ch09\tk.py

```
1 import tkinter as tk
2 win = tk.Tk()
3 win.geometry("450x100")
4 win.title(" 這是主視窗 ")
5 win.mainloop()
```

執行結果：

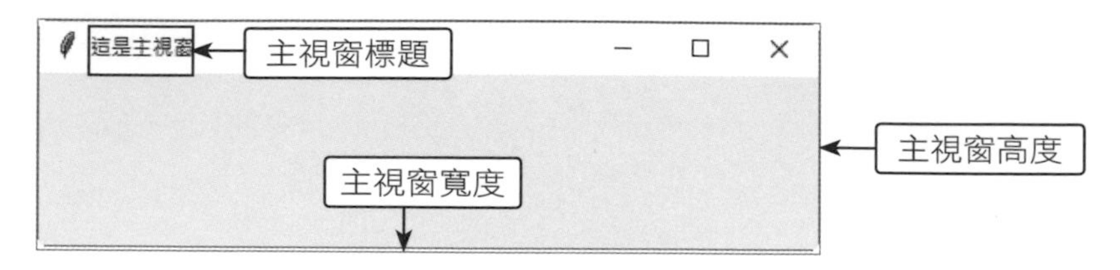

9.2.2 標籤 (Label) 及按鈕元件 (Button)

前一節建立的主視窗是一個空白視窗，要在其中加入元件才能與使用者互動。Tkinter 模組提供十餘種元件，最簡單且最常使用的是標籤及按鈕元件。

標籤元件

標籤元件的功能是顯示一段文字，建立標籤元件的語法為：

```
元件名稱 = tk.Label(容器名稱, 參數1, 參數2,……)
```

標籤元件常用的參數：

參數	功能
width	設定元件寬度。
height	設定元件高度。
text	設定元件文字內容。
textvariable	設定元件動態內容的文字變數。
background 或 bg	設定元件背景顏色。
foreground 或 fg	設定元件文字顏色。
font	設定元件文字字體及尺寸，例如 font=(" 新細明體 ", 12)。
padx	設定元件與容器的水平間距。
pady	設定元件與容器的垂直間距。

textvariable 參數可動態取得或設定標籤元件文字內容，會在稍後說明。

建立的元件並不會自動在主視窗中顯示，還要設定排版方式才會顯示。排版方式有 3 種，後面章節會詳細說明，此處示範 pack 方式的語法：

```
元件名稱 .pack()
```

pack 方式是將元件視為矩形物件顯示。

程式碼：ch09\tklabel1.py

```
1 import tkinter as tk
2 win = tk.Tk()
3 label1 = tk.Label(win, text=" 這是標籤元件！ ", fg="red",
        bg="yellow", font=(" 新細明體 ", 12), padx=20, pady=10)
4 label1.pack()
5 win.mainloop()
```

執行結果：

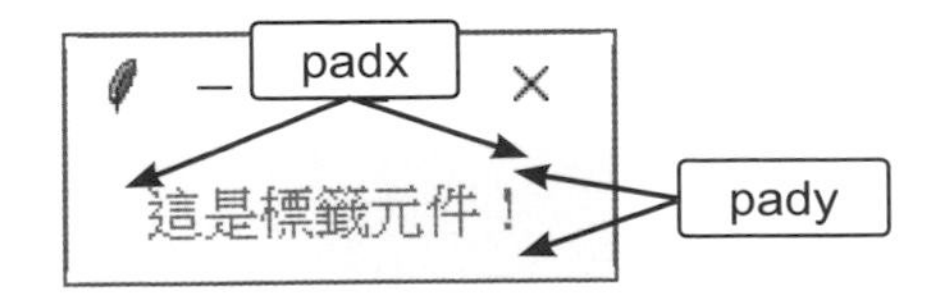

按鈕元件

按鈕元件是與使用者互動最主要的元件，當使用者點選按鈕元件時會觸發 click 事件，執行設計者指定的函式。建立按鈕元件的語法為：

```
元件名稱 = tk.Button( 容器名稱 , 參數 1, 參數 2，……)
```

按鈕元件常用的參數：

參數	功能
width	設定按鈕寬度。
height	設定按鈕高度。
text	設定按鈕文字。
textvariable	設定按鈕動態文字的文字變數。
background 或 bg	設定按鈕背景顏色。
foreground 或 fg	設定按鈕文字顏色。

參數	功能
font	設定按鈕文字字體及尺寸。
padx	設定按鈕與容器的水平間距。
pady	設定按鈕與容器的垂直間距。
command	設定使用者按下按鈕時要執行的函式。

textvariable 參數

大部分元件都有 textvariable 參數，此參數可動態取得或設定元件文字內容。textvariable 參數的文字變數有 3 種型態：

- **tk.StringVar()**：資料型態為字串，預設值為空字串。
- **tk.IntVar()**：資料型態為整數，預設值為 0。
- **tk.DoubleVar()**：資料型態為浮點數，預設值為 0.0。

文字變數主要有 2 種方法：

- **文字變數 .get()**：取得元件文字內容。
- **文字變數 .set(字串)**：設定元件文字內容。

程式碼：ch09\tkbutton1.py

```
 1 def click1():
 2     textvar.set(" 我已經被按過了！ ")
 3
 4 import tkinter as tk
 5
 6 win = tk.Tk()
 7 textvar = tk.StringVar()
 8 button1 = tk.Button(win, textvariable=textvar, command=click1)
 9 textvar.set(" 按鈕 ")
10 button1.pack()
11 win.mainloop()
```

執行結果：

第 7 列程式建立字串型態文字變數 textvar，第 8 列建立按鈕元件並設定按鈕的文字變數為 textvar，當使用者按下按鈕時會執行 click1 函式，第 9 列設定按鈕文字為 **按鈕**。

第 2 列程式為使用者按下按鈕時將按鈕文字改為 **我已經被按過了！**。

如果元件設定了 textvariable 參數，text 參數的設定值就無效了 (不會顯示 text 參數設定的文字，必須以「文字變數 .set()」設定文字內容。

下面範例結合標籤及按鈕元件，按下按鈕會更改標籤及按鈕元件文字內容。

範例：改變標籤及按鈕元件文字內容

開始時顯示歡迎文字，按下按鈕後標籤文字變為按鈕計次文字，按鈕文字變為 **回復原來文字！**；再按一次按鈕，標籤文字變為按了 2 次文字，按鈕文字回復為 **按鈕**；繼續按下按鈕，標籤文字會不斷累積按鈕次數，按鈕文字則在 **按鈕** 及 **回復原來文字！**反覆切換。

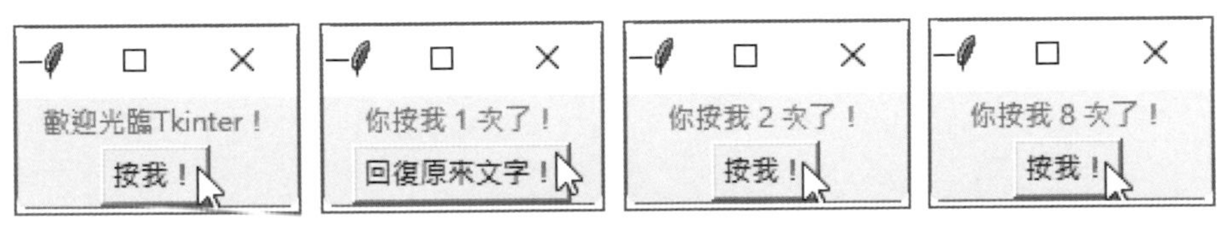

程式碼：ch09\tkbutton2.py

```
 1 def clickme():
 2     global count
 3     count += 1
 4     labeltext.set("你按我 " + str(count) + " 次了！")
 5     if(btntext.get() == "按我！"):
 6         btntext.set("回復原來文字！")
 7     else:
 8         btntext.set("按我！")
 9 
10 import tkinter as tk
11 
12 win = tk.Tk()
13 labeltext = tk.StringVar()
14 btntext = tk.StringVar()
15 count = 0
16 label1 = tk.Label(win, fg="red", textvariable=labeltext)
17 labeltext.set("歡迎光臨 Tkinter！")
```

```
18 label1.pack()
19 button1 = tk.Button(win, textvariable=btntext, command=clickme)
20 btntext.set("按我！")
21 button1.pack()
22 win.mainloop()
```

程式說明

- 1-8　使用者按下按鈕時執行的函式。
- 2-4　將計數器加 1 並在標籤元件中顯示。
- 5-8　反覆變更按鈕文字。
- 13-14　建立標籤及按鈕文字變數。
- 16-18　建立標籤元件並設定文字變數。
- 19-21　建立按鈕元件並設定文字變數。

9.2.3 文字區塊 (Text) 及文字編輯 (Entry) 元件

文字區塊元件

文字區塊元件可顯示多列文字內容，建立文字區塊元件的語法為：

```
元件名稱 = tk.Text(容器名稱, 參數1, 參數2,……)
```

文字區塊元件常用的參數：

參數或方法	功能
width	設定元件寬度。
height	設定元件高度。
background 或 bg	設定元件背景顏色。
foreground 或 fg	設定元件文字顏色。
font	設定元件文字字體及尺寸。
padx	設定元件與容器的水平間距。
pady	設定元件與容器的垂直間距。
state	設定元件文字內容是否可編輯。
insert 方法	加入元件文字內容。

state 參數預設值為「tk.NORMAL」，表示文字區塊內容可以編輯；state 參數若設定為「tk.DISABLED」，表示文字區塊內容不能改變。

文字區塊元件無法在建立元件時設定文字內容，必須以 insert 方法加入文字，使用語法為：

```
元件名稱 .insert( 加入型態 , 字串 )
```

「加入型態」有 2 種：

- **tk.INSERT**：將字串加入文字方塊。
- **tk.END**：將字串加入文字方塊，並結束文字方塊內容。

變更元件參數設定

建立元件後若要變更元件的參數設定，可使用 config 方法，語法為：

```
元件名稱 .config( 參數 1, 參數 2, ……)
```

文字區塊元件的內容預設是可被使用者編輯，如果不希望讓使用者修改文字區塊元件的顯示內容，需設定 state 參數值為「tk.DISABLED」；若在建立文字區塊元件就將 state 參數值設為「tk.DISABLED」，則文字區塊元件將無法加入任何文字。正確方式為建立文字區塊元件時不設定 state 參數值 (預設可編輯)，等全部文字內容都加入後再修改 state 參數值為「tk.DISABLED」。

程式碼：ch09\tktext1.py

```
 1 import tkinter as tk
 2 win = tk.Tk()
 3 text = tk.Text(win)
 4 text.insert(tk.INSERT, "Tkinter 模組是圖形使用者介面，\n")
 5 text.insert(tk.INSERT, "雖然功能略為陽春，\n")
 6 text.insert(tk.INSERT, "但已足夠一般應用程式使用，\n")
 7 text.insert(tk.INSERT, "而且是內含於 Python 系統中，\n")
 8 text.insert(tk.END, "不需另外安裝即可使用。")
 9 text.pack()
10 text.config(state=tk.DISABLED)
11 win.mainloop()
```

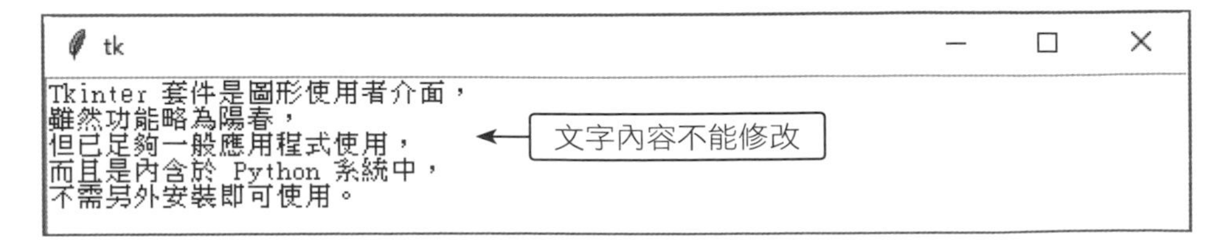

第 3 列程式建立文字區塊元件時未設定 state 參數，所以第 4-8 列可以加入文字內容，第 10 列以 config 方法設定文字區塊元件為不可編輯。

文字編輯元件

文字編輯元件的功能是讓使用者輸入資料，建立文字編輯元件的語法為：

```
元件名稱 = tk.Entry(容器名稱, 參數1, 參數2,……)
```

文字編輯元件常用的參數：

參數	功能
width	設定元件寬度。
height	設定元件高度。
background 或 bg	設定元件背景顏色。
foreground 或 fg	設定元件文字顏色。
textvariable	設定元件動態文字的文字變數。
font	設定元件文字字體及尺寸。
padx	設定元件與容器的水平間距。
pady	設定元件與容器的垂直間距。
state	設定元件是否可編輯，使用方法與文字區塊元件相同。

範例：密碼確認視窗

使用者可在文字編輯元件中輸入密碼，若輸入「1234」表示密碼正確，顯示歡迎登入訊息；若輸入的密碼錯誤，顯示修改密碼訊息。

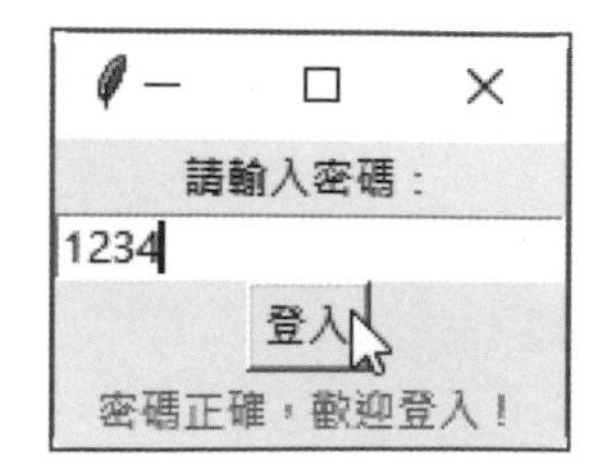

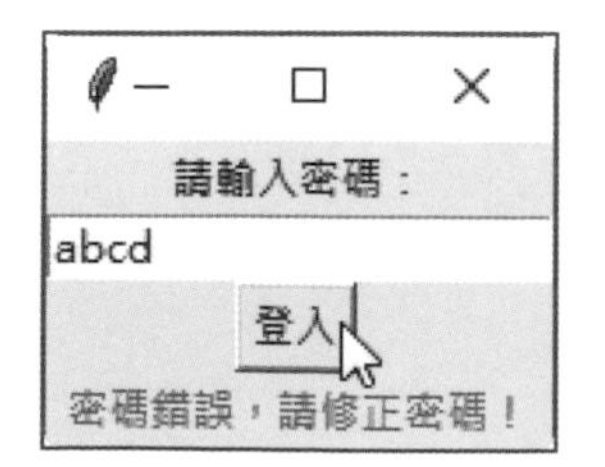

程式碼：ch09\tkpassword.py

```
1 def checkPW():
2     if(pw.get() == "1234"):
3         msg.set("密碼正確，歡迎登入！")
```

```
 4     else:
 5         msg.set(" 密碼錯誤，請修正密碼！ ")
 6
 7 import tkinter as tk
 8
 9 win = tk.Tk()
10 pw = tk.StringVar()
11 msg = tk.StringVar()
12 label = tk.Label(win, text=" 請輸入密碼：")
13 label.pack()
14 entry = tk.Entry(win, textvariable=pw)
15 entry.pack()
16 button = tk.Button(win, text=" 登入 ", command=checkPW)
17 button.pack()
18 lblmsg = tk.Label(win, fg="red", textvariable=msg)
19 lblmsg.pack()
20 win.mainloop()
```

程式說明

- 1-5 檢查密碼的正確性，然後顯示對應訊息。
- 10-11 建立取得密碼及顯示訊息的文字變數。
- 12-13 建立提示文字標籤元件。
- 14-15 建立讓使用者輸入密碼的文字編輯元件。
- 16-17 建立登入按鈕元件。
- 18-19 建立顯示訊息的標籤元件。

9.2.4 選項按鈕 (Radiobutton) 及核取方塊 (Checkbutton)

選項按鈕元件

選項按鈕元件的功能是建立一組「單選」選項，同一組中的選項按鈕只有一個可以被選取：當選取一個選項按鈕時，同組中其他原先被選取的選項按鈕會自動取消選取，達到單選功能。

建立選項按鈕元件的語法為：

```
元件名稱 = tk.Radiobutton( 容器名稱 , 參數 1, 參數 2，……)
```

選項按鈕元件常用的參數：

參數或方法	功能
width	設定元件寬度。
height	設定元件高度。
text	設定元件顯示文字。
variable	動態設定元件值的變數。
background 或 bg	設定元件背景顏色。
foreground 或 fg	設定元件文字顏色。
font	設定元件文字字體及尺寸。
padx	設定元件與容器的水平間距。
pady	設定元件與容器的垂直間距。
value	設定使用者點選後的元件值。
command	設定使用者點選選項按鈕時要執行的函式。
select 方法	點選元件。

通常一組選項按鈕中會有多個選項按鈕，如何區別選項按鈕是否同組呢？若選項按鈕元件的「variable」參數指定相同變數名稱，則這些選項按鈕就是同一組。

範例：最喜愛的球類運動 (單選)

點選球類選項後，下方會顯示點選的項目，只能單選。

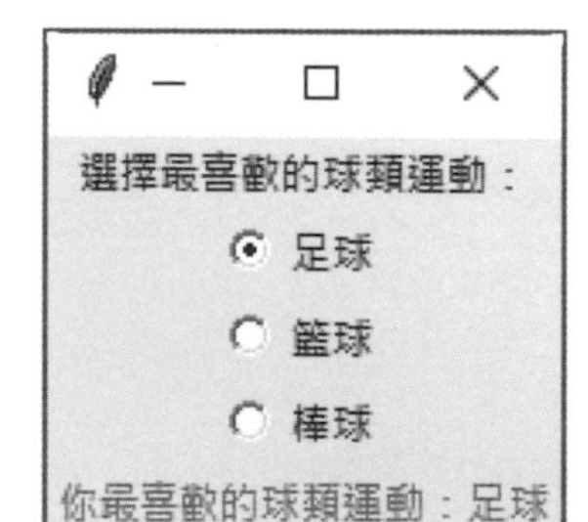

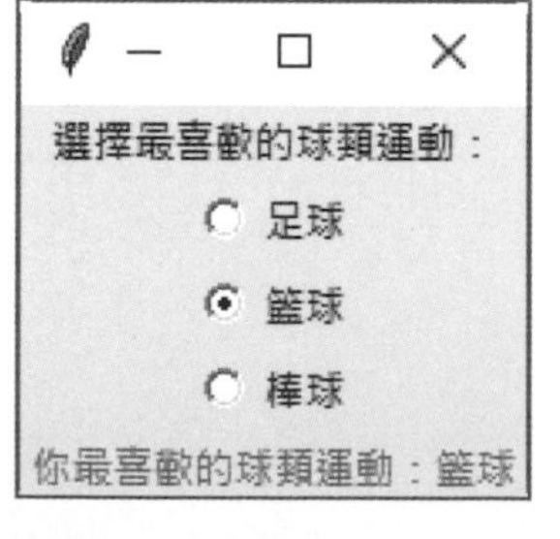

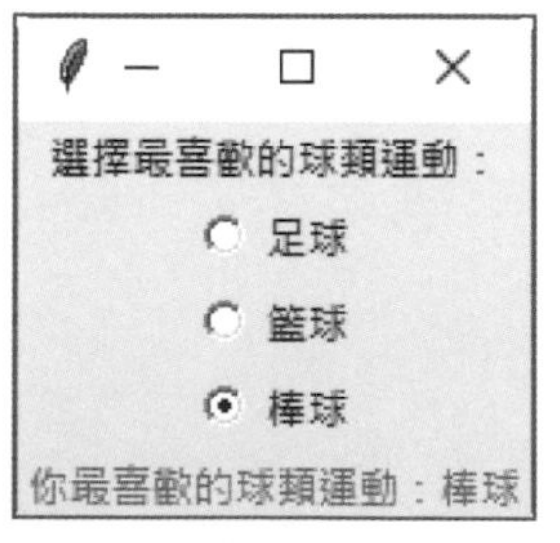

程式碼：ch09\tkradio1.py

```
1 def choose():
2     msg.set("你最喜歡的球類運動：" + choice.get())
3
4 import tkinter as tk
5
6 win = tk.Tk()
```

```
 7 choice = tk.StringVar()
 8 msg = tk.StringVar()
 9 label = tk.Label(win, text="選擇最喜歡的球類運動：")
10 label.pack()
11 item1 = tk.Radiobutton(win, text="足球", value="足球",
        variable=choice, command=choose)
12 item1.pack()
13 item2 = tk.Radiobutton(win, text="籃球", value="籃球",
        variable=choice, command=choose)
14 item2.pack()
15 item3 = tk.Radiobutton(win, text="棒球", value="棒球",
        variable=choice, command=choose)
16 item3.pack()
17 lblmsg = tk.Label(win, fg="red", textvariable=msg)
18 lblmsg.pack()
19 item1.select()
20 choose()
21 win.mainloop()
```

程式說明

- 1-2　使用者點選選項按鈕後執行的函式：顯示點選項目。
- 7-8　建立選項按鈕及訊息標籤的變數。
- 11-16　建立 3 個選項按鈕，注意 3 個 variable 參數都設為 choice 變數。
- 19-20　開始時設定選取第 1 個項目。

核取方塊元件

核取方塊元件的功能與選項按鈕雷同，不同處在於建立的是一組「複選」選項，每一個選項都是獨立的，使用者可以選取多個項目。

建立核取方塊元件的語法為：

```
元件名稱 = tk.Checkbutton(容器名稱, 參數1, 參數2,……)
```

核取方塊元件的參數與選項按鈕元件大致相同，差別是核取方塊元件沒有「value」參數。

建立選項按鈕時，同組選項按鈕的 variable 參數設定的變數必須相同，而每個核取方塊的 variable 參數設定的變數則必須不同，如此一來，使用核取方塊時所需的變數數量將很龐大，通常變數會使用串列型態以迴圈處理。

範例：喜愛的球類運動 (複選)

點選球類選項後，下方會顯示點選的項目，可以選取多個項目。

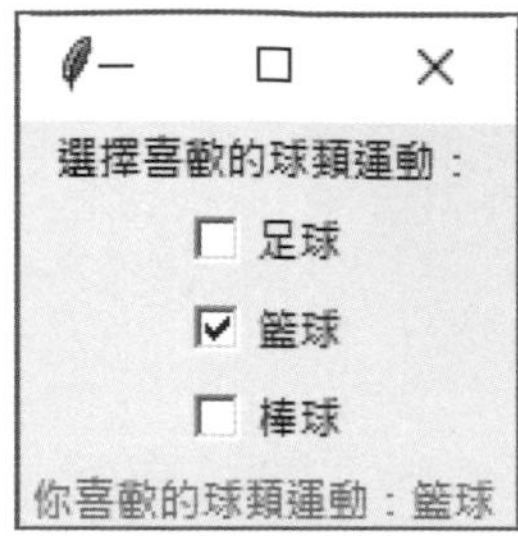

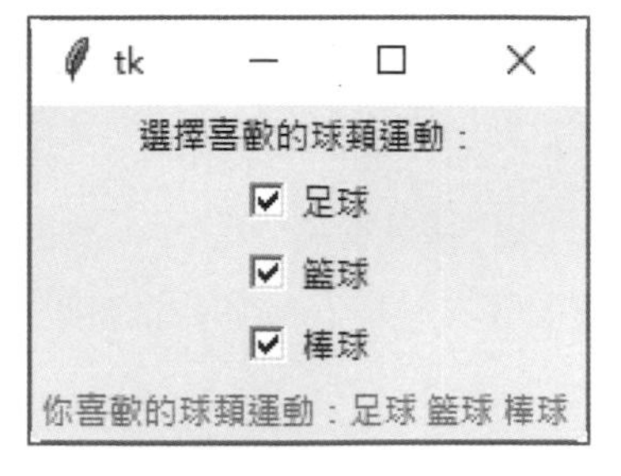

程式碼：ch09\tkcheckbox1.py

```
 1 def choose():
 2     str = "你喜歡的球類運動："
 3     for i in range(0, len(choice)):
 4         if(choice[i].get() == 1):
 5             str = str + ball[i] + " "
 6     msg.set(str)
 7
 8 import tkinter as tk
 9
10 win = tk.Tk()
11 choice = []
12 ball = ["足球", "籃球", "棒球"]
13 msg = tk.StringVar()
14 label = tk.Label(win, text="選擇喜歡的球類運動：")
15 label.pack()
16 for i in range(0, len(ball)):
17     tem = tk.IntVar()
18     choice.append(tem)
19     item = tk.Checkbutton(win, text=ball[i],
           variable=choice[i], command=choose)
20     item.pack()
21 lblmsg = tk.Label(win, fg="red", textvariable=msg)
22 lblmsg.pack()
23 win.mainloop()
```

程式說明

- 1-6　使用者點選核取方塊後執行的函式。
- 3-5　逐一檢查項目是否被選取，若有被選取就顯示該項目。

- 4　若有被選取則項目值為「1」，未被選取則項目值為「0」。
- 11-12　將 variable 參數設定的變數及顯示項目文字都以串列表示。
- 16-20　以迴圈逐一建立變數及核取方塊元件。
- 17-18　建立變數。
- 19-20　建立核取方塊元件，每個 variable 參數設定的變數為 choice 串列的元素。

9.2.5 排版方式

前面所有範例中，都是以 Pack 方法將元件加入主視窗。Tkinter 提供 3 種排版方法讓使用者安排互動介面：Pack、Grid 及 Place。

Pack 方法

Pack 方法是將元件視為矩形物件顯示，常用參數為：

參數	功能
padx	設定元件與容器或其他元件的水平間距。
pady	設定元件與容器或其他元件的垂直間距。
side	設定元件在容器的位置，可能值為 left、right、top、bottom。

例如將 4 個按鈕以不加參數的 Pack 方法加入主視窗：(<tkpack1.py>)

```
button1 = tk.Button(win, text=" 這是按鈕一 ",
  width=20)
button1.pack()
......
button4 = tk.Button(win, text=" 這是按鈕四 ",
  width=20)
button4.pack()
```

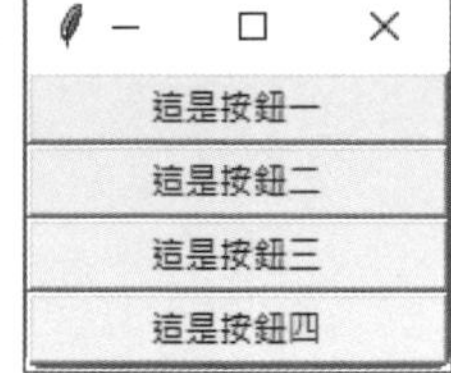

4 個按鈕擠在一起，可用 padx、pady 參數加入間距：(<tkpack2.py>)

```
button1 = tk.Button(win, text=" 這是按鈕一 ",
  width=20)
button1.pack(padx=20, pady=5)
......
button4 = tk.Button(win, text=" 這是按鈕四 ",
  width=20)
button4.pack(padx=20, pady=5)
```

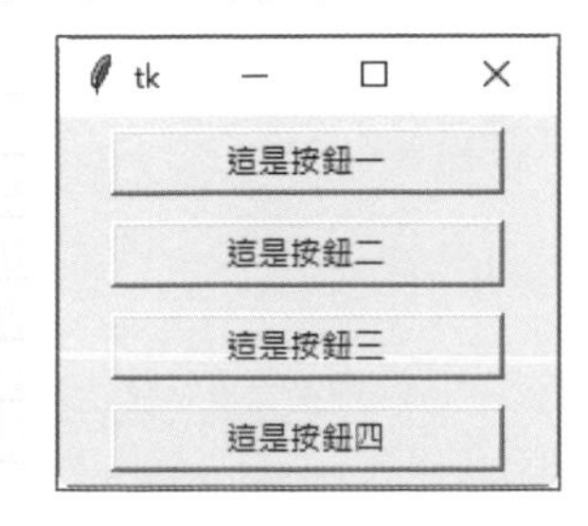

加入 side 參數可改變元件排列位置：(<tkpack3.py>)

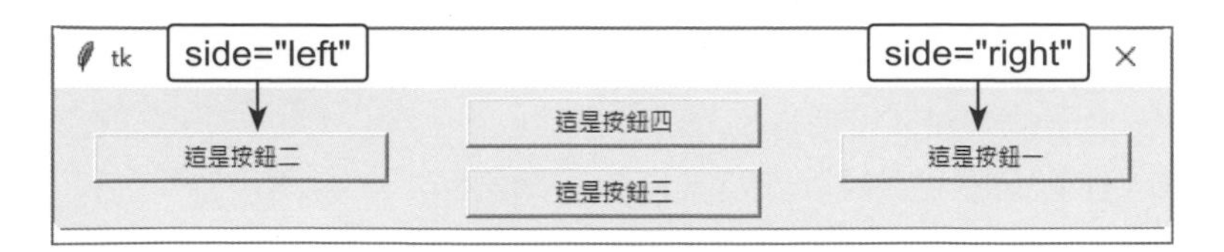

Grid 方法

Grid 方法是使用「表格」方式安排元件位置，元件依照行及列座標位置排版，常用參數為：

參數	功能
row	設定元件列位置。
column	設定元件行位置。
padx	設定元件與容器或其他元件的水平間距。
pady	設定元件與容器或其他元件的垂直間距。
rowspan	設定元件列位置的合併數量。
columnspan	設定元件行位置的合併數量。
sticky	設定元件內容排列方式，其值有 4 種：「e」為靠右排列、「w」為靠左排列、「n」為靠上排列、「s」為靠下排列。

例如將 6 個按鈕以 2 列 3 行的 Grid 方法加入主視窗：(<tkgrid1.py>)

```
button1 = tk.Button(win, text=" 這是按鈕一 ", width=20)
button1.grid(row=0, column=0, padx=5, pady=5)
......
button6 = tk.Button(win, text=" 這是按鈕六 ", width=20)
button6.grid(row=1, column=2, padx=5, pady=5)
```

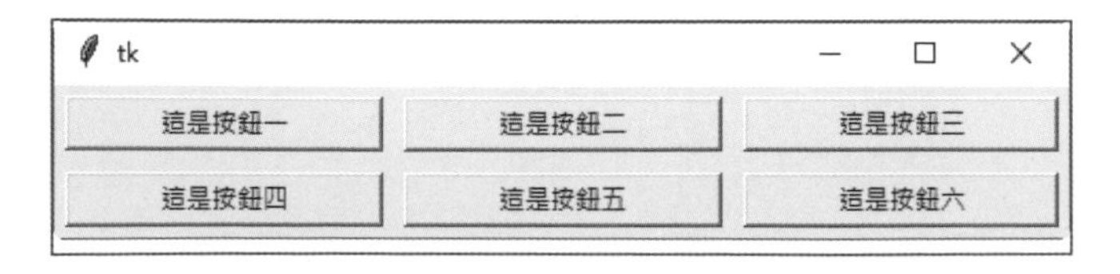

若是將「按鈕二」以合併 2 個行位置顯示，其餘不變：(<tkgrid2.py>)

```
......
button2 = tk.Button(win, text=" 這是按鈕二 ", width=20)
button2.grid(row=0, column=1, padx=5, pady=5, columnspan=2)
......
```

tk

這是按鈕一 這是按鈕二 這是按鈕三
這是按鈕四 這是按鈕五 這是按鈕六

Place 方法

Place 方法的 x、y 參數是最常使用的設定元件位置方法，可將元件放置於指定位置。常用參數為：

參數	功能
x	設定元件的 x 座標。
y	設定元件的 y 座標。
relx	設定元件橫位置，參數值在 0 與 1 之間。
rely	設定元件縱位置，參數值在 0 與 1 之間。
anchor	設定元件位置基準點，其值有 9 種：center 為元件正中心、ne 為右上角、nw 為左上角、se 為右下角、sw 為左上角、n 為上方中間、s 為下方中間、e 為右方中間、w 為左方中間。

例如以 Place 方法建立輸入分數使用者介面：(<tkplace1.py>)

```
import tkinter as tk
win = tk.Tk()
win.geometry("300x100")
label1=tk.Label(win, text="輸入成績：")
label1.place(x=20, y=20)
score = tk.StringVar()
entryUrl = tk.Entry(win, textvariable=score)
entryUrl.place(x=90, y=20)
btnDown = tk.Button(win, text="計算成績")
btnDown.place(x=80, y=50)
win.mainloop()
```

tk

輸入成績：

計算成績

9.2.6 視窗區塊 (Frame)

當元件的數量增多時，眾多元件都集中在主視窗，不但管理困難，而且很難安排的恰到好處。視窗區塊也是一個容器，可將元件分類置於不同視窗區塊中，便於管理及安排。建立視窗區塊的語法為：

```
視窗區塊變數 = tk.Frame(容器名稱, 參數1, 參數2,……)
```

視窗區塊元件常用的參數：

參數或方法	功能
width	設定視窗區塊寬度。
height	設定視窗區塊高度。
background 或 bg	設定視窗區塊背景顏色。

例如在主視窗建立 2 個視窗區塊，第 1 個視窗區塊包含 1 個標籤及 1 個文字編輯元件，第 2 個視窗區塊包含 2 個按鈕元件。(<tkframe1.py>)

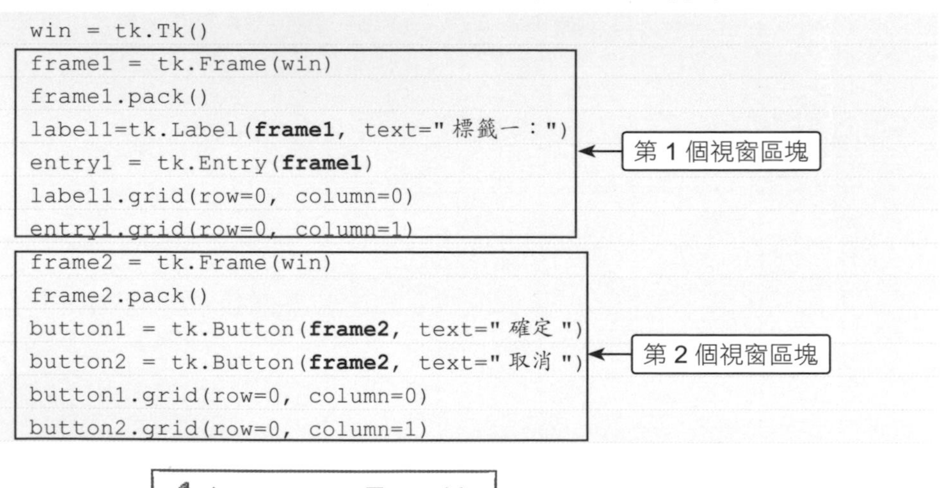

```
win = tk.Tk()
frame1 = tk.Frame(win)
frame1.pack()
label1=tk.Label(frame1, text="標籤一：")
entry1 = tk.Entry(frame1)
label1.grid(row=0, column=0)
entry1.grid(row=0, column=1)
frame2 = tk.Frame(win)
frame2.pack()
button1 = tk.Button(frame2, text="確定")
button2 = tk.Button(frame2, text="取消")
button1.grid(row=0, column=0)
button2.grid(row=0, column=1)
```


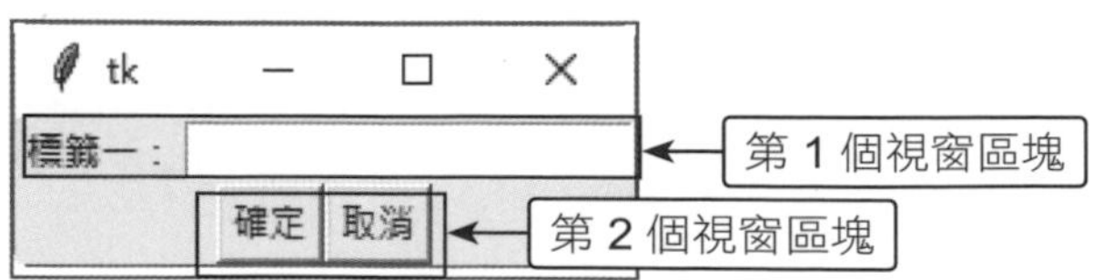

9.3 實戰：YouTube 影片下載器

安裝好 Pytube 模組，學會 Tkinter 介面設計，就可以撰寫下載 YouTube 影片應用程式了！

9.3.1 應用程式總覽

執行程式後若未輸入影片網址就按 **下載影片** 鈕，或輸入的影片網址找不到影片都會在下方顯示提示訊息。(<tkdownload.py>)

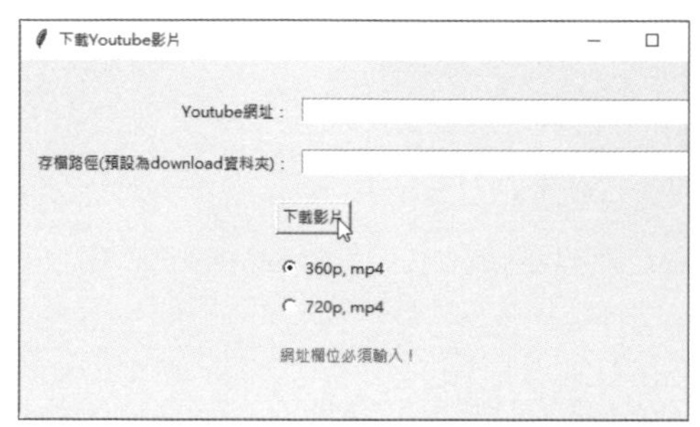

如果輸入的影片網址正確，預設是下載「360p, mp4」影片格式，使用者可依需要點選下載影片格式；**存檔路徑** 欄位輸入下載後要儲存的本機路徑，若未輸入則預設為 <tkdownload.py> 所在的資料夾中的 <download> 資料夾。最後按 **下載影片** 鈕將影片下載到指定資料夾。

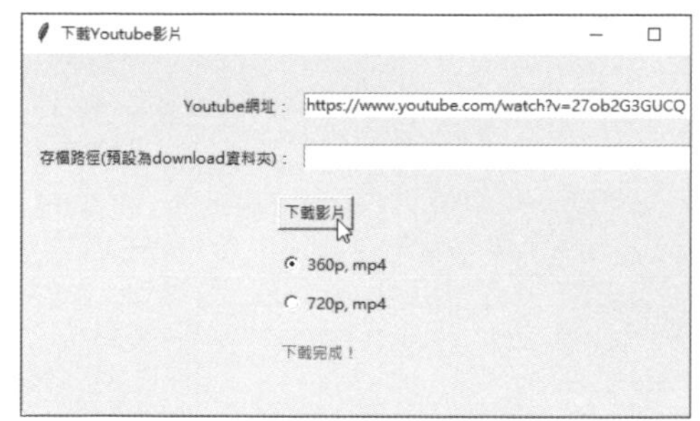

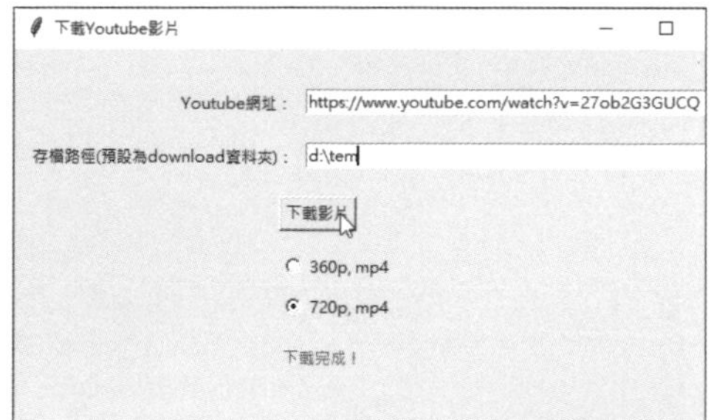

下載影片需要一段時間，當下方顯示「下載完成！」時，表示影片已下載完成，可到指定資料夾查看下載的影片。

9.3.2 介面配置

本應用程式使用 Tkinter 模組設計介面：

程式碼：ch09\tkdownload.py

```
......
28 import tkinter as tk
29 from pytube import YouTube
30 import os
31
32 win=tk.Tk()
33 win.geometry("560x280")  # 設定主視窗解析度
34 win.title("下載 Youtube 影片")
35 getvideo = "360p"  # 影片格式
36 videorb = tk.StringVar()  # 選項按鈕值
37 url = tk.StringVar()  # 影片網址
38 path = tk.StringVar()  # 存檔資料夾
39
40 label1=tk.Label(win, text="Youtube 網址：")
41 label1.place(x=123, y=30)
42 entryUrl = tk.Entry(win, textvariable=url)
43 entryUrl.config(width=45)
44 entryUrl.place(x=220, y=30)
45
46 label2=tk.Label(win, text="存檔路徑（預設為 download 資料夾）：")
47 label2.place(x=10, y=70)
48 entryPath = tk.Entry(win, textvariable=path)
49 entryPath.config(width=45)
50 entryPath.place(x=220, y=70)
51
52 btnDown = tk.Button(win, text="下載影片", command=clickDown)
53 btnDown.place(x=200, y=110)
54
55 rb1 = tk.Radiobutton(win, text='360p, mp4',
     variable=videorb, value='360p', command=rbVideo)
56 rb1.place(x=200, y=150)
57 rb1.select()
58 rb2 = tk.Radiobutton(win, text='720p, mp4',
     variable=videorb, value='720p', command=rbVideo)
59 rb2.place(x=200, y=180)
60
61 labelMsg = tk.Label(win, text="", fg="red")  # 訊息標籤
```

```
62 labelMsg.place(x=200, y=220)
63
64 win.mainloop()
```

程式說明

- 35　getvideo 儲存影片格式，預設為「360p」。
- 36-38　儲存元件值：videorb 存選取的選項按鈕，url、path 分別存使用者輸入的網址及存檔路徑。
- 40-44　建立輸入網址的標籤及文字編輯元件。
- 46-50　建立輸入存檔路徑的標籤及文字編輯元件。
- 52-53　建立 **下載檔案** 按鈕元件。
- 55-56　建立「360p, mp4」選項按鈕元件。
- 57　設定「360p, mp4」選項按鈕為預設值。
- 58-59　建立「720p, mp4」選項按鈕元件。
- 61-62　建立顯示提示訊息的標籤元件。注意 text 參數值為空字串，所以程式開始執行時不會顯示任何訊息。

9.3.3 事件處理

使用者點選選項按鈕後的處理程式：取得影片格式。使用者按 **下載影片** 鈕的處理程式：下載指定影片。

程式碼：ch09\tkdownload.py （續）

```
 1 def rbVideo():  # 點選選項按鈕後處理函式
 2     global getvideo
 3     labelMsg.config(text="")
 4     getvideo = videorb.get()
 5
 6 def clickDown():  # 按「下載影片」鈕後處理函式
 7     global getvideo, strftype, listradio
 8     labelMsg.config(text="")
 9     if(url.get()==""):  # 若未輸入網址就顯示提示訊息
10         labelMsg.config(text="網址欄位必須輸入！")
11         return
12
13     if(path.get()==""):
14         pathdir = 'download'
15     else:
```

```
16          pathdir = path.get()
17          pathdir = pathdir.replace("\\", "\\\\")  #將「\」轉換為「\\」
18      if not os.path.isdir(pathdir):  # 如果資料夾不存在就建立
19          os.mkdir(pathdir)
20
21      try:
22          yt = YouTube(url.get())
23          yt.streams.filter(subtype='mp4', res=getvideo,
              progressive=True).first().download(pathdir)
              # 下載 mp4 影片
24          labelMsg.config(text="下載完成！")
25      except:
26          labelMsg.config(text="影片無法下載！")
```

程式說明

- 3　清除提示訊息。
- 4　取得影片格式。
- 9-11　若使用者未輸入網址就按 **下載影片** 鈕，顯示提示訊息。
- 13-14　若未輸入存檔路徑就設存檔路徑為「download」。
- 15-17　若輸入存檔路徑就取得使用者輸入的存檔資料夾，因為路徑可能包含「\」字元，python 會將其視為脫逸字元，所以要轉換為「\\」。
- 18-19　若存檔路徑不存在就新增該資料夾。
- 21-26　執行時，當使用者輸入的網址找不到影片時會產生錯誤而中斷，因此要以「try…except」捕捉錯誤並顯示提示訊息。
- 22-23　下載使用者輸入網址的 mp4 影片。
- 24　顯示「下載完成！」訊息。
- 25-26　產生錯誤時顯示提示訊息。

實戰：LINE Bot 聊天機器人

LINE 提供免費的「LINE Bot API 試用」帳號申請，讓任何人都可以在 LINE 的平台上開發聊天機器人的多元應用。至今已有超過十萬個 LINE Bot 被開發使用，如果不會 LINE Bot 設計就落伍了！

LINE Bot 的經典範例是使用者傳送訊息給 LINE Bot，LINE Bot 就回覆相同訊息給使用者，就像鸚鵡學人說話一樣，通常戲稱為「鸚鵡」LINE Bot 。

LINE Bot 開放了製作圖文選單的功能。 有了這個圖文選單的選項，LINE Bot 就能以點選的方式執行特定的功能。

10.1 LINE 開發者帳號

LINE 從 2016 年 4 月 7 日開始提供免費「LINE Bot API 試用」帳號申請，讓任何人都可以在 LINE 的平台上開發聊天機器人的多元應用。至今已有超過十萬個 LINE Bot 被開發使用，如果不會 LINE Bot 設計就落伍了！

10.1.1 申請 LINE 開發者帳號

要開發 LINE Bot 應用，首先要申請 LINE 開發者帳號。開啟「https://developers.line.biz/en/」網頁，按 **Log in** 鈕進行登入，再按 **使用 LINE 帳號登入** 鈕，輸入 LINE 帳號及密碼後按 **登入** 鈕。

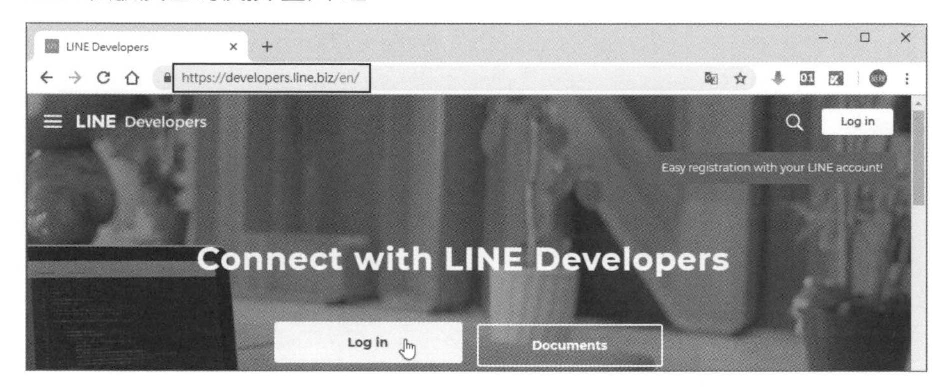

接著建立 Provider：按右上角 **Create New Provider** 鈕。

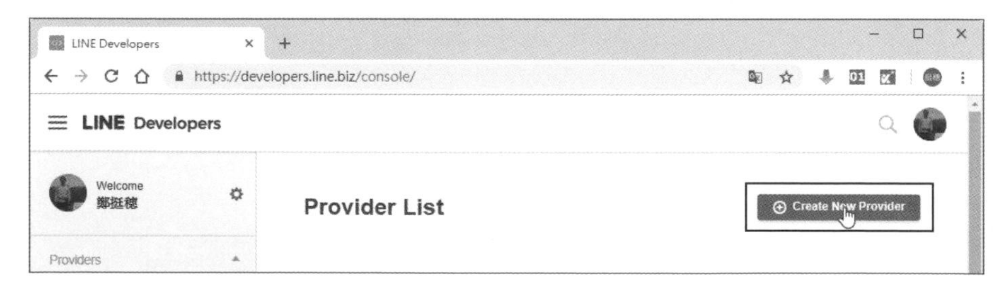

輸入 Provider 名稱後按 **Confirm** 鈕，再按 **Create** 鈕就新增一個 Provider。

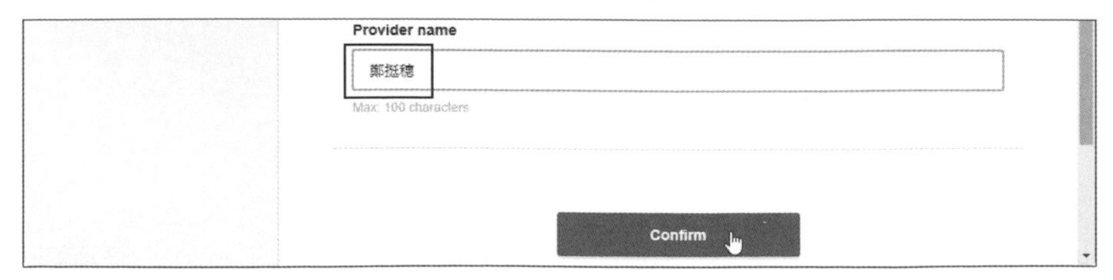

建立 Provider 後，點選 **Messaging API** 下方的 **Create Channel** 鈕建立一個 LINE Bot。

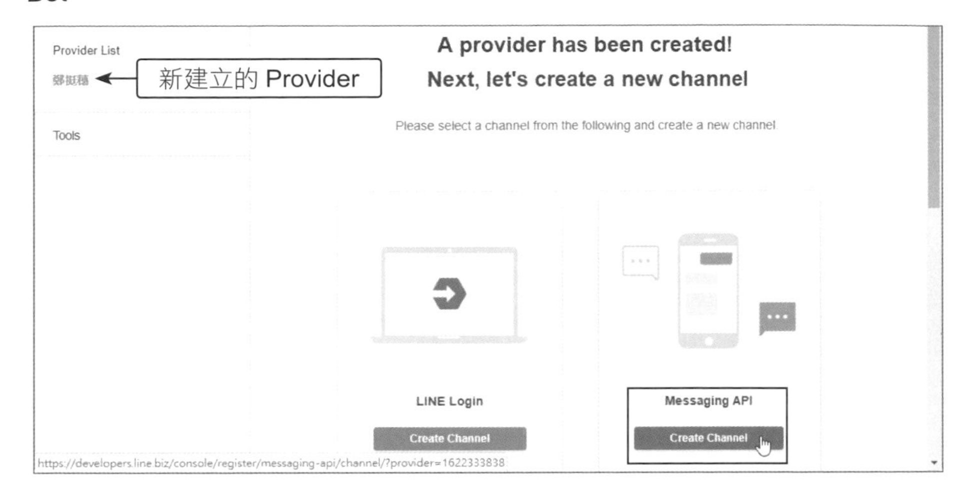

上傳 LINE Bot 圖標：點選 **App Icon** 右方 **Register** 鈕，於 **開啟** 對話方塊中選取圖標檔案，該檔案會上傳，同時 **App Icon** 欄會顯示圖標圖形。

App name 欄輸入 LINE Bot 名稱，此處輸入「ehappyLinebot」，**App description** 欄輸入 LINE Bot 說明。LINE Bot 名稱七天內不能修改。

App name
ehappyLinebot
Max. 20 characters
Note: The app name cannot be changed for seven days
App description
This Linebot tests by ehappy studio
Max. 500 characters

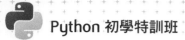

Plan 欄必須核選 **Developer Trial** 才能發送訊息 (這是預設值)，**Category** 及 **Subcategory** 選擇 LINE Bot 類別，填入電子郵件，按 **Confirm** 確認資料都正確。

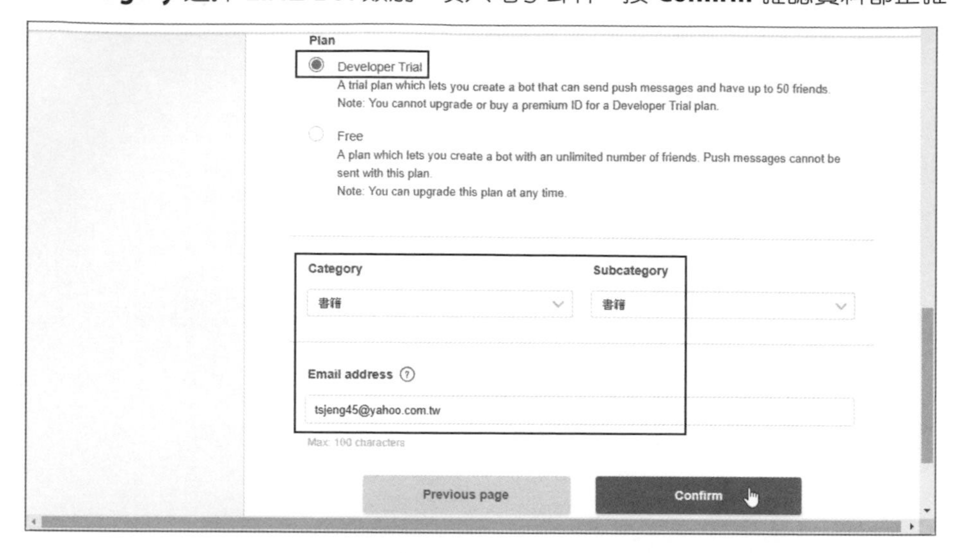

按 **同意** 鈕接受版權宣告，核選 **LINE@ Terms of Use** 及 **Messaging API (Developer Trail plan) Terms of Use**，按 **Create** 鈕建立 LINE Bot 。

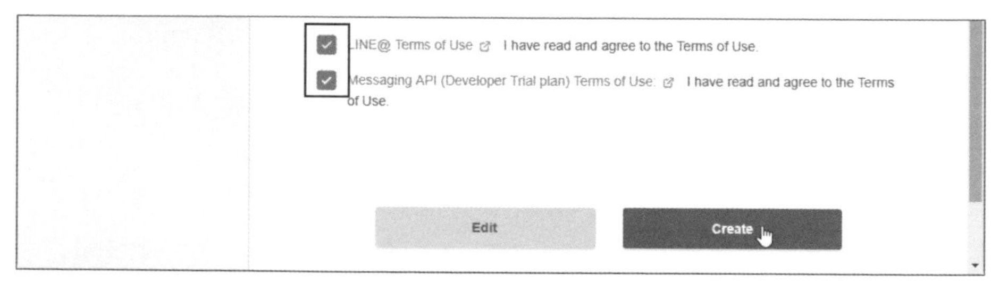

點選新建的 LINE Bot 就進入 LINE Bot 設定頁面。

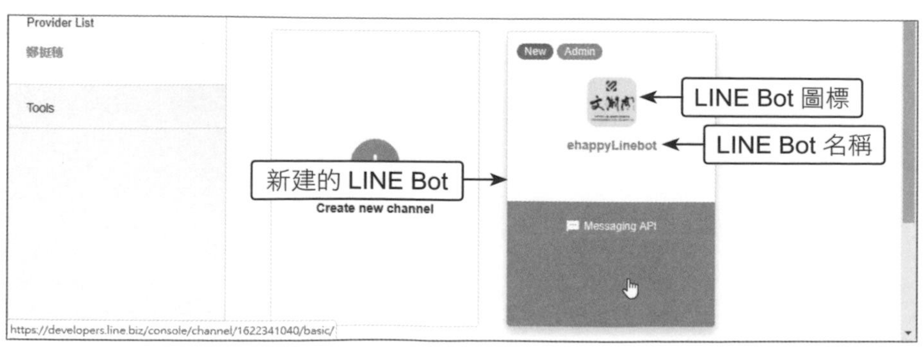

設定頁面的 **Auto-reply messages** 及 **Greeting messages** 欄位預設值都是 **Enabled**，表示 LINE Bot 會自動發送歡迎及回覆訊息。由於這些訊息我們會自行設計，因此要將兩個欄位值都改為 **Disabled**：按 **Auto-reply messages** 欄右方 **Edit** 鈕，核選 **Disabled** 項目後按 **Update** 鈕。**Greeting messages** 欄位也進行相同操作。

10.1.2 加入 LINE Bot 做朋友

在 LINE 開發者頁面建立 LINE Bot 後，使用者就可在 LINE 中將該 LINE Bot 加入朋友清單，開始與 LINE Bot 對話。

使用者以 QR code APP (如 QuickMark) 掃描 LINE Bot 管理頁面 **QR code of your code** 欄位的 QR code。

點選 **加入** 讓 LINE Bot 成為好友，再點選 **聊天** 與 LINE Bot 對話。

對 LINE Bot 發訊息，由於在前一小節中已關閉 LINE Bot 自動回應功能，LINE Bot 不會回應訊息，但可見到訊息「已讀」標識，可見 LINE Bot 已成功讀取我們發送的訊息。回到 LINE 主頁面，LINE Bot 顯示於在好友清單中。

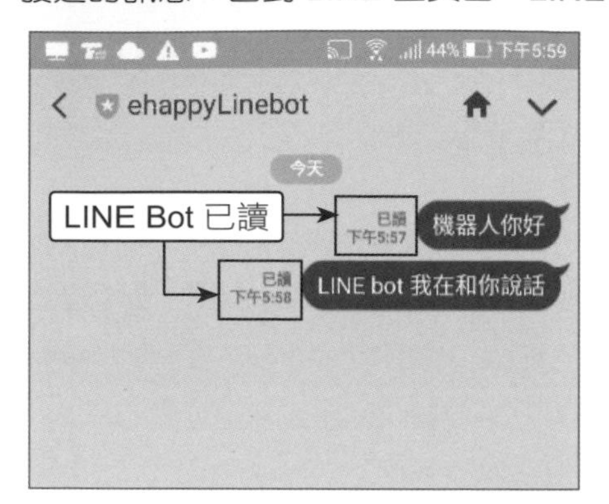

成功建立 LINE Bot 後，接著可以使用 LINE Bot API 撰寫程式來回應使用者訊息，下一小節將建立一個最簡單的「鸚鵡」LINE Bot 。

10.2 「鸚鵡」LINE Bot

LINE Bot 的經典範例是使用者傳送訊息給 LINE Bot，LINE Bot 就回覆相同訊息給使用者，就像鸚鵡學人說話一樣，通常戲稱為「鸚鵡」LINE Bot 。

10.2.1 取得 LINE Bot API 程式所需資訊

使用 LINE Bot API 程式時需要 LINE Bot 的 Channel secret 及 Channel access token 資訊，API 程式才能正常運作。

開啟 LINE Bot 設定頁面，記錄 **Channel secret** 欄位下方的值備用。若這個值不小心被其他人知道，可按右方 **Issue** 鈕產生新的 Channel secret 值。

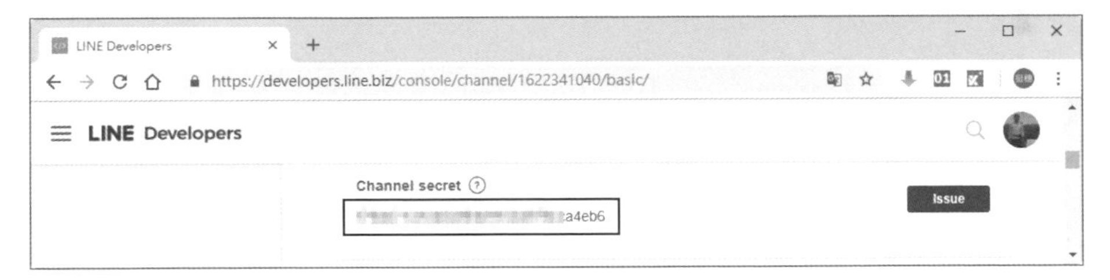

Channel access token 在建立 LINE Bot 時預設不會自動建立，按右方 **Issue** 鈕。

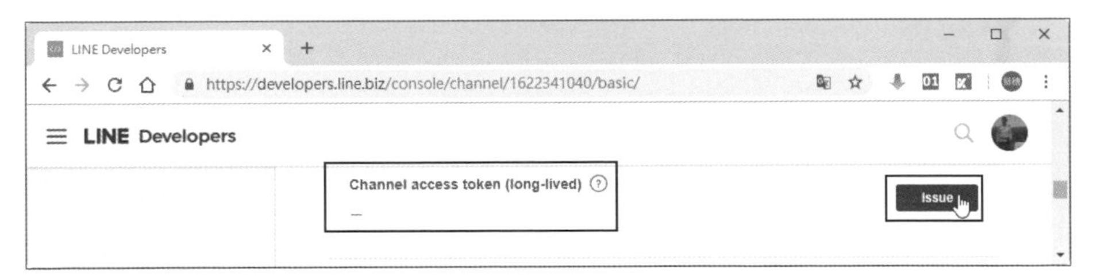

在確認對話方塊按 **Issue** 鈕，記錄產生的 **Channel access token** 值備用。

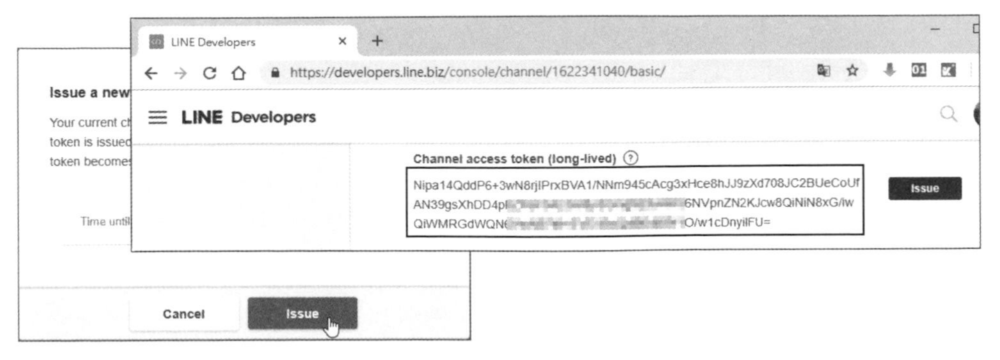

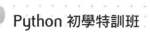

10.2.2 安裝 LINE Bot SDK

要使用 LINE Bot API 讓 LINE Bot 與使用者互動，必須安裝 LINE Bot SDK 才能在程式中加入 LINE Bot API。安裝 LINE Bot API 是在命令視窗執行下列命令：

```
pip install -v line-bot-sdk==1.8.0
```

10.2.3 使用 Django 建立網站

使用 LINE Bot 必須建立網站伺服器，本書網站伺服器使用目前最流行的 Django 模組。

要使用 Django 需先安裝 Django 模組，在命令視窗執行下列命令：

```
pip install -v django==2.0.5
```

> **Django 模組使用方法**
>
> Django 模組的功能非常強大，本小節僅就建立專案基本功能的操作做說明。Django 模組的原理及詳細使用方法請參考 Django 專書，如本工作室出版的「Python架站特訓班：Django 最強實戰」。

建立 Django 專案

建立 Django 專案的方法是先切換到要建立專案的資料夾，執行下列語法：

```
django-admin startproject 專案名稱
```

此處是在 D 磁碟機根目錄建立 ehappylinebot 專案：

C:\WINDOWS\system32\cmd.exe

```
(base) D:\>d:

(base) D:\>django-admin startproject ehappylinebot

(base) D:\>
```

系統會在 D 磁碟機根目錄建立 ehappylinebot 資料夾，同時在 ehappylinebot 資料夾中也建立一個 ehappylinebot 資料夾。

然後切換到專案資料夾建立 Application 應用程式，語法為：

```
python manage.py startapp 應用程式名稱
```

此處在 ehappylinebot 專案中建立 linebotapi 應用程式：

```
C:\WINDOWS\system32\cmd.exe
(base) D:\>cd ehappylinebot

(base) D:\ehappylinebot>python manage.py startapp linebotapi

(base) D:\ehappylinebot>
```

再來建立 templates 資料夾放置網頁顯示的模版 (其實就是 .html 檔)，建立 static 資料夾放置網頁的圖形檔、CSS 或 JavaScript 檔案。

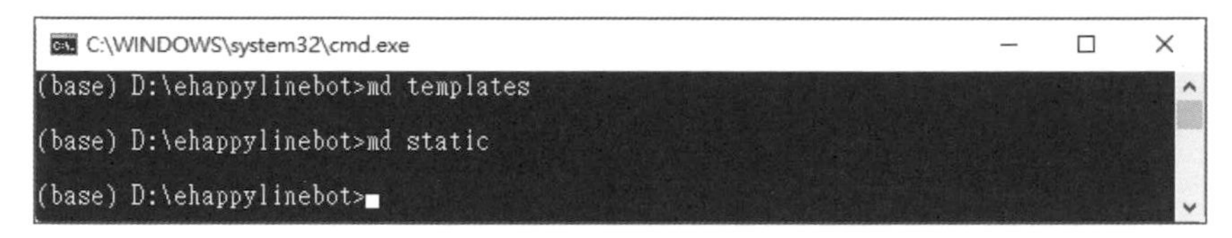
C:\WINDOWS\system32\cmd.exe
(base) D:\ehappylinebot>md templates
(base) D:\ehappylinebot>md static
(base) D:\ehappylinebot>

Django 若要使用資料庫，需利用下列語法將模型同步到資料庫：

```
python manage.py makemigrations
python manage.py migrate
```

雖然本專案並沒有使用到 static 資料夾及資料庫，但建議仍然執行上述步驟，使用 Django 的完整架構。

環境設定

<settings.py> 是整個專案的環境設定檔，新建的專案都必須先作設定，請打開 <d:/ehappylinebot/ehappylinebot/settings.py> 檔案，依下面操作完成設定。

在 24 及 25 列 (SECRET_KEY 的下一列) 加入前一小節記錄的 LINE Bot 的 Channel access token 及 Channel secret 資訊：

```
LINE_CHANNEL_ACCESS_TOKEN = '使用者Channel access token'
LINE_CHANNEL_SECRET = '使用者Channel secret'
```

第 30 列修改為所有外部連結都可以連到本機伺服器：

```
30  ALLOWED_HOSTS = ['*']
```

在 INSTALLED_APPS 中，已有許多預設加入的 app，請將新建的 linebotapi 加入 INSTALLED_APPS 串列中 (第 42 列)。

```
35  INSTALLED_APPS = [
36      'django.contrib.admin',
37      'django.contrib.auth',
38      'django.contrib.contenttypes',
39      'django.contrib.sessions',
40      'django.contrib.messages',
41      'django.contrib.staticfiles',
42      'linebotapi', # 新增的 app
43  ]
```

Django 是使用 MTV 的架構：將顯示的模版放置在 templates 目錄中，因此必須在 TEMPLATES 的 DIRS 中設定其路徑：BASE_DIR 是專案的最上層目錄，本例為 ehappylinebot，所以 TEMPLATES 為專案的最上層目錄下的 templates 目錄，即 ehappylinebot/templates，這個目錄前面已經建立過。(第 60 列)

```
57  TEMPLATES = [
58      {
59          'BACKEND': 'django.template.backends.django.DjangoTemplates',
60          'DIRS': [os.path.join(BASE_DIR, 'templates')], # 加上 templates 路徑
61          'APP_DIRS': True,
.........
```

預設語系為英文語系，請更改為繁體中文語系，台北時區。

```
109  LANGUAGE_CODE = 'zh-Hant'   # 改為繁體中文
110
111  TIME_ZONE = 'Asia/Taipei'   # 改為台北時區
```

static 目錄儲存本機中的圖形檔、CSS 或 JavaScript 檔案，因此必須加入 124~126 列 STATICFILES_DIRS 並設定其路徑。

```
123  STATIC_URL = '/static/'
124  STATICFILES_DIRS = [  # 加入 static 路徑
125     os.path.join(BASE_DIR, 'static'),
126  ]
```

設定 urls.py

Django 的程式架構是採用 urlpattern 網址和函式對照方式，主要有兩個步驟：

1. 設定 <urls.py> 檔 urlpatterns 串列中 url 網址和函式的對照。

2. 在 <views.py> 中撰寫函式。

先設定 <urls.py>：開啟 <d:/ehappylinebot/ehappylinebot/urls.py>，如下修改程式碼。

ch10\ehappylinebot\ehappylinebot\urls.py

```
.........
16 from django.contrib import admin
17 from django.urls import path
18 from django.conf.urls import url
19 from linebotapi import views
20
21 urlpatterns = [
22     url('^callback', views.callback),
23     path('admin/', admin.site.urls),
24 ]
```

程式說明

- 18-19　含入所需的模組
- 22　設定「首頁網址 /callback」就會執行 <views.py> 中 callback 函式。

撰寫 views.py 程式

開啟 <d:/ehappylinebot/linebotapi/views.py>，如下修改程式碼。

ehappylinebot/linebotapi/views.py

```
1 from django.conf import settings
2 from django.http import HttpResponse, HttpResponseBadRequest,
    HttpResponseForbidden
3 from django.views.decorators.csrf import csrf_exempt
4
5 from linebot import LineBotApi, WebhookParser
6 from linebot.exceptions import InvalidSignatureError, LineBotApiError
7 from linebot.models import MessageEvent, TextSendMessage
8
```

```
 9 line_bot_api = LineBotApi(settings.LINE_CHANNEL_ACCESS_TOKEN)
10 parser = WebhookParser(settings.LINE_CHANNEL_SECRET)
11
12
13 @csrf_exempt
14 def callback(request):
15     if request.method == 'POST':
16         signature = request.META['HTTP_X_LINE_SIGNATURE']
17         body = request.body.decode('utf-8')
18
19         try:
20             events = parser.parse(body, signature)
21         except InvalidSignatureError:
22             return HttpResponseForbidden()
23         except LineBotApiError:
24             return HttpResponseBadRequest()
25
26         for event in events:
27             if isinstance(event, MessageEvent):
28                 line_bot_api.reply_message(event.reply_token,
                       TextSendMessage(text=event.message.text))
29
30         return HttpResponse()
31     else:
32         return HttpResponseBadRequest()
```

程式說明

- **9-10** 讀取 <setting.py> 中設定的 Channel secret 及 Channel access token 資訊。
- **14-24** 建立 callback 函式，使用者呼叫「首頁網址 /callback」就會執行此函式。
- **26-28** 如果接到使用者傳送的訊息，就將接到的文字訊息傳回。

14-32 列為處理 LINE Bot 訊息的函式，主要為 26-28 列傳回文字訊息，其餘程式碼套用即可。LINE Bot API 的使用方法將在下一節說明。

10.2.4 使用 ngrok 建立 https 伺服器

LINE Bot 使用 webhook url 做為伺服器連結，webhook url 有兩個需求：

- 必須是一個網址 (不能是 IP 位址)。
- 通訊協定必須是「https」。

ngrok 是一個代理伺服器，可以為本機網頁伺服器建立一個安全的對外通道，不但可以建立 http 伺服器，也可以建立 https 伺服器，完全符合 LINE Bot 伺服器的所有需求。

首先到「http://ngrok.cn/download.html」下載使用者系統的壓縮檔：

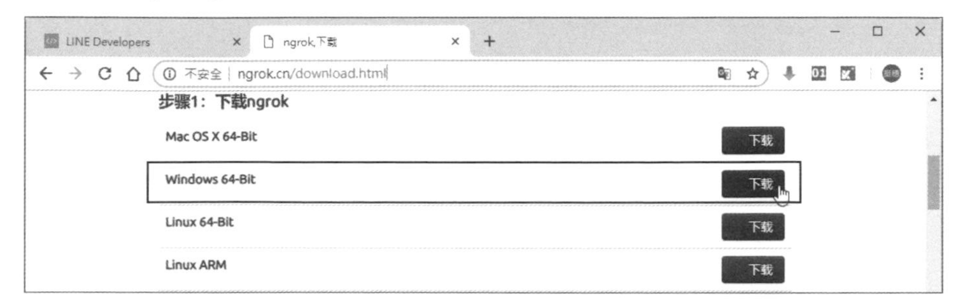

解壓縮下載的 <ngrok-stable-windows-amd64.zip> 會產生 <ngrok.exe> 檔，將 <ngrok.exe> 複製到 Django 專案資料夾 (此處為 <d:/ehappylinebot> 資料夾)。

啟動本機伺服器

在命令視窗切換到 Django 專案資料夾 (<d:/ehappylinebot>)，以「manage.py runserver」即可啟動本機伺服器：

```
python manage.py runserver
```

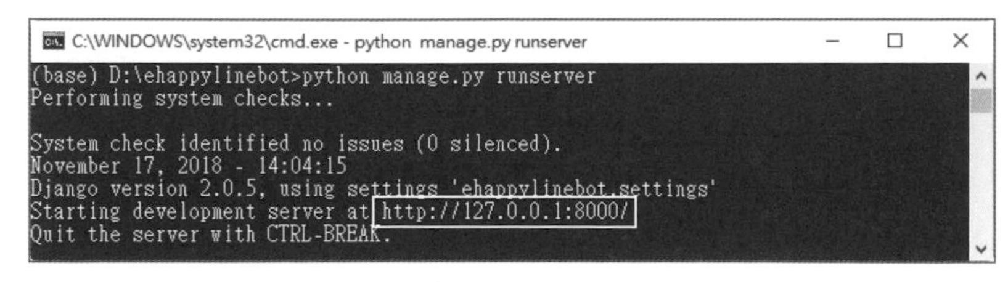

Django 伺服器預設的 PORT 為「8000」。

啟動書附光碟專案

如果要直接使用書附光碟中本章的 <ehappylinebot> 或 <ehappylinebot2> 專案，可將專案資料夾複製到硬碟 (要記得修改 <setting.py> 的 Channel secret 及 Channel access token 資訊)，以複製到 D 磁碟機根目錄為例：

切換到 D 磁碟機根目錄的 <ehappylinebot> 或 <ehappylinebot2> 資料夾，再執行「python manage.py runserver」啟動本機伺服器即可。

啟動 ngrok 伺服器

啟動 ngrok 伺服器的語法為：

```
ngrok http PORT 號碼
```

Django 的本機伺服器 PORT 號碼預設為 8000。

開啟另一個命令視窗 (注意：執行本機伺服器的命令視窗不能關閉)，切換到 Django 專案資料夾 (<d:/ehappylinebot>)，以「ngrok http 8000」啟動 ngrok 伺服器：

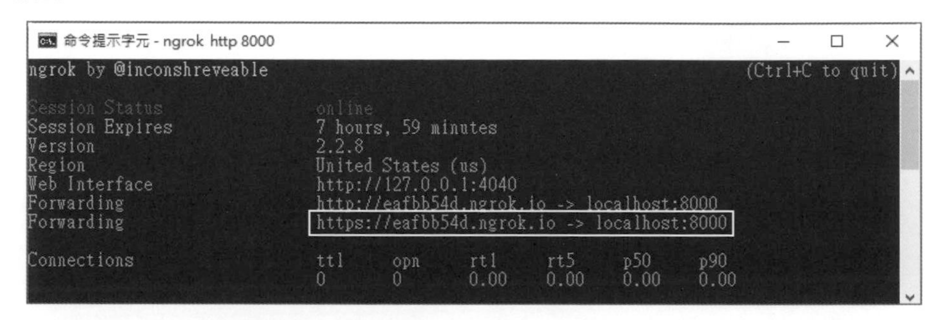

記錄上圖中 https 的網址 (此處為 https://eafbb54d.ngrok.io)。

10.2.5 設定 LINE Bot 的 Webhook URL

建立完成 ngrok 伺服器後，要將 LINE Bot 的 Webhook URL 設為 ngrok 伺服器的 https 伺服器網址，LINE Bot 就能回應使用者訊息了！

開啟 LINE Bot 設定頁面，**Use webhooks** 欄位預設值為 **Disabled**，按右方 **Edit** 鈕更改設定值。

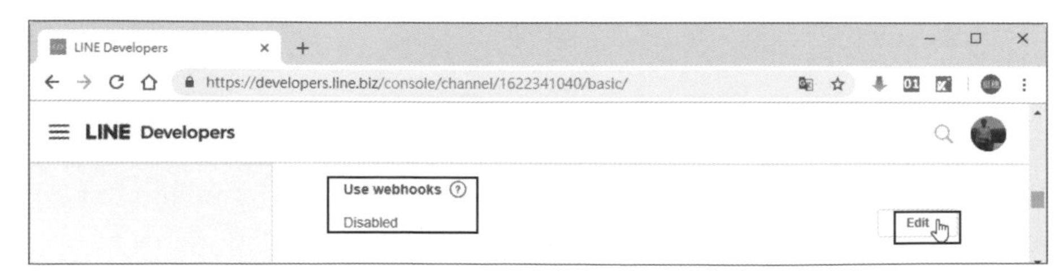

核選 **Enabled** 項目後按 **Update** 鈕。

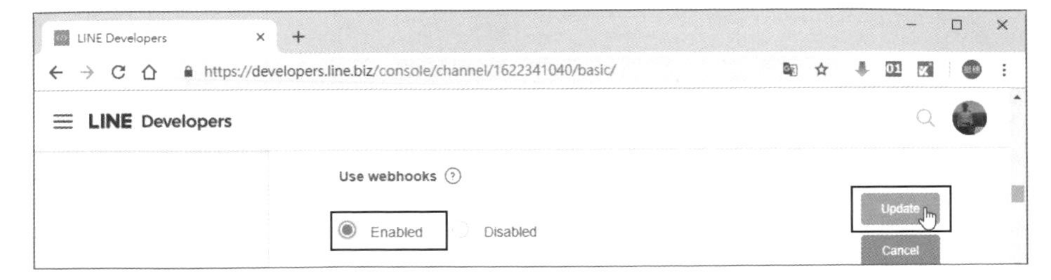

LINE Bot 預設並未設定 **Webhook URL** 值，按右方 **Edit** 鈕更改設定值。

在 **https://** 欄位輸入「ngrok 伺服器 /callback」網址 (此處為 eafbb54d.ngrok.io/callback)，然後 **Update** 鈕更新設定值。

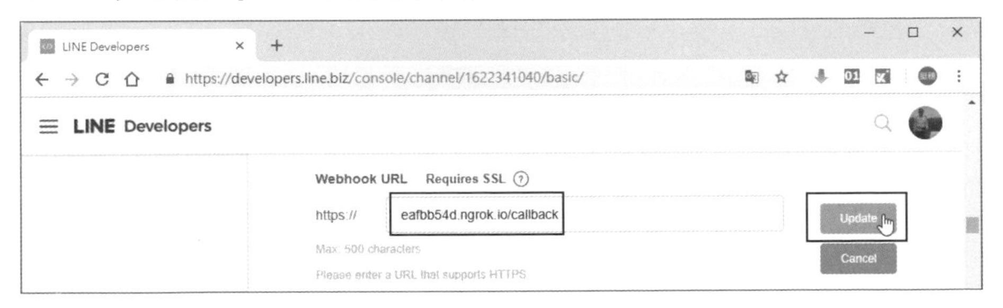

如此就完成建立「鸚鵡」LINE Bot 了！

在 LINE 中輸入訊息，LINE Bot 會回應相同訊息。

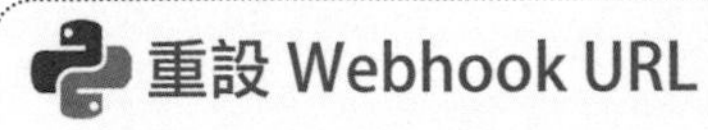

重設 Webhook URL

ngrok 伺服器重新啟動後，其網址就會改變，因此每次重新啟動 **ngrok** 伺服器，就必須到 **LINE Bot** 設定頁面修改 **Webhook URL** 值。

10.3 實戰：圖文式 LINE Bot

2017 年 10 月，LINE Bot 開放了製作圖文選單的功能。 有了這個圖文選單的選項，LINE Bot 就能以點選的方式執行特定的功能。

本專題將示範圖文選單兩個簡單功能：傳送圖片及打電話。

10.3.1 建立圖文選單

為了簡化程式，本專題的圖文選單只有兩個功能：「關於我們」以圖片顯示公司簡介，「聯絡我們」可撥打電話。

在 LINE Bot 管理頁面 **Plan** 欄位按右方 **Change plan**。

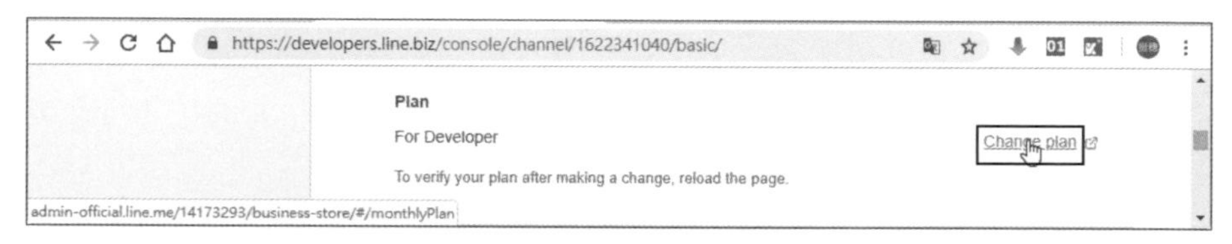

點選左方 **建立圖文影音內容**，再按 **新增** 鈕。

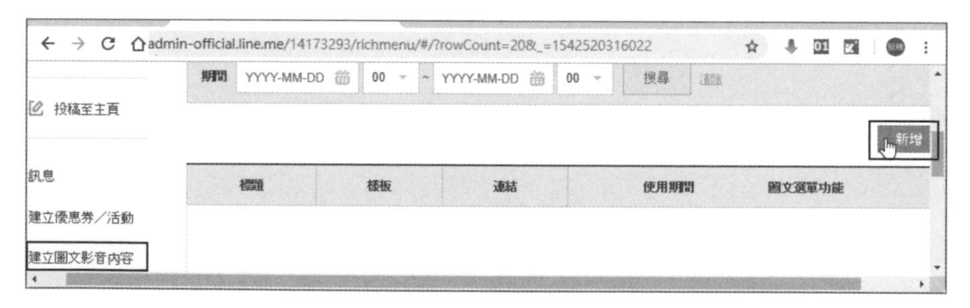

圖文選單功能 欄位核取 **開啟**，**使用時間** 欄位可選擇一段較長的時間，**標題** 欄位輸入「文淵閣工作室」，**圖文選單標題** 欄位核取右方選項，並輸入「文淵閣工作室」。

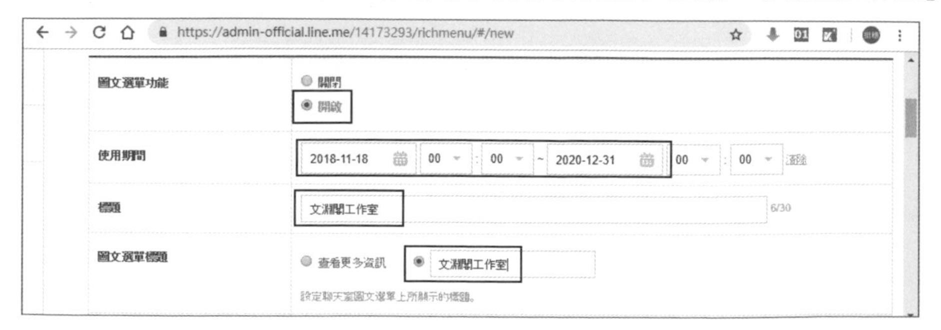

上傳圖文選單圖片：書附光碟 <ch10/media/linebot1.png> 即為本專題圖文選單圖片，大小為 400x270 像素。

於 **樣板尺寸** 欄位點選 **400 x 270** 項目，下方圖形核選 **版型 6**，按 **上傳** 鈕，於 **開啟** 對話方塊選擇書附光碟 <ch10/media/linebot1.png> 檔案。

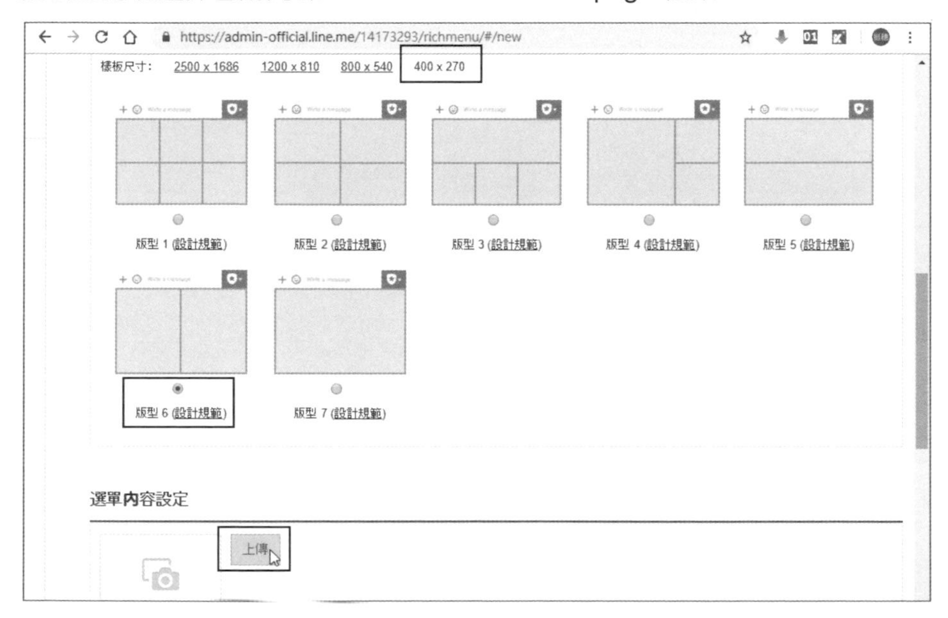

點選左半邊長方形區塊，右方核取 **文字**，輸入「專業寫作團隊」，表示使用者在 LINE 中點選此區塊時，會傳送「專業寫作團隊」訊息。點選右半邊長方形區塊，右方核取 **文字**，輸入「以電話與我們聯絡」。最後按 **儲存** 鈕。

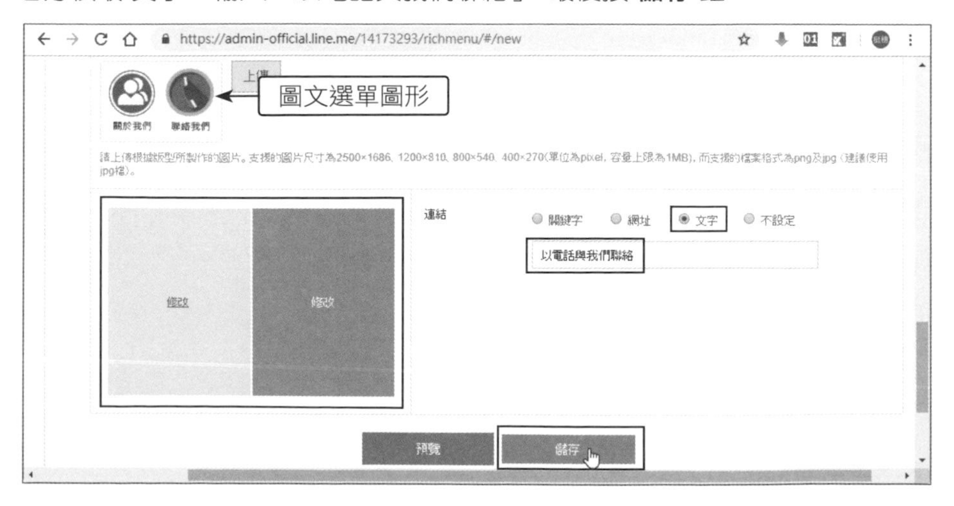

10.3.2 LINE Bot API

LINE Bot API 的功能繁多，此處僅說明本專題使用的功能，LINE Bot API 完整說明請參考「https://github.com/line/line-bot-sdk-python」。

收到訊息

LINE Bot 收到的訊息種類可分為 Text (文字)、Image (圖片)、Video (影片)、Audio (聲音)、File (檔案)、Location (位置) 與 Sticker(貼圖) 等。本專題只處理文字訊息，語法為：

```
1 for event in events:
2     if isinstance(event, MessageEvent):
3         if isinstance(event.message, TextMessage):
4             文字訊息處理程式
```

第 1 列依序處理所有事件，第 2 列檢查是否為訊息事件，第 3 列檢查是否為文字訊息，「TextMessage」表示文字訊息：即只有收到的是文字訊息才處理。

回傳文字或圖片訊息

傳送訊息分為 reply_message (回傳訊息給使用者) 及 push_message (主動推播訊息給特定使用者)。

回傳訊息 (reply_message) 的種類有 Text (文字)、Image (圖片)、Video (影片)、Audio (聲音)、Location (位置)、Sticker(貼圖) 及 Template (樣板) 等。

回傳訊息的語法為：

```
line_bot_api.reply_message(event.reply_token, 訊息種類 )
```

最簡單的回傳訊息是文字 (Text)，文字訊息的語法為：

```
TextSendMessage(text= 文字訊息內容 )
```

例如前一小節中使用的回傳使用者傳送的訊息：

```
TextSendMessage(text=event.message.text)
```

本專題則使用回傳圖片 (Image)，圖片訊息的語法為：

```
ImageSendMessage(original_content_url= 原始圖片 , preview_image_url= 預覽圖片 )
```

傳送的圖片通常會先上傳到雲端，再將圖片網址填入上面語法中。

回傳按鈕樣板訊息

LINE Bot 回傳的樣板訊息有四種：Confirm（確認）、Buttons（按鈕）、Carousel（旋轉）、Image carousel（圖片旋轉）樣板。本專題使用按鈕樣板。

按鈕樣板的語法為：

```
樣板變數 = TemplateSendMessage(
    alt_text='不支援樣板時顯示的文字',
    template=ButtonsTemplate(
        title='標題',
        text='文字內容',
        actions=[
            第一個按鈕
            第二個按鈕
            ......
        ]
    )
)
line_bot_api.reply_message(event.reply_token, messages=[樣板變數])
```

可使用的按鈕種類有四種：message（傳送訊息）、uri（開啟網頁）、postback（傳回訊息但不顯示）及 datetimepicker（選擇日期時間）。

本專題使用 uri 來執行打電話功能（通訊協定設為「tel」即可撥打電話）。uri 按鈕的語法為：

```
URIAction(label='按鈕文字', uri='網址')
```

10.3.3 應用程式總覽

書附光碟 <ehappylinebot2> 專案的製作方式與前一小節 <ehappylinebot> 專案完全相同，只有 <ehappylinebot2\linebot2api\views.py> 中修改為傳送圖片及按鈕樣板的程式碼：

程式碼：ehappylinebot2\linebot2api\views.py

```
.........
26 for event in events:
27   if isinstance(event, MessageEvent):
28     if isinstance(event.message, TextMessage):
29       mtext = event.message.text
30       if mtext == '專業寫作團隊':
```

```
31          picurl = 'https://imgur.com/OQyWDus.jpg'
32          line_bot_api.reply_message(event.reply_token,
              ImageSendMessage(original_content_url=picurl,
              preview_image_url=picurl))
33        if mtext == '以電話與我們聯絡':
34          buttonsMessage = TemplateSendMessage(
35            alt_text='Contact us',
36            template=ButtonsTemplate(
37              title='聯絡我們',
38              text='0912345678',  #執行時改為要播打的電話號碼
39              actions=[
40                URIAction(label='撥打電話', uri='tel:0912345678')
                    #執行時改為要播打的電話號碼
41              ]
42          )
43        )
44        line_bot_api.reply_message(event.reply_token,
            messages=[buttonsMessage])
```

程式說明

- 26　逐一處理所有事件。
- 27　檢查是否為傳送訊息事件。
- 28　檢查是否為傳送文字訊息事件。本專題只處理傳送文字訊息事件。
- 29　取得使用者傳送的訊息。
- 30　如果收到訊息為「專業寫作團隊」，表示使用者按「關於我們」圖示。
- 31　圖片的雲端儲存網址。
- 32　傳送「關於我們」圖片給使用者。
- 33　如果收到訊息為「以電話與我們聯絡」，表示使用者按「聯絡我們」圖示。
- 34-43　建立按鈕樣板。
- 35　設定不支援樣板時顯示的文字內容。
- 37-38　設定樣板顯示的文字內容。
- 39-41　建立按鈕：使用網頁按鈕 (uri)，利用「tel」通訊協定撥打電話。
- 44　傳送按鈕樣板。

如果要直接使用書附光碟 <ehappylinebot2> 專案，可將專案資料夾複製到硬碟，修改 <setting.py> 的 Channel secret 及 Channel access token 資訊，切換到

<ehappylinebot2> 資料夾，執行「python manage.py runserver」啟動本機伺服器。

接著執行「ngrok http 8000」啟動 ngrok 伺服器，在 LINE Bot 設定頁面修改 Webhook URL 值就可與 LINE Bot 對話。

執行結果：

點按 **關於我們** 鈕就會傳送「專業寫作團隊」，LINE Bot 會回傳公司介紹，點選圖形後可放大觀看詳細內容。

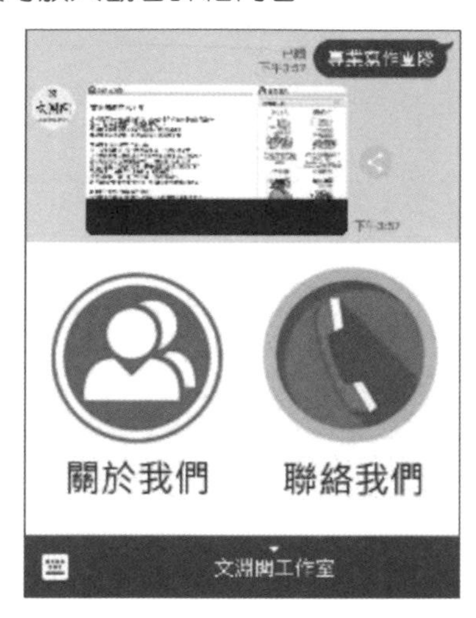

關於文淵閣

文淵閣邁向三十年

常常聽到很多讀者跟我們說：我就是看你們的書
是的！這就是寫書的出發點和原動力，
想讓每個讀者都能看我們的書跟上軟體的腳步
讓軟體不只是軟體，而是提昇個人效率的工具。

文淵閣工作室創立於 1987 年，
第一本電腦叢書「快快樂樂學電腦」於該年底問
工作室的創會成員鄧文淵、李淑玲在學習電腦的
就像每個剛開始接觸電腦的你一樣碰到了很多問
因此決定整合自身的編輯、教學經驗及新生代的
陸續推出「快快樂樂全系列」電腦叢書，
冀望以輕鬆、深入淺出的筆觸、詳細的圖說，
解決電腦學習者的徬徨無助，並搭配相關網站服

隨著時代的進步與讀者的需求，
文淵閣工作室除了原有的 Office、多媒體網頁設
更將著作範圍延伸至各類程式設計、攝影、影像
如果您在閱讀本書時有任何的問題或是許多的心
歡迎光臨文淵閣工作室網站，或者使用電子郵件

點按 **聯絡我們** 鈕就會傳送「以電話與我們聯絡」，LINE Bot 會回傳按鈕樣板，點選 **撥打電話** 就啟動手機電話功能，按 **通話** 鈕就撥出電話。

Memo

實戰：PM2.5 即時監測顯示器

PM2.5 是細懸浮微粒的污染指標，對人體的健康影響很大，因為現代人對於環境空氣品質的注重，讓 PM2.5 的數據受到社會的重視。

行政院環保署環境資源資料開放平台有公佈 PM2.5 資料，而且每小時就更新一次，也成為許多人定時觀看的資訊。

Python 的 Pandas 模組不但可以自動讀取網頁中的表格資料，還可對資料進行修改、排序等處理，也可繪製統計圖表，對於資訊的擷取、整理以及顯示是不可多得的好工具。

本章將撰寫 PM2.5 即時監測顯示器，程式可以直接讀取行政院環保署環境資源資料開放平台的資料，在整理後顯示，讓使用者隨時都可取得最新監測資料。

11.1 Pandas：強大的資料處理模組

要使用 Python 進行資料分析及處理時，最為人稱道的就是 Pandas 模組了！例如要取得網頁中的表格資料，可以使用第 5 章的 Requests 及 Beautifulsoup，只是要進行繁瑣的搜尋及擷取，Pandas 不但可以自動讀取網頁中的表格資料，還可對資料進行修改、排序等處理，也可繪製統計圖表。

Pandas 主要的資料型態有 2 種：Series 是一維資料結構，其用法與串列類似；DataFrame 是二維資料結構，表格即為 DataFrame 的典型結構。本書僅說明 DataFrame 使用方式。

11.1.1 建立 DataFrame 資料

安裝 Anaconda 整合環境時，Pandas 模組已安裝完成，可以直接匯入使用。

使用 Pandas 模組進行資料處理，首先要匯入 Pandas 模組，官網建議在匯入 Pandas 模組時命名為「pd」，語法為：

```
import pandas as pd
```

建立 DataFrame 的語法為：

```
資料變數 = pd.DataFrame( 資料型態 )
```

「資料」可有多種形態：第一種資料型態是以擁有相同數目元素串列的字典建立 DataFrame 資料，例如建立一個 4 位學生，每人有 5 科成績的 DataFrame，資料變數名稱為 df：

```
df = pd.DataFrame( {"林大明":[65,92,78,83,70], "陳聰明":[90,72,76,93,56],\
     "黃美麗":[81,85,91,89,77], "熊小娟":[79,53,47,94,80] } )
```

建立的 DataFrame 如下圖：以字典「鍵」做為行標題，注意其順序會隨機分配，列標題則會自動加入數值做為列標題。(<dataframe1.py>)

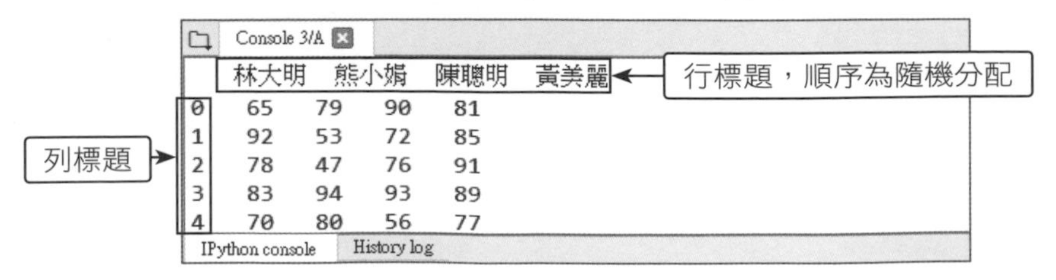

	林大明	熊小娟	陳聰明	黃美麗
0	65	79	90	81
1	92	53	72	85
2	78	47	76	91
3	83	94	93	89
4	70	80	56	77

第二種資料型態是自行指定行及列標題：

```
資料變數 = pd.DataFrame(資料[, columns=行標題串列 , index=列標題串列])
```

例如建立一個 4 位學生，每人有 5 科成績的 DataFrame，資料變數名稱為 df，行標題為科目名稱，列標題為學生姓名：(<dataframe2.py>)

```
datas = [[65,92,78,83,70], [90,72,76,93,56], [81,85,91,89,77], [79,53,47,94,80]]
indexs = ["林大明", "陳聰明", "黃美麗", "熊小娟"]
columns = ["國文", "數學", "英文", "自然", "社會"]
df = pd.DataFrame(datas, columns=columns,  index=indexs)
```

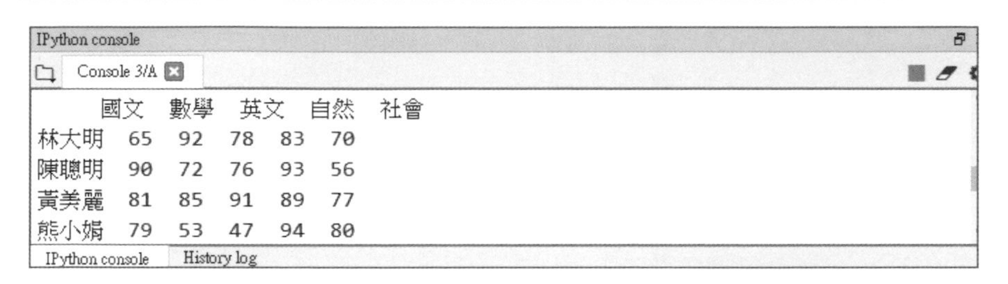

	國文	數學	英文	自然	社會
林大明	65	92	78	83	70
陳聰明	90	72	76	93	56
黃美麗	81	85	91	89	77
熊小娟	79	53	47	94	80

「columns= 行標題串列」及「index= 列標題串列」參數可省略，系統會自動加入數值做為標題。

此種方式會以使用者輸入的資料順序建立 DataFrame ，且具有行、列標題，若無特殊需求，大部分使用者是以此種方式建立 DataFrame。

修改行、列標題

如果建立 DataFrame 時沒有設定行、列標題，或者程式執行過程中需修改行、列標題，例如前面範例中學生更改姓名，可使用修改行、列標題命令修改行、列標題。修改行標題的語法為：

```
df.columns = 行標題串列
```

修改列標題的語法為：

```
df.index = 列標題串列
```

例如前一範例將第 1 位學生姓名改為「林晶輝」(修改列標題)，第 4 個科目名稱改為「理化」(修改行標題)：(<dataframe3.py>，粗體部分為新增程式碼)

```
import pandas as pd
datas = [[65,92,78,83,70], [90,72,76,93,56], [81,85,91,89,77], [79,53,47,94,80]]
indexs = ["林大明", "陳聰明", "黃美麗", "熊小娟"]
```

```
columns = ["國文", "數學", "英文", "自然", "社會"]
df = pd.DataFrame(datas, columns=columns,  index=indexs)
indexs[0] = "林晶輝"
df.index = indexs
columns[3] = "理化"
df.columns = columns
print(df)
```

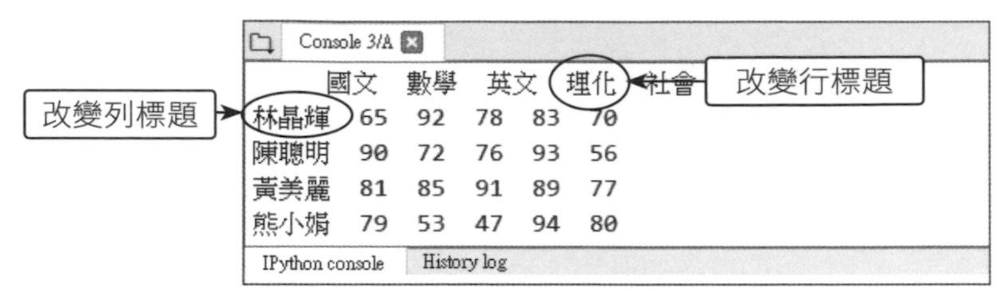

11.1.2 取得 DataFrame 資料

下面結果皆是執行 <dataframe2.py> 建立的 DataFrame 所得的結果。

取得行資料

取得一個行資料的語法為：

```
df[行標題]
```

例如取得所有學生自然科成績：(<datatake1.py>)

```
df["自然"]
```

執行結果：

```
林大明     83
陳聰明     93
黃美麗     89
熊小娟     94
Name: 自然, dtype: int64
```

若要取得 2 個以上行資料則需以 2 個中括號包圍行標題，語法為：

```
df[[行標題1, 行標題2, ……]]
```

例如取得所有學生的國文、數學及自然科成績：

```
df[["國文", "數學", "自然"]]
```

執行結果：

```
       國文  數學  自然
林大明  65    92    83
陳聰明  90    72    93
黃美麗  81    85    89
熊小娟  79    53    94
```

也可以使用行資料進行邏輯運算來取得資料，例如取得數學科成績 80 分以上 (含) 的所有學生成績：

```
df[df.數學 >= 80]
```

執行結果：

```
       國文  數學  英文  自然  社會
林大明  65    92    78    83    70
黃美麗  81    85    91    89    77
```

df.values 取得資料

「df.values」可取得全部資料，是一個二維串列，執行結果為：(<datatake2.py>)

```
[ [65 92 78 83 70]
  [90 72 76 93 56]
  [81 85 91 89 77]
  [79 53 47 94 80] ]
```

取得第 2 位學生陳聰明成績的語法為：

```
df.values[1]
```

執行結果：

```
[90 72 76 93 56]
```

取得第 2 位學生陳聰明的英文成績 (第 3 個科目) 的語法為：

```
df.values[1][2]
```

執行結果為「76」。

df.loc：以行、列標題取得資料

「df.values」必須知道學生及科目的位置才能取得資料，非常麻煩，「df.loc」可直接以行、列標題取得資料，使用較為方便。

使用 df.loc 的語法為：

```
df.loc[ 列標題 , 行標題 ]
```

列標題或行標題若是包含多個項目，是以小括號包含項目，項目之間以逗點分隔，例如「(" 數學 ", " 自然 ")」；若包含所有項目，則以冒號「:」表示。

例如取得學生陳聰明的所有成績：(<datatake3.py>)

```
df.loc[" 陳聰明 ", :]
```

執行結果：

```
國文    90
數學    72
英文    76
自然    93
社會    56
Name: 陳聰明 , dtype: int64
```

此處的「:」可以省略。

取得學生陳聰明的數學科成績：

```
df.loc[" 陳聰明 "][" 數學 "]
```

執行結果為「72」。

取得學生陳聰明、熊小娟的所有成績：

```
df.loc[(" 陳聰明 ", " 熊小娟 "), :]
```

執行結果：

```
       國文  數學  英文  自然  社會
陳聰明  90    72   76    93   56
熊小娟  79    53   47    94   80
```

取得學生陳聰明、熊小娟的數學、自然科成績：

```
df.loc[("陳聰明", "熊小娟"), ("數學", "自然")]
```

執行結果：

	數學	自然
陳聰明	72	93
熊小娟	53	94

取得學生陳聰明到熊小娟的數學科到社會科成績：

```
df.loc["陳聰明":"熊小娟", "數學":"社會"]
```

執行結果：

	數學	英文	自然	社會
陳聰明	72	76	93	56
黃美麗	85	91	89	77
熊小娟	53	47	94	80

取得從頭到黃美麗的學生，他們的數學科到社會科成績：

```
df.loc[:"黃美麗", "數學":"社會"]
```

執行結果：

	數學	英文	自然	社會
林大明	92	78	83	70
陳聰明	72	76	93	56
黃美麗	85	91	89	77

取得從陳聰明到最後的學生，他們的數學科到社會科成績：

```
df.loc["陳聰明":, "數學":"社會"]
```

執行結果：

	數學	英文	自然	社會
陳聰明	72	76	93	56
黃美麗	85	91	89	77
熊小娟	53	47	94	80

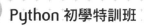

df.iloc：以行、列位置取得資料

「df.iloc」是另一種取得資料的方法：以「df.loc」取資料時，資料的標題常需輸入大量文字，尤其是以中文做為標題時更加耗費時間，「df.iloc」只要以數字就可取得資料，輸入非常方便。

「df.iloc」是以行、列位置取得資料，語法為：

```
df.iloc(列位置, 行位置)
```

「df.iloc」的使用方式與「df.loc」完全相同，只要將「標題」改為「位置」即可。例如取得陳聰明 (第 2 位學生) 的所有成績：(<datatake4.py>)

```
df.iloc[1, :]
```

執行結果：

```
國文    90
數學    72
英文    76
自然    93
社會    56
Name: 陳聰明, dtype: int64
```

取得學生陳聰明的數學科 (第 2 個科目) 成績：

```
df.iloc[1][1]
```

執行結果為「72」。

取得最前或最後數列資料

如果要取得最前面幾列資料，可使用 head 方法，語法為：

```
df.head([n])
```

參數 n 可有可無，表示取得最前面 n 列資料，若省略預設取得 5 筆資料。例如取得最前面 2 個學生成績 (林大明及陳聰明)：(<datatake5.py>)

```
df.head(2)
```

若要取得最後面幾列資料，則使用 tail 方法，語法為：

```
df.tail([n])
```

使用方法與 head 相同。例如取得最後面 2 個學生成績 (黃美麗及熊小娟)：

```
df.tail(2)
```

11.1.3 修改及排序 DataFrame 資料

下面結果皆是執行 <dataframe2.py> 建立的 DataFrame 所得的結果。

修改 DataFrame 資料

要修改 DataFrame 的資料非常簡單，只要於前一節中取得的資料項目設定指定值即可。例如修改陳聰明的數學成績為 91：(<datamodify1.py>)

```
df.loc["陳聰明"]["數學"] = 91
```

或修改陳聰明的所有成績皆為 80：

```
df.loc["陳聰明", :] = 80
```

排序 DataFrame 資料

Pandas 提供 2 種方法對 DataFrame 資料排序。第 1 種是根據資料數值排序，語法為：

```
資料變數 = df.sort_values(by=行標題 [, ascending=布林值 ])
```

- **行標題**：做為排序值的行標題。
- **布林值**：可省略，True 表示遞增排序 (預設值)，False 表示遞減排序。

例如以數學成績做遞減排序，並將結果存於 df1 中：(<datasort1.py>)

```
df1 = df.sort_values(by="數學", ascending=False)
```

執行結果：

	國文	數學	英文	自然	社會
林大明	65	92	78	83	70
黃美麗	81	85	91	89	77
陳聰明	90	72	76	93	56
熊小娟	79	53	47	94	80

由大到小排序

第 2 種是根據行、列標題排序，語法為：

```
資料變數 = df.sort_index(axis=行列數值 [, ascending=布林值 ])
```

■ **行列數值**：0 表示依列標題排序，1 表示依行標題排序。

例如按照列標題遞增排序，並將結果存於 df2 中：

```
df2 = df.sort_index(axis=0)
```

根據實測結果，依行、列標題排序對中文的效果不佳。

11.1.4 刪除 DataFrame 資料

下面結果皆是執行 <dataframe2.py> 建立的 DataFrame 所得的結果。

Pandas 使用 drop 刪除 DataFrame 資料，語法為：

```
資料變數 = df.drop(行標題或列標題 [, axis=行列數值 ])
```

■ **行列數值**：0 表示依列標題排序 (預設值)，1 表示依行標題排序。

例如刪除陳聰明 (列標題) 的成績：(<datadrop1.py>)

```
df1 = df.drop("陳聰明")   #axis 參數可省略
```

執行結果：

	國文	數學	英文	自然	社會
林大明	65	92	78	83	70
黃美麗	81	85	91	89	77
熊小娟	79	53	47	94	80

刪除數學科 (行標題) 成績：

```
df2 = df.drop("數學", axis=1)
```

若刪除的行或列超過 1 個，需以串列做為參數，例如刪除數學科及自然科成績：

```
df3 = df.drop(["數學", "自然"], axis=1)
```

如果刪除的行或列項目很多且連續，可使用刪除「範圍」方式處理。刪除連續列的語法為：

```
資料變數 = df.drop(df.index[開始數值:結束數值][, axis=行列數值 ])
```

執行結果會刪除「開始數值」到「結束數值 - 1」列，例如刪除第 2 列到第 4 列 (陳聰明、黃美麗、熊小娟) 成績：

```
df4 = df.drop(df.index[1:4])
```

執行結果：

```
        國文  數學  英文  自然  社會
林大明   65    92    78    83    70
```

刪除連續行的語法為：

```
資料變數 = df.drop(df.columns[ 開始數值 : 結束數值 ][, axis= 行列數值 ])
```

例如刪除第 2 行到第 4 行 (數學、英文、自然) 成績：

```
df5 = df.drop(df.columns[1:4], axis=1)
```

11.1.5 匯入資料

自行製作 Pandas 的 DataFrame 資料是件非常繁瑣的工作，通常是將資料存於統計軟體 Excel 或資料庫中，再將資料匯入 Pandas。另一種情況是擷取網頁中成千上萬的表格資料，匯入 Pandas 成為 DataFrame。

Pandas 常用的匯入資料方法有：

方法	說明
read_csv	匯入表格式文字資料 (*.csv)
read_excel	匯入 Microsoft Excel 資料 (*.xlsx)
read_sql	匯入 SQLite 資料庫資料 (*.sqlite)
read_json	匯入 Json 格式文字資料 (*.json)
read_html	匯入網頁中表格資料 (*.html)

此處示範以 read_html 方法擷取網頁表格資料。

Pandas 的 read_html 方法會使用 html5lib 模組，在 AnaConda Prompt 中以下列命令安裝：

```
conda install html5lib
```

以「原物料商品行情」網頁 (http://www.stockq.org/market/commodity.php) 做為說明：

只要 2 列程式碼就能擷取網頁中所有表格資料，簡單吧！

```
import pandas as pd
tables = pd.read_html("http://www.stockq.org/market/commodity.php")
```

read_html 方法傳回 DataFrame 串列，每一個元素是網頁中一個表格。網頁中表格很多，如何得知哪一個表格是我們要擷取的呢？手動方式是在網頁原始檔中以「<table」搜尋，查看第幾個表格是要擷取的表格。手動方式既麻煩又不精確，下面程式可顯示所有表格前 5 筆資料：

程式碼：ch11\readhtml1.py

```
1 import pandas as pd
2 tables = pd.read_html("http://www.stockq.org/market/commodity.php")
3 n = 1
4 for table in tables:
5     print(" 第 " + str(n) + " 個表格：")
6     print(table.head())
7     print()
8     n += 1
```

執行結果：

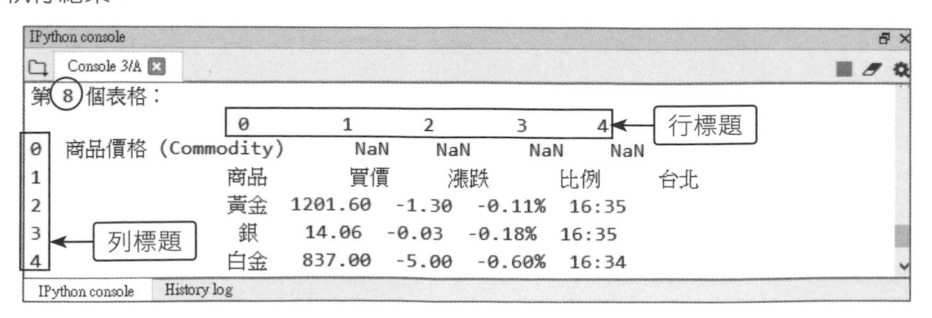

將執行結果向下捲，可看到要擷取的表格是第 8 個表格，系統自動以數值編號做為行、列標題，資料的第 1 列沒有用，第 2 列為表格列標題文字。

了解擷取表格架構後，就可擷取表格並將資料整理成理想格式了！

範例：擷取網頁原物料商品行情表格資料

以 read_html 方法擷取網頁原物料商品行情表格資料，並移除前 2 列資料，然後重新設定行、列標題。

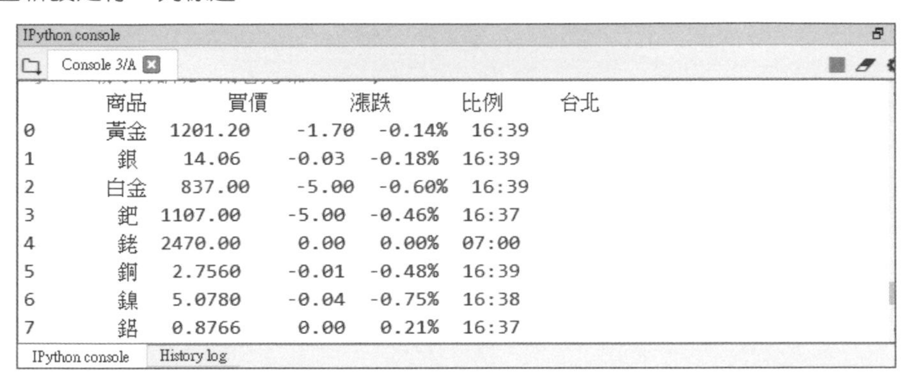

IPython console

Console 3/A

	商品	買價	漲跌	比例	台北
0	黃金	1201.20	-1.70	-0.14%	16:39
1	銀	14.06	-0.03	-0.18%	16:39
2	白金	837.00	-5.00	-0.60%	16:39
3	鈀	1107.00	-5.00	-0.46%	16:37
4	銠	2470.00	0.00	0.00%	07:00
5	銅	2.7560	-0.01	-0.48%	16:39
6	鎳	5.0780	-0.04	-0.75%	16:38
7	鋁	0.8766	0.00	0.21%	16:37

IPython console History log

程式碼：ch11\table.py

```
1 import pandas as pd
2 tables = pd.read_html("http://www.stockq.org/market/commodity.php")
3 table = tables[7]
4 table = table.drop(table.index[[0,1]])
5 table.columns = ["商品", "買價", "漲跌", "比例", "台北"]
6 table.index = range(len(table.index))
7 print(table)
```

程式說明

- 2　以 read_html 方法擷取網頁表格資料，tables 是 DataFrame 串列，每一個元素是一個表格資料。
- 3　原物料商品行情資料位於第 8 個表格，故以「tables[7]」取得 (串列索引為從 0 開始計數)。
- 4　移除前 2 列資料。
- 5　設定行標題。
- 6　移除前 2 列資料後，列標題變成從「2」開始，因此重設列標題為從 0 開始編號。

11.1.6 繪製線形圖

表格資料常有繪製成統計圖的需求，使用者觀看統計圖就能對資料意義一目了然。

Pandas 提供繪製線形圖功能，語法為：

```
df.plot()
```

範例：繪製學生成績線形圖

以 DataFrame 資料繪製線形統計圖。

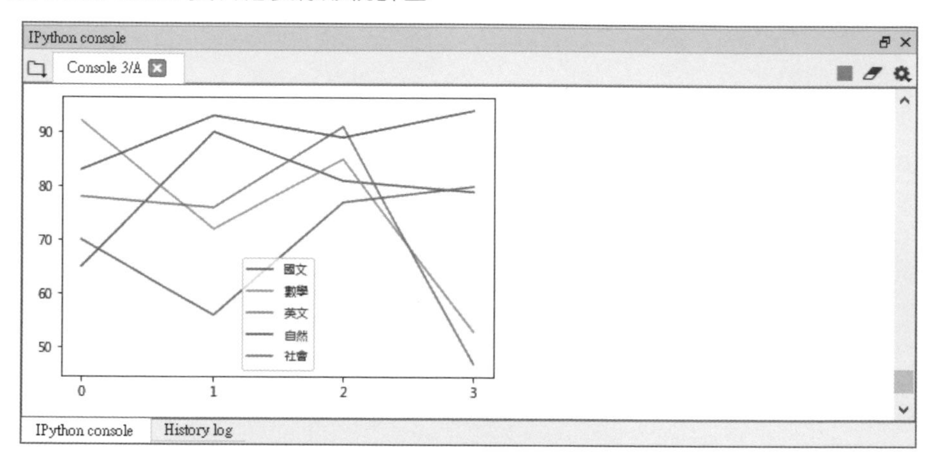

程式碼：ch11\dataplot1.py

```
1 import pandas as pd
2 datas = [[65,92,78,83,70], [90,72,76,93,56],
      [81,85,91,89,77], [79,53,47,94,80]]
3 columns = ["國文", "數學", "英文", "自然", "社會"]
4 df = pd.DataFrame(datas, columns=columns)
5 df.plot(xticks=range(0,4))
```

如果圖形無法顯示中文，請參閱 7.1.3 節修改為中文字型。

11.2 實戰：PM2.5 即時監測顯示器

PM2.5 是細懸浮微粒的污染指標，對人體的健康影響很大，行政院環保署環境資源資料開放平台有公佈 PM2.5 資料，而且每小時就更新一次。

第六章曾經下載 PM2.5 資料檔案，本章將撰寫即時監測 PM2.5 資料的應用程式，直接使用開放平台資料，隨時都可取得最新監測資料。

11.2.1 應用程式總覽

執行程式會自動選取第 1 筆資料的縣市及測站，下方則顯示該測站目前 PM2.5 的數值及污染等級。有時會有某些測站沒有資料，若無資料時程式會在訊息中告知使用者。可點選其他縣市，例如點選高雄市。(<tkpm25csv.py)

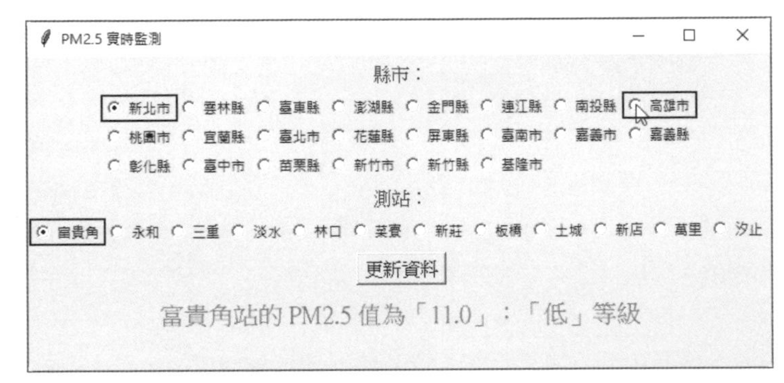

點選縣市後，下方測站會顯示該縣市所有測站，預設選取第 1 個測站並顯示該測 PM2.5 訊息。可點選其他測站，例如點選楠梓站。

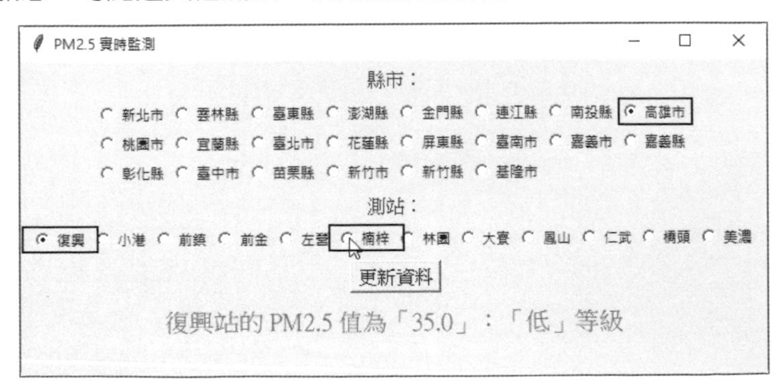

點選測站後，下方會顯示該測 PM2.5 訊息。 使用者任何時間皆可按 **更新資料** 鈕，程式會重新讀取環保署資料更新 PM2.5 訊息。

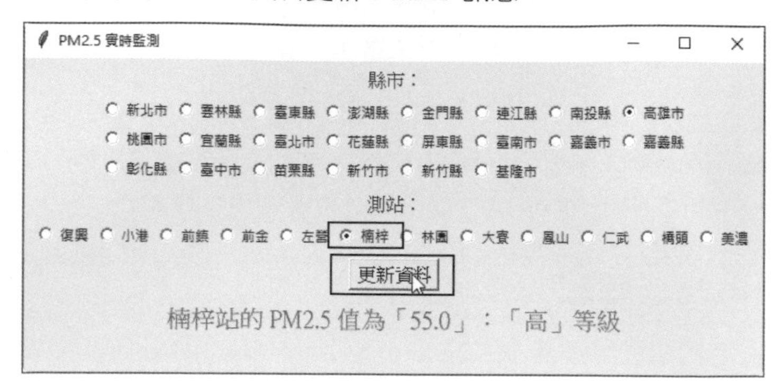

11.2.2 PM2.5 開放資料結構

環保署 PM2.5 開放資料網址為「https://data.gov.tw/dataset/34827」，網站提供 JSON、XML 及 CSV 三種資料格式，本應用程式使用 CSV 格式。將滑鼠移到 **CSV** 處停留片刻，左下角會顯示 CSV 資料網址，也可在 **CSV** 鈕按滑鼠右鍵，於快顯功能表點選 **複製連結網址** 就可將網址存於剪貼簿，稍後要以此網址讀取 CSV 資料。

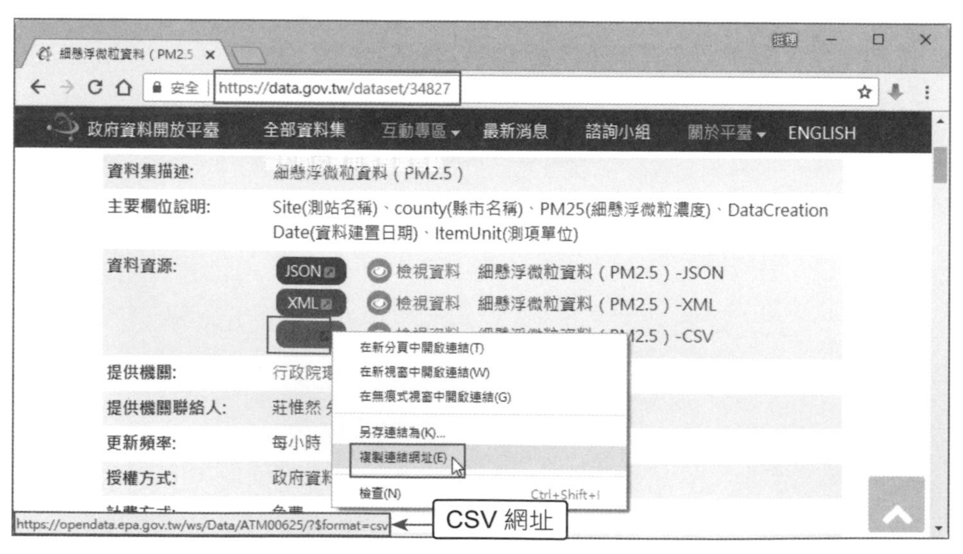

CSV 結構資料如下：本應用程式會使用 Site（測站）、county（縣市）及 PM25 三個欄位。

	A	B	C	D	E	F	G	H
1	Site	county	PM25	DataCreationDate	ItemUnit			
2	麥寮	雲林縣	10	2018/8/21 15:00	μ g/m3			
3	關山	臺東縣	9	2018/8/21 15:00	μ g/m3			
4	馬公	澎湖縣	13	2018/8/21 15:00	μ g/m3			
5	金門	金門縣	8	2018/8/21 15:00	μ g/m3			
6	馬祖	連江縣	7	2018/8/21 15:00	μ g/m3			
7	埔里	南投縣	10	2018/8/21 15:00	μ g/m3			
8	復興	高雄市	5	2018/8/21 15:00	μ g/m3			
9	永和	新北市	19	2018/8/21 15:00	μ g/m3			
10	竹山	南投縣	7	2018/8/21 15:00	μ g/m3			

使用 Pandas 的 read_csv 方法可匯入 CSV 資料，程式碼為：(<readcsv1.py>)

```
import pandas as pd
data = pd.read_csv("https://opendata.epa.gov.tw/ws/Data/
   ATM00625/?$format=csv")
print(data)
```

執行結果為 CSV 資料第 1 列成為行標題，列標題則為自行產生的遞增數值。

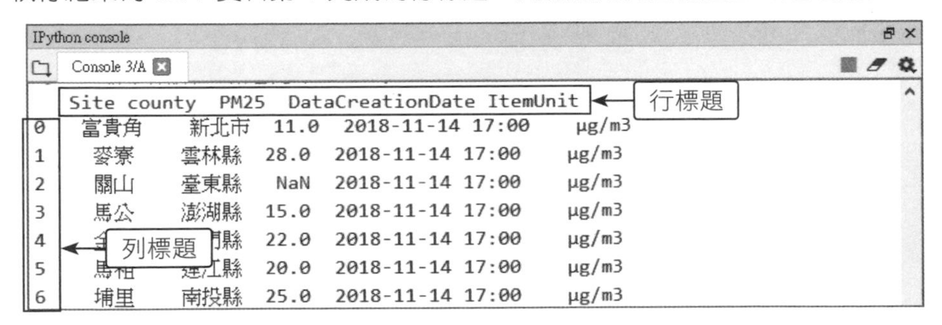

11.2.3 介面配置

本應用程式使用 Tkinter 模組設計介面：

程式碼：ch11\tkpm25csv.py

```
......
48 import tkinter as tk
49 import pandas as pd
50
51 data = pd.read_json("https://opendata.epa.gov.tw/ws/Data/
      ATM00625/?$format=csv")
52
53 win=tk.Tk()
```

```
54 win.geometry("640x270")
55 win.title("PM2.5 實時監測 ")
56
57 city = tk.StringVar()  # 縣市文字變數
58 site = tk.StringVar()  # 測站文字變數
59 result1 = tk.StringVar()  # 訊息文字變數
60 citylist = []  # 縣市串列
61 sitelist = []  # 鄉鎮串列
62 listradio = []  # 鄉鎮選項按鈕串列
63
64 # 建立縣市串列
65 for c1 in data["county"]:
66     if(c1 not in citylist):  # 如果串列中無該縣市就將其加入
67         citylist.append(c1)
68 # 建立第 1 個縣市的測站串列
69 count = 0
70 for c1 in data["county"]:
71     if(c1 ==  citylist[0]):  # 是第 1 個縣市的測站
72         sitelist.append(data.iloc[count, 0])
73     count += 1
74
75 label1 = tk.Label(win, text=" 縣市：", pady=6, fg="blue",
       font=(" 新細明體 ", 12))
76 label1.pack()
77 frame1 = tk.Frame(win)  # 縣市容器
78 frame1.pack()
79 for i in range(0,3):  #3 列選項按鈕
80     for j in range(0,8):  # 每列 8 個選項按鈕
81         n = i * 8 + j  # 第 n 個選項按鈕
82         if(n < len(citylist)):
83             city1 = citylist[n]  # 取得縣市名稱
84             rbtem = tk.Radiobutton(frame1, text=city1,
                   variable=city, value=city1, command=rbCity)
85             rbtem.grid(row=i, column=j)  # 設定選項按鈕位置
86             if(n==0):  # 選取第 1 個縣市
87                 rbtem.select()
88
89 label2 = tk.Label(win, text=" 測站：", pady=6, fg="blue",
       font=(" 新細明體 ", 12))
90 label2.pack()
91 frame2 = tk.Frame(win)  # 測站容器
92 frame2.pack()
93 sitemake()
```

```
94
95 btnDown = tk.Button(win, text="更新資料", font=("新細明體",
     12), command=clickRefresh)
96 btnDown.pack(pady=6)
97 lblResult1 = tk.Label(win, textvariable=result1, fg="red",
     font=("新細明體", 16))
98 lblResult1.pack(pady=6)
99 rbSite()  #顯示測站訊息
100
101 win.mainloop()
```

程式說明

- **57-59** city 存選取的縣市選項按鈕值，site 存選取的測站選項按鈕值，result1 存 PM2.5 訊息值。
- **60-62** citylist 串列儲存所有縣市名稱，sitelist 串列儲存選取縣市的測站名稱，listradio 串列儲存測站選項按鈕：當點選縣市後，必須移除測站選項按鈕，所以將所有選項按鈕存於串列，才能用迴圈移除。
- **65-67** 建立所有縣市串列：檢查每一筆資料「縣市」欄位，如果串列中沒有該縣市就將其加入串列中。
- **69 及 73** 列標題是由 0 開始遞增的數值，count 是計數器，每次迴圈遞增 1，所以 count 即為列標題。
- **70-72** 建立選取縣市的測站串列：檢查每一筆資料「縣市」欄位，如果與選取縣市相同就取得該筆資料的「測站」欄位值加入串列中。
- **77-78** 建立 frame1 視窗區塊。
- **79-87** 建立縣市選項按鈕。
- **79-80** 縣市有 22 個，所以分 3 列、每列顯示 8 個選項按鈕。
- **81** 由行、列數計算目前選項按鈕數目。
- **82** 因最後一列可能不足 8 個，所以要檢查按鈕數量，若全部縣市都建立完畢就不再建立選項按鈕。
- **83-85** 在 frame1 中建立選項按鈕，並安排在指定位置。
- **86-87** 設定第 1 個縣市為選取狀態。
- **91-93** 建立空的 frame2 視窗區塊放置測站選項按鈕，此區塊中的元件是在 41-42 列由程式動態產生。
- **95-96** 建立 **更新資料** 按鈕。
- **97-99** 建立顯示 PM2.5 訊息的標籤元件，開始執行時由 99 列顯示第 1 筆資料的測站 PM2.5 訊息。

11.2.4 事件處理及函式

使用者點選縣市選項按鈕後處理函式：取得點選縣市的測站資料重建測站選項按鈕，並顯示第 1 個測站 PM2.5 訊息。

程式碼：ch11\tkpm25csv.py （續）

```
 1 def rbCity():  # 點選縣市選項按鈕後處理函式
 2     global sitelist, listradio
 3     sitelist.clear()  # 清除原有測站串列
 4     for r in listradio:  # 移除原有測站選項按鈕
 5         r.destroy()
 6     n=0
 7     for c1 in data["County"]:  # 逐一取出選取縣市的測站
 8         if(c1 == city.get()):
 9             sitelist.append(data.iloc[n, 0])
10         n += 1
11     sitemake()  # 建立測站選項按鈕
12     rbSite()  # 顯示 PM2.5 訊息
```

程式說明

- 3-5　清除原有測站串列資料並移除測站選項按鈕。
- 6 及 10　列標題是由 0 開始遞增的數值，利用變數 n 遞增取得列標題。
- 7-9　建立選取縣市的測站串列：檢查每一筆資料「縣市」欄位，如果與選取縣市相同就取得該筆資料的「測站」欄位值加入串列中。
- 11-12　建立測站選項按鈕及顯示測站 PM2.5 訊息。

使用者點選測站選項按鈕後處理函式：顯示點選測站的 PM2.5 訊息。

程式碼：ch11\tkpm25csv.py （續）

```
14 def rbSite():  # 點選測站選項按鈕後處理函式
15     n = 0
16     for s in data.iloc[:, 0]:  # 逐一取得測站
17         if(s == site.get()):  # 取得點選的測站
18             pm = data.iloc[n, 2]  # 取得 PM2.5 的值
19             if(pm=='' or pm=='ND'):  # 如果沒有資料
20                 result1.set(s + "站的 PM2.5 值目前無資料！")
21             else:  # 如果有資料
22                 if(int(pm) <= 35):  # 轉換為等級
23                     grade1 = "低"
24                 elif(int(pm) <= 53):
```

```
25                          grade1 = "中"
26                      elif(int(pm) <= 70):
27                          grade1 = "高"
28                      else:
29                          grade1 = "非常高"
30                      result1.set(s + "站的 PM2.5 值為「" + str(pm) +
                            "」:「" + grade1 + "」等級")
31                  break  #找到點選測站就離開迴圈
32              n += 1
```

程式說明

- 15 及 32　以變數 n 遞增做為列標題。
- 16-17　逐一檢查資料「測站」欄位以取得點選的測站。
- 18　以「PM2.5」欄位取得點選測站的 PM2.5 數值。
- 19-20　根據實測，環保署資料常會有許多項目沒有資料，Pandas 的 isnull 方法可檢查 DataFrame 項目是否有資料：此處若該測站無 PM2.5 資料則顯示訊息告知使用者。
- 21-30　若該測站有 PM2.5 資料則將數值轉換為等級並顯示訊息。
- 31　因點選測站只有一個，故找到點選測站後就以 break 離開迴圈。

clickRefresh 為使用者按 **更新資料** 後處理函式：重新讀取環保署網頁資料後更新測站資料。

sitemake 為建立測站選項按鈕函式：逐一以測站串列建立選項按鈕。

程式碼：ch11\tkpm25csv.py （續）

```
34 def clickRefresh():  #重新讀取資料
35     global data
36     data = pd.read_json("https://opendata.epa.gov.tw/ws/Data/
         ATM00625/?$format=csv")
37     rbSite()  #更新測站資料
38
39 def sitemake():  #建立測站選項按鈕
40     global sitelist, listradio
41     for c1 in sitelist:  #逐一建立選項按鈕
42         rbtem = tk.Radiobutton(frame2, text=c1, variable=site,
               value=c1, command=rbSite)  #建立選項按鈕
43         listradio.append(rbtem)  #加入選項按鈕串列
44         if(c1==sitelist[0]):  #預設選取第 1 個項目
45             rbtem.select()
46         rbtem.pack(side="left")  #靠左排列
```

程式說明

- 36　重新匯入資料。
- 37　更新測站資料。
- 41-46　逐一以測站串列的元素建立選項按鈕。
- 42　建立選項按鈕。
- 43　將測站選項按鈕加入串列，第 4-5 列程式才能依此串列移除測站選項按鈕。
- 44-45　選取第 1 個測站選項按鈕。
- 46　此處必須「side="left"」設定靠左排列，所有選項按鈕才會依序由左至右排列，若未設此參數，選項按鈕會由上到下排列。

實戰：臉部辨識及驗證碼圖片破解

OpenCV 是一個開放原始碼、跨平台的電腦視覺程式庫，可以在商業和研究領域中免費使用，目前已應用於人機互動、臉部識別、動作識別、運動跟蹤等不同領域。

要進行特定圖像辨識最重要的是要有辨識對象特徵檔，OpenCV 已內建臉部辨識特徵檔，只要使用 OpenCV 的 CascadeClassifier 類別即可辨識臉部。

在許多網站都會利用圖形驗證碼來阻擋網站上不當或惡意的訪問動作，如果要進行驗證碼圖片破解，要將圖形驗證碼轉換為文字。

Python 可以透過圖形處理模組將大部分圖片背景去除，再以 Tesseract 模組以 OCR 功能讀取圖片文字進行破解。

12.1 OpenCV：臉部辨識應用

目前影像辨識的技術已臻成熟，並且深入應用在我們的生活之中，如指紋辨識、瞳孔辨識或車牌辨識 ... 等，而臉部辨識更是熱門的應用技術。Python 可以使用 OpenCV 模組進行臉部辨識的動作，讓您的專題應用更寬廣。

12.1.1 以 OpenCV 讀取及顯示圖形

OpenCV (Open Source Computer Vision Library)，是一個跨平台的電腦視覺程式庫。OpenCV 是由英特爾公司發起並參與開發，可以在商業和研究領域中免費使用。OpenCV 可用於開發實時的影像處理及電腦視覺程式，目前已應用於人機互動、臉部識別、動作識別、運動跟蹤等領域。

首先安裝 OpenCV：在 Anaconda Prompt 視窗中執行以下命令即可安裝完成：

```
pip install -v opencv-python==3.4.3.18
```

要在程式中使用 OpenCV 程式庫，首先要匯入 OpenCV，語法為：

```
import cv2
```

接著建立一個視窗來顯示影像，語法為：

```
cv2.namedWindow(視窗名稱 [, 視窗旗標 ])
```

視窗旗標的值可能是：

- **cv2.WINDOW_AUTOSIZE**：視窗大小會隨影像自動調整，不能改變視窗大小。這是系統預設值。
- **cv2.WINDOW_FREERATIO**：可隨意改變影像大小，也可以改變視窗大小。
- **cv2.WINDOW_FULLSCREEN**：視窗為全螢幕，不能改變視窗大小。
- **cv2.WINDOW_KEEPRATIO**：改變影像大小時會維持原來比例，可以改變視窗大小。
- **cv2.WINDOW_NORMAL**：可以改變視窗大小。
- **cv2.WINDOW_OPENGL**：支援 OpenGL (開放式圖形程式庫)。

例如以預設模式建立名稱為「Image」的視窗：

```
cv2.namedWindow("Image")
```

如果視窗不再使用，可將其關閉。關閉視窗有 2 種方式：第一種是關閉指定名稱的視窗，語法為：

```
cv2.destroyWindow(視窗名稱)
```

例如關閉名稱為「Image」的視窗：

```
cv2.destroyWindow("Image")
```

第二種是關閉所有開啟的視窗，如果同時開啟了多個視窗，可用此方式關閉所有視窗，語法為：

```
cv2.destroyAllWindows()
```

要在視窗中顯示影像之前需先讀取影像檔案，語法為：

```
影像變數 = cv2.imread(影像檔案路徑 [, 讀取旗標 ])
```

影像檔案路徑若只有檔名，表示影像檔與 Python 程式檔在相同資料夾；影像檔案路徑也可使用相對路徑，例如「media\\img.jpg」。

讀取旗標的值可能是：

- **cv2.IMREAD_COLOR**：讀取彩色影像，其值為 1，這是系統預設值。
- **cv2.IMREAD_GRAYSCALE**：以灰階模式讀取影像，其值為 0。
- **cv2.IMREAD_UNCHANGE**：以影像原始模式讀取影像，其值為 -1。

例如以灰階模式讀取 <media> 資料夾內的 <img.jpg> 圖形檔存於 img 變數：

```
img = cv2.imread("media\\img.jpg", 0)
```

OpenCV 支援絕大多數影像格式：*.bmp、*.jpeg、*.jpg、*.dib、*.png、*.webp、*.pbm、*.pgm、*.ppm、*.sr、*.ras、*.tif、*.tiff 等。

在視窗中顯示影像的語法為：

```
cv2.imshow(視窗名稱, 影像變數)
```

例如將 img 影像變數顯示於 Image 視窗中：

```
cv2.imshow("Image", img)
```

為了讓使用者可以觀看顯示的影像，通常會在影像顯示後加入等待一段時間的程式碼，直到使用者按任意鍵或時間到才繼續執行程式，其語法為：

```
cv2.waitKey(n)
```

n 為等待時間，單位是「毫秒」。若 n 的值為 0，表示時間為無限長，即使用者按任意鍵才繼續執行程式。

範例：OpenCV 顯示圖形

以 OpenCV 讀取圖形檔，並以彩色及灰階模式顯示。(圖形檔 <img01.jpg> 位於 <media> 資料夾)

▲ 彩色

▲ 灰階

程式碼：ch12\showimage1.py

```
 1 import cv2
 2 cv2.namedWindow("ShowImage1")
 3 cv2.namedWindow("ShowImage2")
 4 image1 = cv2.imread("media\\img01.jpg")
 5 #image1 = cv2.imread("media\\img01.jpg", 1)
 6 image2 = cv2.imread("media\\img01.jpg", 0)
 7 cv2.imshow("ShowImage1", image1)
 8 cv2.imshow("ShowImage2", image2)
 9 cv2.waitKey(0)
10 #cv2.waitKey(10000)
11 cv2.destroyAllWindows()
```

程式說明

- 2-3　建立 2 個視窗。
- 4-6　第 4 列或第 5 列以彩色模式讀取，第 6 列以灰階模式讀取。
- 7-8　第 7 列顯示彩色圖形，第 8 列顯示灰階圖形。
- 9　直到使用者按任意鍵才執行第 11 列。
- 10　10 秒內使用者按任意鍵會執行第 11 列，若經過 10 秒使用者仍未按任意鍵就繼續執行第 11 列。
- 11　關閉所有視窗。

以按鍵關閉 opencv 視窗

以「**cv2.waitKey(0)**」讓 **opencv** 視窗無限期開啟時，必須以按鍵關閉視窗；若以按視窗右上方 × 鈕關閉視窗，將使程式無法結束，造成 **IPython console** 當機。若 **IPython console** 當機時，可按 Console 1/A ☒ 的 ☒ 鈕重新啟動 **IPython console**。

12.1.2 儲存影像檔

影像經過 OpenCV 處理後可將其儲存，儲存影像的語法為：

```
cv2.imwrite(存檔路徑, 影像變數[, 存檔旗標])
```

存檔旗標的值可能為：

- **cv2.CV_IMWRITE_JPEG_QUALITY**：設定 *.jpeg、*.jpg 格式的存檔品質，其值為 0 到 100 (數值越大表示品質越高)，預設值為 95。
- **cv2.CV_IMWRITE_WEBP_QUALITY**：設定 *.webp 格式的存檔品質，其值為 0 到 100。
- **cv2.CV_IMWRITE_PNG_COMPRESSION**：設定 *.png 格式的壓縮比，其值為 0 到 9 (數值越大表示壓縮比越大)，預設值為 3。

例如將 img 變數存為 <img.jpg> 檔，存檔品質為 70：

```
cv2.imwrite("img.jpg", img, [int(cv2.IMWRITE_JPEG_QUALITY), 70])
```

範例：OpenCV 儲存圖形檔

以 OpenCV 讀取圖形檔後以不同圖片品質儲存。

程式碼：ch12\saveimage1.py

```
1 import cv2
2 cv2.namedWindow("ShowImage")
3 image = cv2.imread("media\\img01.jpg", 0)
4 cv2.imshow("ShowImage", image)
5 cv2.imwrite("media\\img01copy1.jpg", image)
6 cv2.imwrite("media\\img01copy2.jpg", image,
      [int(cv2.IMWRITE_JPEG_QUALITY), 50])
7 cv2.waitKey(0)
8 cv2.destroyWindow("ShowImage")
```

程式說明

- 2-4 建立視窗、讀取圖形檔、顯示圖形檔。
- 5 以預設值儲存檔案，存於 <media> 資料夾，品質預設為 95。
- 6 以品質 50 儲存檔案。

由檔案總管觀察：<img01.jpg> 是原始檔案，<img01copy1.jpg> 是品質 95 的圖形檔 (預設)，檔案大小略小於原始檔；<img01copy2.jpg> 是品質 50 的圖形檔，檔案很小，約原檔的五分之一。

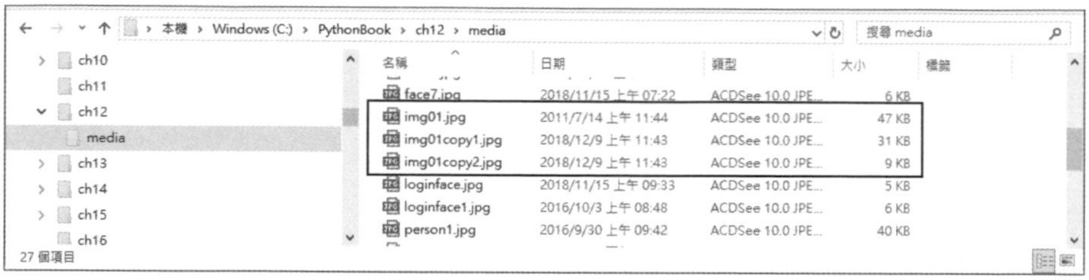

本機 › Windows (C:) › PythonBook › ch12 › media　　搜尋 media

ch10
ch11
ch12
media
ch13
ch14
ch15
ch16
27 個項目

名稱	日期	類型	大小	標籤
face7.jpg	2018/11/15 上午 07:22	ACDSee 10.0 JPE...	6 KB	
img01.jpg	2011/7/14 上午 11:44	ACDSee 10.0 JPE...	47 KB	
img01copy1.jpg	2018/12/9 上午 11:43	ACDSee 10.0 JPE...	31 KB	
img01copy2.jpg	2018/12/9 上午 11:43	ACDSee 10.0 JPE...	9 KB	
loginface.jpg	2018/11/15 上午 09:33	ACDSee 10.0 JPE...	5 KB	
loginface1.jpg	2016/10/3 上午 08:48	ACDSee 10.0 JPE...	6 KB	
person1.jpg	2016/9/30 上午 09:42	ACDSee 10.0 JPE...	40 KB	

12.1.3 OpenCV 基本繪圖

繪製直線、圓形、矩形等是基本繪圖功能，OpenCV 當然也有提供。

OpenCV 畫直線的語法為：

```
cv2.line( 畫布 , 起始點 , 結束點 , 顏色 , 寬度 )
```

- **顏色**：三個 0 到 255 的數值元組，如 (120,80,255)。 注意第一個數值為藍色 (一般為紅色)，第二個數值為綠色，第三個數值為紅色 (一般為藍色)。

例如畫一條 (20,60) 到 (300,400)，寬度為 2 的紅色直線：

```
cv2.line(image, (20,60), (300,400), (0,0,255), 2)
```

OpenCV 畫矩形的語法為：

```
cv2.rectangle( 畫布 , 起始點 , 結束點 , 顏色 , 寬度 )
```

- **寬度**：若寬度值大於 0 表示繪圖寬度，若小於 0 表示畫實心矩形。

例如畫一個由 (20,60) 到 (300,400) 的藍色實心矩形：

```
cv2.rectangle(image, (20,60), (300,400), (255,0,0), -1)
```

OpenCV 畫圓形的語法為：

```
cv2.circle( 畫布 , 圓心 , 半徑 , 顏色 , 寬度 )
```

- **寬度**：若寬度值大於 0 表示繪圖寬度，若小於 0 表示畫實心圓形。

例如畫一個圓心 (300,300)，半徑為 40，寬度為 2 的綠色圓形：

```
cv2.circle(image, (300,300), 40, (0,255,0), 2)
```

OpenCV 畫多邊形的語法為：

```
cv2.polylines(畫布, 點座標串列, 封閉, 顏色, 寬度)
```

- **點座標串列**：是一個 numpy 型別的串列，因此必須匯入 numpy 模組。

```
import numpy
```

建立點座標串列的語法為：

```
numpy.array([[第一個點座標],[第二個點座標],……], numpy.int32)
```

- **封閉**：是一個布林值，True 表示封閉多邊形，False 表示開口多邊形。

例如畫一個由 (20,60)、(300,280)、(150,200) 三點構成寬度為 2 的紅色三角形：

```
pts = numpy.array([[20,60],[300,280],[150,200]], numpy.int32)
cv2.polylines(image, [pts], True, (0,0,255), 2)
```

最後是在畫布上繪出文字，語法為：

```
cv2.putText(畫布, 文字, 位置, 字體, 字體尺寸, 顏色, 文字粗細)
```

- **字體**：顯示文字的字體，可能值有：

  cv2.FONT_HERSHEY_SIMPLEX：正常尺寸 sans-serif 字體。
  cv2.FONT_HERSHEY_SPLAIN：小尺寸 sans-serif 字體。
  cv2.FONT_HERSHEY_COMPLEX：正常尺寸 serif 字體。
  cv2.FONT_HERSHEY_SCRIPT_SIMPLEX：手寫風格字體。

例如在 (350,300) 顯示尺寸為 1、粗細為 2 的藍色文字「apple」：

```
cv2.putText(image, "apple", (350,300), cv2.FONT_HERSHEY_SIMPLEX,
    1, (255,0,0), 2)
```

OpenCV 還有許多功能非常強大的圖形處理功能，例如邊緣偵測、圖片侵蝕、膨脹等，將於範例中使用時再說明。

範例：OpenCV 基本繪圖

以 OpenCV 基本繪圖繪製各種圖形及顯示文字。

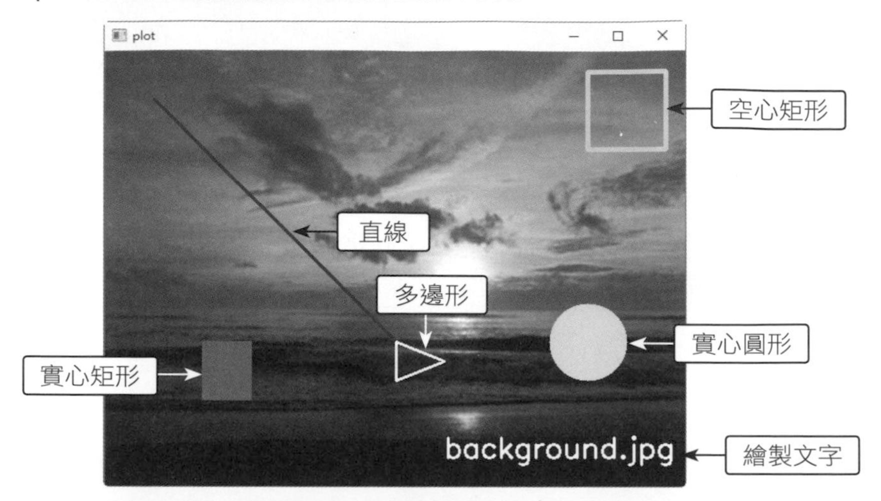

程式碼：ch12\basicplot1.py

```
 1 import cv2, numpy
 2 cv2.namedWindow("plot")
 3 image = cv2.imread("media\\background.jpg")
 4 cv2.line(image, (50,50), (300,300), (255,0,0), 2)
 5 cv2.rectangle(image, (500,20), (580,100), (0,255,0), 3)
 6 cv2.rectangle(image, (100,300), (150,360), (0,0,255), -1)
 7 cv2.circle(image, (500,300), 40, (255,255,0), -1)
 8 pts = numpy.array([[300,300],[300,340],[350,320]], numpy.int32)
 9 cv2.polylines(image, [pts], True, (0,255,255), 2)
10 cv2.putText(image,"background.jpg", (350,420),
        cv2.FONT_HERSHEY_SIMPLEX, 1, (255,255,255), 2)
11 cv2.imshow("plot", image)
12 cv2.waitKey(0)
13 cv2.destroyAllWindows()
```

程式說明

- 3　讀取一張圖片做為畫布。
- 4-7　分別畫直線、空心矩形、實心矩形、實心圓形。
- 8-9　畫三角形。
- 10　繪製圖片檔名稱文字。

12.1.4 使用 OpenCV 進行臉部辨識

要進行特定圖像辨識最重要的是要有辨識對象特徵檔，OpenCV 已內建臉部辨識特徵檔，只要使用 OpenCV 的 CascadeClassifier 類別即可辨識臉部。

建立 CascadeClassifier 物件的語法為：

```
辨識物件變數 = cv2.CascadeClassifier(辨識檔路徑)
```

以 conda 方式安裝的 OpenCV 臉部辨識檔路徑為 <C:\Users\電腦名稱\AppData\Local\conda\conda\pkgs\opencv3-3.1.0-py34_0\Library\etc\haarcascades\haarcascade_frontalface_default.xml>。例如建立的辨識物件名稱為 faceCascade，電腦名稱為 jeng：

```
faceCascade = cv2.CascadeClassifier(C:\\Users\\jeng\\AppData\\
  Local\\conda\\conda\\pkgs\\opencv3-3.1.0-py34_0\\Library\\
  etc\\haarcascades\\haarcascade_frontalface_default.xml)
```

接著以辨識物件 detectMultiScale 方法就能辨識臉部，語法為：

```
辨識結果變數 = 辨識物件變數.detectMultiScale(圖片, 參數1, 參數2, ……)
```

detectMultiScale 方法的參數有：

- **scaleFactor**：辨識原理是系統會以不同區塊大小對圖片掃描進行特徵比對，此參數設定區塊的改變倍數，如無特別需求，此參數一般設為「1.1」。
- **minNeighbors**：此為控制誤檢率參數。系統以不同區塊大小進行特徵比對時，在不同區塊中可能會多次成功取得特徵，成功取得特徵數需達到此參數設定值才算辨識成功。預設值為 3。
- **minSize**：此參數設定最小辨識區塊。
- **maxSize**：此參數設定最大辨識區塊。
- **flags**：此參數設定檢測模式，可能值有：

  cv2.CV_HAAR_SCALE_IMAGE：按比例正常檢測。

  cv2.CV_HAAR_DO_CANNY_PRUNING：利用 Canny 邊緣檢測器來排除一些邊緣很少或很多的圖像區域。

  cv2.CV_HAAR_FIND_BIGGEST_OBJECT：只檢測最大的物體。

  cv2.CV_HAAR_DO_ROUGH_SEARCH：只做初略檢測。

例如設定辨識最小區域為 (10,10)、誤檢率為 5、模式為正常辨識，用於辨識 image 圖片，並將辨識結果存於 faces 變數中：

```
faces = faceCascade.detectMultiScale(image, scaleFactor=1.1,
  minNeighbors=5, minSize=(10,10), flags
= cv2.CASCADE_SCALE_IMAGE)
```

detectMultiScale 方法可辨識圖片中多張臉部，所以傳回值是串列，串列元素是由臉部圖形左上角 x 座標、y 座標、臉部寬度、臉部高度組成的元組，以下列程式就可取得每一張臉部圖形的資料：

```
for (x,y,w,h) in faces:
```

x、y 為臉部圖形左上角 x、y 座標，w、h 為臉部圖形的寬及高，有了這些資料就可對臉部做各種處理，如標識出臉部位置、擷取臉部圖形等。

範例：標識臉部位置

標識出圖片中臉部位置，並在左下角顯示辨識出臉部的數量。

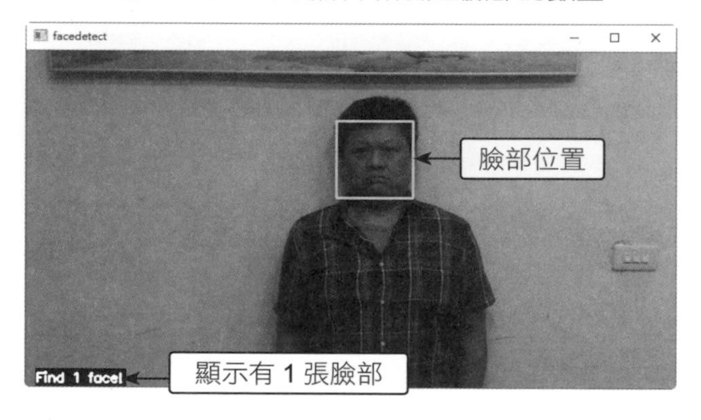

程式碼：ch12\detectFace1.py

```
1 import cv2
2 casc_path = "C:\\Users\\jeng\\AppData\\Local\\conda\\conda\\pkgs\\opencv3-
3.1.0-py34_0\\Library\\etc\\haarcascades\\haarcascade_frontalface_default.xml"
3 faceCascade = cv2.CascadeClassifier(casc_path)
4 imagename = cv2.imread("media\\person1.jpg")
5 faces = faceCascade.detectMultiScale(imagename, scaleFactor=1.1,
    minNeighbors=5, minSize=(30,30), flags = cv2.CASCADE_SCALE_IMAGE)
6 #imagename.shape[0]：圖片高度，imagename.shape[1]：圖片寬度
7 cv2.rectangle(imagename, (10,imagename.shape[0]-20),
    (110,imagename.shape[0]), (0,0,0), -1)
8 cv2.putText(imagename,"Find " + str(len(faces)) + " face!", (10,
    imagename.shape[0]-5), cv2.FONT_HERSHEY_SIMPLEX, 0.5, (255,255,255), 2)
9 for (x,y,w,h) in faces:
```

```
10       cv2.rectangle(imagename,(x,y),(x+w, y+h),(128,255,0),2)
11 cv2.namedWindow("facedetect")
12 cv2.imshow("facedetect", imagename)
13 cv2.waitKey(0)
14 cv2.destroyWindow("facedetect")
```

程式說明

- 2-3　建立辨識物件。特別注意：第 2 列「casc_path」的電腦名稱要改為自己的電腦名稱。
- 4　讀取要辨識的圖片。
- 5　進行辨識，辨識結果存於 faces 中。
- 7　在圖片左下角畫一個黑色矩形，做為顯示文字的區域。
- 8　以白色文字顯示臉部數量。
- 9-10　以迴圈逐一在臉部位置畫矩形以標識出臉部位置。

detectMultiScale 方法可辨識圖片中多張臉部，讀者可修改第 4 列程式讀取 <person3.jpg> 或 <person8.jpg> 觀看標識多張臉部結果。

▲ detectFace3.py

▲ detectFace8.py

12.1.5 擷取臉部圖形及存檔

臉部範圍辨識出來後，可擷取臉部圖形做為比對。擷取一張圖片的部分圖形是使用 pillow 模組的 crop 方法，pillow 模組在安裝 Anaconda 時已自動安裝，只要匯入即可使用：

```
from PIL import Image
```

首先使用 pillow 模組讀取圖片檔案，語法為：

```
圖片變數 = Image.open(圖片路徑)
```

例如開啟 <test.jpg> 後存於 img 變數：

```
img = Image.open("test.jpg")
```

接著使用 crop 方法擷取指定範圍圖片，語法為：

```
圖片變數.crop((左上角x座標, 左上角y座標, 右下角x座標, 右下角y座標))
```

例如擷取 (50,50) 到 (200,200) 的圖片存於 img2 變數：

```
img2 = img.crop((50, 50, 200, 200))
```

不同圖片擷取的臉部圖形大小不一，為了方便圖形比對，最好將圖形調整為固定大小。pillow 模組的 resize 方法可重設圖形尺寸，語法為：

```
圖片變數.resize((圖片寬度, 圖片高度), 品質旗標)
```

- **品質旗標**：設定重設尺寸後的圖形品質，可能值有：

Image.NEAREST：最低品質，此為預設值。
Image.BILINEAR：雙線性取樣算法。
Image.BICUBIC：三次樣條取樣算法。
Image.ANTIALIAS：最高品質。

例如以最高品質將圖片大小重設為 (300,300)，並將結果存於 img3 變數：

```
img3 = img.resize((300, 300), Image.ANTIALIAS)
```

最後以 save 方法儲存檔案，語法為：

```
圖片變數.save(存檔路徑)
```

範例：擷取臉部及存檔

使用 OpenCV 取得臉部區域後，以 pillow 模組的 crop 方法擷取臉部圖形並存檔。

程式碼：ch12\saveFace1.py

```
......
 8 count = 1
 9 for (x,y,w,h) in faces:
10     cv2.rectangle(image, (x,y), (x+w,y+h), (128,255,0), 2)
11     filename = "media\\face" + str(count)+ ".jpg"
12     image1 = Image.open(imagename)
13     image2 = image1.crop((x, y, x+w, y+h))
14     image3 = image2.resize((200, 200), Image.ANTIALIAS)
15     image3.save(filename)
16     count += 1
......
```

程式說明

- 1-7　以 OpenCV 辨識臉部，程式與 <detectFace1.py> 相同。
- 8 及 11　count 為檔名計數器：第一張圖檔名為 <face1.jpg>、第二張圖檔名為 <face2.jpg>，以此類推。
- 12-13　讀取圖形檔及擷取臉部圖形。
- 14　以最高品質將圖形轉成解析度為 200x200。
- 15　儲存圖形檔案。

讀者可修改第 5 列程式為 <person3.jpg> 或 <person8.jpg>，可一次擷取多張臉部圖形：下圖為改為 <person8.jpg> 的擷取結果 (<saveFace8.py>)。

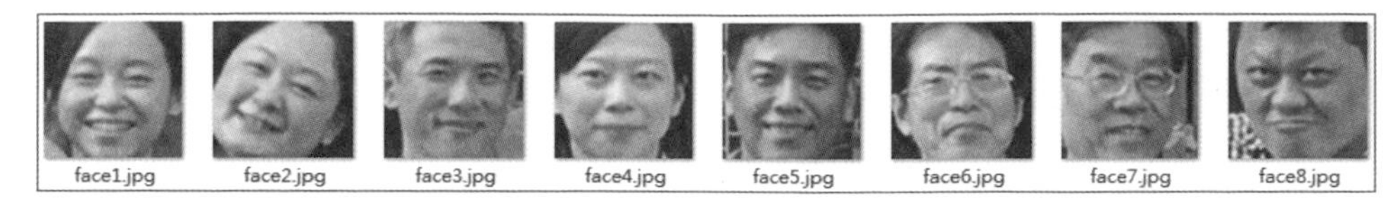

12.1.6 擷取攝影機影像

OpenCV 除了可以讀取、顯示靜態圖片，也可以載入及播放動態影片，還可以讀取內建或外接攝影機影像資訊。筆記型電腦通常都具有攝影功能 (cam)，OpenCV 以 VideoCapture 啟動攝影機，語法為：

```
攝影機變數 = cv2.VideoCapture(n)
```

n 為整數，內建攝影機為 0，若還有其他攝影機則依次為 1、2、…等。例如開啟內建攝影機並存於 cap 變數：

```
cap = cv2.VideoCapture(0)
```

攝影機是否處於開啟狀態可由 isOpened 方法判斷，語法為：

```
攝影機變數 .isOpened()
```

攝影機開啟會傳回 True，攝影機關閉則傳回 False。

攝影機若開啟可用 read 方法讀取攝影機影像，語法為：

```
布林值變數 , 影像變數 = 攝影機變數 .read()
```

- **布林值變數**：True 表示讀取影像成功，False 表示讀取影像失敗。
- **攝影機變數**：若讀取影像成功則將影像存於此變數中。

例如讀取攝影機影像，布林值存於 ret 變數，影像存於 img 中：

```
ret, img = cap.read()
```

最後要以 release 方法關閉攝影機並釋放資源：

```
攝影機變數 .release()
```

取得使用者按鍵

攝影機為動態攝影，要如何取得特定時間的靜態相片呢？可讓使用者按特定鍵，程式就擷取按鍵時的靜態相片。12.1 節提到 OpenCV 的 waitKey 方法會等待使用者按鍵，此方法同時可取得按鍵的 ASCII 碼，語法為：

```
按鍵變數 = cv2.waitKey(n)
```

按鍵變數儲存按鍵的 ASCII 碼，這是一個 0 到 255 的數值，例如「A」的 ASCII 碼為 65。下面為設定使用者 10 秒內需按鍵，並將傳回的 ASCII 碼存於 key 變數：

```
key = cv2.waitKey(10000)
```

若使用者按「A」鍵，則 key 的值為 65。

Python 的 ord 函式可取得字元的 ASCII 碼，以按鍵變數與字元的 ASCII 碼做比對，就可確認使用者是否按了特定鍵，例如：

```
if key == ord("A")
```

若結果是 True 表示使用者按了「A」鍵，False 表示使用者按了其他鍵。

範例：擷取攝影機靜態影像

程式執行後會自動開啟攝影機，使用者按「z」鍵就會擷取影像存檔。

程式碼：ch12\camPicture1.py

```
 1 import cv2
 2 cv2.namedWindow("frame")
 3 cap = cv2.VideoCapture(0)
 4 while(cap.isOpened()):
 5     ret, img = cap.read()
 6     if ret == True:
 7         cv2.imshow("frame", img)
 8         k = cv2.waitKey(100)
 9         if k == ord("z") or k == ord("Z"):
10             cv2.imwrite("media\\catch.jpg", img)
11             break
12 cap.release()
13 cv2.waitKey(0)
14 cv2.destroyWindow("frame")
```

程式說明

- 3　開啟內建攝影機。
- 4　只要攝影機為開啟狀態就執行此無窮迴圈：通常等待按鍵需以無窮迴圈檢查使用者是否按鍵。
- 5　讀取影像。
- 6-7　如果讀取成功就在視窗顯示。
- 8　每隔 0.1 秒檢查一次是否按鍵。
- 9　使用者可能按大寫或小寫「z」鍵，所以兩者都要檢查。
- 10-11　存檔後離開無窮迴圈。
- 12　關閉攝影機。

12.1.7 實戰：臉部辨識登入

臉部辨識登入功能需比對兩張圖片相似度，做為判斷是否為同一個臉部的基準。比對圖片相似度的演算法有很多種，本應用採取「顏色直方圖」演算法，其原理及演算相當複雜，我們直接套用即可。

下面為比較 <img1.jpg> 及 <img2.jpg> 圖片相似度的程式碼：

```
from PIL import Image
from functools import reduce
import math, operator
pic1 = Image.open("img1.jpg")
pic2 = Image.open("img2.jpg")
h1 = pic1.histogram()
h2 = pic2.histogram()
diff = math.sqrt(reduce(operator.add, list(map(lambda a,b:
    (a-b)**2, h1, h2)))/len(h1))
```

使用顏色直方圖演算法需匯入 pillow、functools、math 及 operator 模組，最後計算得到的「diff」是一個浮點數，代表兩張圖片的相異程度，數值越大表示圖片差異越大，若是相同圖片則「diff=0.0」。

應用程式總覽

第一次執行會提示使用者建立使用者臉譜檔：按任意鍵會開啟攝影機，攝影機呈現滿意影像時按「z」鍵就會擷取臉部圖形存檔，解析度為 200x200。

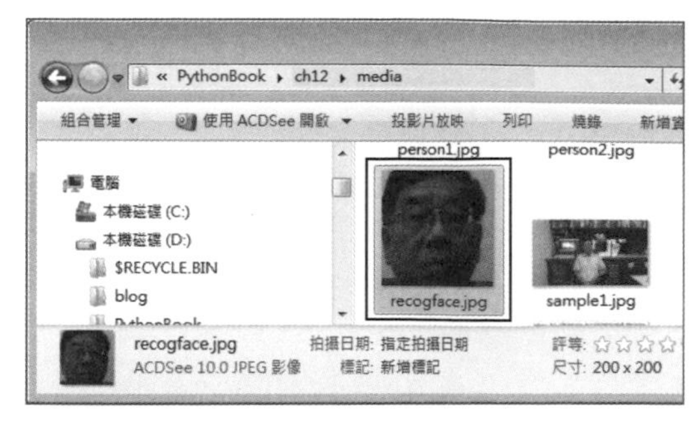

再次執行會提示建立登入者臉譜：按任意鍵會開啟攝影機，再按「z」鍵就會擷取臉部圖形存檔並與第一次建立的臉譜比對，若相異度在 100 內就顯示允許登入訊息，否則顯示臉譜不正確訊息。(<faceLock1.py>)

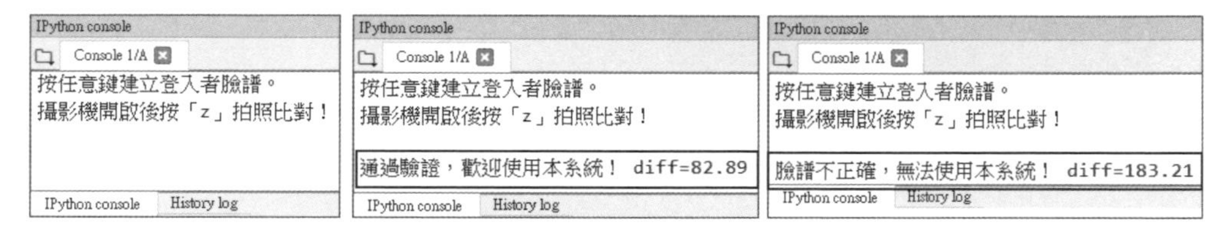

應用程式內容

程式碼：ch12\faceLock1.py

```
25 import cv2, os, math, operator
26 from PIL import Image
27 from functools import reduce
28
29 casc_path = "C:\\Users\\jeng\\AppData\\Local\\conda\\conda\\pkgs\\opencv3-
   3.1.0-py34_0\\Library\\etc\\haarcascades\\haarcascade_frontalface_default.xml"
30 faceCascade = cv2.CascadeClassifier(casc_path)  #建立辨識物件
31 recogname = "media\\recogface.jpg"  #使用者臉部檔案
32 loginname = "media\\loginface.jpg"  #登入者臉部檔案
33 os.system("cls")  #清除螢幕
34 if(os.path.exists(recogname)):  #如果使用者臉部檔案已存在
35     msg = "按任意鍵建立登入者臉譜。\n攝影機開啟後按「z」拍照比對！"
36     makeFace(loginname, msg, "")  #建立登入者臉部檔案
37     pic1 = Image.open(recogname)  #開啟使用者臉部檔案
38     pic2 = Image.open(loginname)  #開啟登入者臉部檔案
39     h1 = pic1.histogram()  #計算圖形差異度
40     h2 = pic2.histogram()
```

```
41      diff = math.sqrt(reduce(operator.add, list(map(
            lambda a,b: (a-b)**2, h1, h2)))/len(h1))
42      if(diff <= 100):  # 若差度在 100 內視為通過驗證
43          print("通過驗證，歡迎使用本系統！ diff=%4.2f" % diff)
44      else:
45          print("臉譜不正確，無法使用本系統！ diff=%4.2f" % diff)
46  else:  # 如果使用者臉部檔案不存在
47      msg = "按任意鍵建立使用者臉譜。\n 攝影機開啟後按「z」拍照！ \n"
48      endstr = "使用者臉譜建立完成！"
49      makeFace(recogname, msg, endstr)  # 建立使用者臉部檔案
```

程式說明

- 29-30　建立辨識臉部物件。注意：29 列的特徵檔路徑要修正為使用者的特徵檔路徑。
- 31　recogname 為使用者臉部檔案名稱。
- 32　loginname 為登入者臉部檔案名稱。
- 34-45　如果使用者臉部檔案已存在就執行此段程式碼。
- 35-36　呼叫 makeFace 函式建立登入者臉部檔案。
- 37-41　比對使用者與登入者臉部檔案差異度。
- 42-43　若差異度在 100 以內就顯示通過認證訊息。
- 44-45　若差異度大於 100 則顯示認證失敗訊息。
- 47-49　如果使用者臉部檔案不存在表示第一次執行本程式，使用 makeFace 函式建立使用者臉部檔案。

程式碼：ch12\faceLock1.py （續）

```
 1  def makeFace(facename, msg, endstr):
 2      print(msg)  # 顯示提示訊息
 3      cv2.namedWindow("frame")
 4      cv2.waitKey(0)
 5      cap = cv2.VideoCapture(0)  # 開啟攝影機
 6      while(cap.isOpened()):  # 攝影機為開啟狀態
 7          ret, img = cap.read()  # 讀取影像
 8          if ret == True:  # 讀取成功
 9              cv2.imshow("frame", img)  # 顯示影像
10              k = cv2.waitKey(100)  # 每 0.1 秒讀一次鍵盤
11              if k == ord("z") or k == ord("Z"):  # 使用者按「z」鍵
12                  cv2.imwrite(facename,img)  # 存檔
13                  image = cv2.imread(facename)  # 讀檔做臉部辨識
14                  faces = faceCascade.detectMultiScale(image,
```

```
                    scaleFactor=1.1, minNeighbors=5, minSize=(30,30),
                    flags = cv2.CASCADE_SCALE_IMAGE)
15                (x, y, w, h) = (faces[0][0], faces[0][1],
                    faces[0][2], faces[0][3])  #只取第一張臉部
16                image1 = Image.open(facename).
                    crop((x, y, x+w, y+h))  #擷取臉部
17                image1 = image1.resize((200, 200),
                    Image.ANTIALIAS)  #轉為解析度200x200
18                image1.save(facename)  #存檔
19                break
20        cap.release()  #關閉攝影機攝影機
21        cv2.destroyAllWindows()
22        print(endstr)
23        return
```

程式說明

- 1-23　根據參數 facename 建立使用者或登入者臉部檔案的函式。
- 3-4　建立視窗後等待使用者按鍵。
- 5　開啟內建攝影機。
- 6-9　如果攝影機為開啟狀態就以無窮迴圈讀取影像並顯示在視窗中。
- 10　每隔 0.1 秒讀一次鍵盤。
- 11-19　使用者按「z」鍵就執行 12-19 列程式。
- 12　將攝影機擷取的影像存檔。
- 13-14　讀取影像檔並進行辨識。
- 15-16　只擷取第一張臉部圖形。
- 17-18　將圖形解析度轉換為 200x200 後存檔。
- 19　離開無窮迴圈。
- 20　關閉攝影機。

圖形比對的準確性

試過數種圖形比對技術，效果皆不盡理想，本應用採取測試中較可行的頻色直方圖演算法，但仍會受光線強度、背景等因素而影響比對結果。

42 列程式的差異度標準 (100) 是筆者找多個朋友測試所訂的數值，讀者可視實際測試數值加以調整。

12.2 Tesseract：驗證碼辨識

第六章使用 Selenium 模組進行網頁自動化測試時，會遇到許多網頁需輸入圖形驗證碼而導致無法進行測試的情況。要將圖形驗證碼轉換為文字，可透過圖形處理模組將大部分圖片背景去除，再以 OCR (Optical Character Recognition，光學字元辨識) 讀取圖片文字。不同圖形驗證碼要以不同圖形處理技術移除背景，本節僅示範較簡單的雜點背景圖形驗證碼。

12.2.1 簡易 OCR - Tesseract 模組

Tesseract 是一個流行的 OCR 程式庫，最初是由惠普公司 (HP) 在 1985 年開始研發，直到 2005 年 HP 將 Tesseract 開源，2006 年交給 Google 維護。

安裝 Tesseract

於瀏覽器網址列輸入「http://digi.bib.uni-mannheim.de/tesseract/tesseract-ocr-setup-3.05.00dev.exe」即可下載 Tesseract 模組安裝檔 <tesseract-ocr-setup-3.05.00dev.exe>，於安裝檔按滑鼠左鍵兩下即可開始安裝。安裝過程先按 **Next** 鈕，接著核選同意版權說明再按 **Next** 鈕，後面皆使用預設值安裝，最後按 **Finish** 鈕完成安裝。

安裝 Tesseract 模組時並未將 Tesseract 路徑加入環境變數，執行時會產生找不到 Tesseract 模組的錯誤。將 Tesseract 路徑加入環境變數的操作為：**控制台 / 系統及安全性 / 系統 / 進階系統設定 / 環境變數**，點選上方 **使用者變數 / Path** 再按 **編輯** 鈕，於 **編輯環境變數** 對話方塊按 **新增** 鈕，輸入「C:\Program Files (x86)\Tesseract-OCR」後按 **確定** 鈕。接著再按兩次 **確定** 鈕就設定完成。

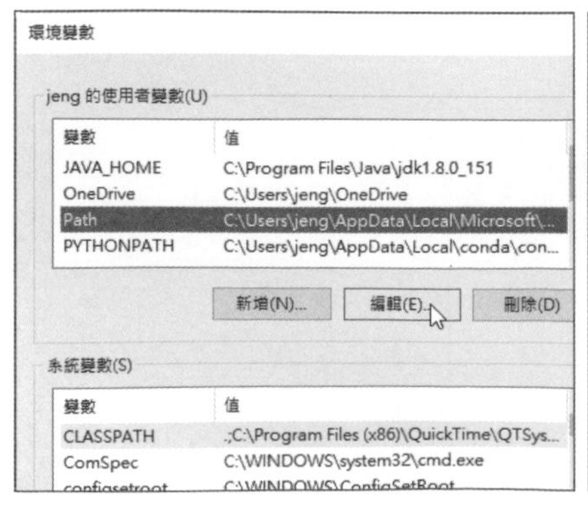

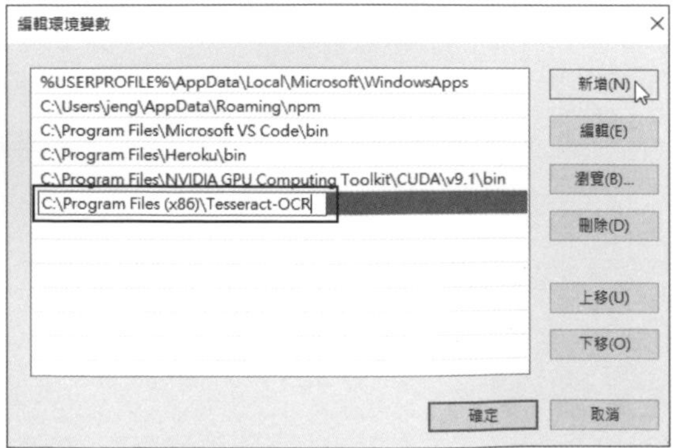

使用 Tesseract

Tesseract 的使用方法非常簡單，首先匯入 Tesseract 模組：

```
import subprocess
```

然後進行辨識，語法為：

```
辨識變數 = subprocess.Popen("tesseract 圖形檔路徑 辨識結果檔路徑 ",
    shell=True)
```

- **辨識結果檔路徑**：辨識結果會以文字檔案儲存，系統會自動加入「.txt」做為附加檔名。

例如辨識 <media> 資料夾中 <textpic.jpg> 圖片，辨識結果文字存於 <media> 資料夾中 <result.txt> 檔案中：

```
ocr = subprocess.Popen("tesseract media\\textpic.jpg media\\result",
  shell=True)
```

讀取檔案、進行文字辨識再儲存文字檔需要一段時間，Tesseract 提供 wait 方法等到所有辨識工作完成後才繼續執行程式，語法為：

```
辨識變數 .wait()
```

例如辨識變數名稱為 ocr：

```
ocr.wait()
```

範例：以 Tesseract 辨識文字

程式辨識 <text1.jpg> 圖片後將辨識結果儲存於 <result.txt> 文字檔，再讀取文字檔內容顯示於命令視窗。

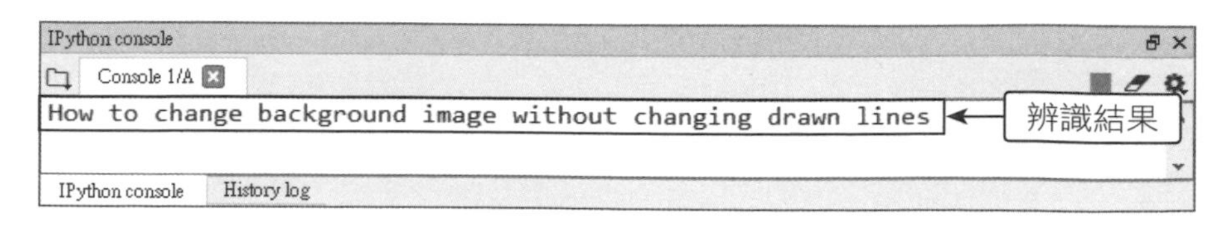

程式碼：ch12\ocr1.py

```
1 import subprocess
2 ocr = subprocess.Popen("tesseract media\\text1.jpg media\\result",
    shell=True)
3 ocr.wait()
4 text = open("media\\result.txt").read().strip()
5 print(text)
```

程式說明

- 1　　匯入 Tesseract 模組。
- 2　　以 Tesseract 辨識 <media\text1.jpg> 圖片，並將辨識結果儲存於 <media\tresult.txt> 文字檔。
- 3　　程式等待系統進行辨識。
- 4　　讀取辨識結果文字檔。
- 5　　顯示辨識結果。

12.2.2 驗證碼辨識的原理

許多網站是以微小彩色雜點背景加上字元的圖片做為驗證碼，此處以國內某銀行入口網站的驗證碼為例，其驗證碼圖形如下：(bank.jpg>)

首先使用 OpenCV 的 cvtColor 方法將圖形轉換為灰階。cvtColor 方法的語法為：

```
cv2.cvtColor(圖片變數, 顏色旗標)
```

- **顏色旗標**：OpenCV 提供 150 餘種格式，較常使用的有：

  cv2.COLOR_BGR2GRAY：轉為灰階圖形。

  cv2.COLOR_BGR2RGB：轉為 RGB 圖形。

  cv2.COLOR_BGR2HSV：轉為 HSV 圖形。

例如驗證碼圖片存於 img 變數，將其轉為灰階的程式及轉換結果：

```
cv2.cvtColor(img, cv2.COLOR_BGR2GRAY)
```

再使用 OpenCV 的 threshold 方法將圖形轉換為黑白。threshold 方法的語法為：

```
cv2.threshold(圖片變數, 臨界值, 分配值, 轉換旗標)
```

- **圖片變數**：此圖形必須是灰階圖形。
- **轉換旗標**：常使用的旗標有：

  cv2.THRESH_BINARY：顏色值大於臨界值者設為 255，否則為 0，所以結果是黑白圖形。

  cv2.THRESH_BINARY_INV：與 cv2.THRESH_BINARY 的反相。

  cv2.COLOR_TRUNC：顏色值大於臨界值者設為分配值，否則不變。

  cv2.THRESH_TOZERO：顏色值小於臨界值者設為 0，否則不變。

  cv2.THRESH_TOZERO_INV：與 cv2.THRESH_TOZERO 的反相。

例如將灰階驗證碼圖形轉換為反相黑白圖形的程式及轉換結果：

```
cv2.threshold(img, 150, 255, cv2.THRESH_BINARY_INV)
```

黑白圖形中有許多白色雜點，自行撰寫去除雜點的程式如下：

```
1 for i in range(len(inv)):  #i 為每一列
2     for j in range(len(inv[i])):  #j 為每一行
3         if inv[i][j] == 255:  #顏色為白色
4             count = 0
5             for k in range(-2, 3):
6                 for l in range(-2, 3):
7                     try:
8                         if inv[i + k][j + l] == 255:
9                             count += 1
10                    except IndexError:
11                        pass
12            if count <= 6:  #週圍少於等於 6 個白點
13                inv[i][j] = 0  #將白點去除
```

第 1 及 2 列程式會逐列、逐行檢查圖片中每一個點：以一個點為中心，第 5 、6 列程式使用「range(-2,3)」逐一檢查其上下左右各兩排的點，共計 5x5=25 個點 (包含自身)，如果是白色點就將計數器 count 加 1。 第 12 列判斷若這 25 個點中，白點小於等於 6 個就視此點為雜點，將此點移除 (設為黑點)。例如下圖檢測點周圍只有 5 個白點 (含自身)，執行結果會設定成黑點。

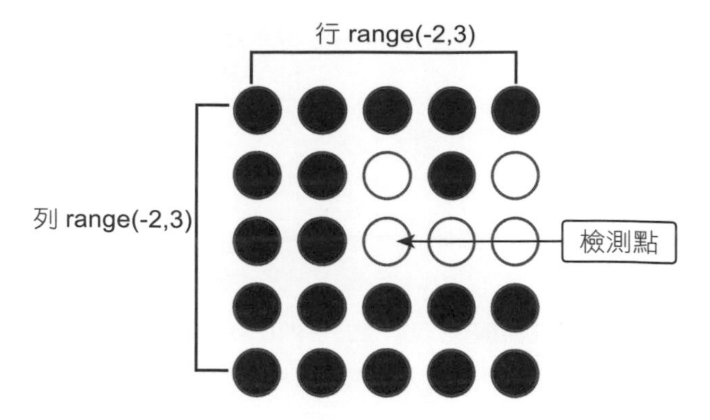

注意第 7-11 列需用「try…except」捕捉錯誤，因為當 i、j 小於 2 時會使串列索引為負數而造成錯誤，使用「try…except」可讓程式繼續執行，否則會因錯誤而讓程式中斷。

驗證碼圖片經去除雜點後的結果為：

可看見圖形雜點大部分已去除了！將此圖片交給 Tesseract OCR 辨識，發現仍無法得到正確字元。最後以 OpenCV 的 dilate 方法將字體加粗：dilate 方法會將圖片中的白點膨脹，語法為：

```
cv2.dilate(圖片變數, 矩陣, iterations=數值)
```

- **矩陣**：是數值元組，會先與圖片運算再進行膨脹。
- **iterations= 數值**：設定膨脹次數。

例如對去除雜點後的驗證碼圖片進行膨脹一次的程式碼及結果：

```
cv2.dilate(img, (8,8), iterations=1)
```

可見到白色字元己變粗了！

以 Tesseract OCR 辨識此圖片，執行結果得到正確驗證碼。

下面範例為完整程式。

12.2.3 實戰：驗證碼破解

應用程式總覽

程式執行後會顯示驗證碼圖形，按任意鍵後會在命令視窗顯示辨識結果。(<captcha1.py>)

IPython console
Console 1/A
驗證碼為: 698139
IPython console　History log

應用程式內容

程式碼：ch12\captcha1.py

```
 1 import cv2, subprocess
 2 img = cv2.imread("media\\bank.jpg")  #讀圖
 3 cv2.namedWindow("Image")
 4 cv2.imshow("Image", img) #顯示圖形
 5 cv2.waitKey (0)
 6 cv2.destroyWindow("Image")
 7 gray = cv2.cvtColor(img, cv2.COLOR_BGR2GRAY)  #轉為灰階
 8 _, inv = cv2.threshold(gray, 150, 255, cv2.THRESH_BINARY_INV)
     #轉為反相黑白
 9 for i in range(len(inv)):  #i 為每一列
10     for j in range(len(inv[i])):  #j 為每一行
11         if inv[i][j] == 255:  #顏色為白色
12             count = 0
13             for k in range(-2, 3):
14                 for l in range(-2, 3):
15                     try:
16                         if inv[i + k][j + l] == 255:
17                             count += 1
18                     except IndexError:
19                         pass
20             if count <= 6:  #週圍少於等於6個白點
21                 inv[i][j] = 0  #將白點去除
22 dilation = cv2.dilate(inv, (8,8), iterations=1)  #圖形加粗
23 cv2.imwrite("media\\bank_t.jpg", dilation)  #存檔
24 child = subprocess.Popen('tesseract media\\bank_t.jpg result',
     shell=True) #OCR辨識
```

```
25 child.wait()
26 text = open('result.txt').read().strip()
27 print("驗證碼為 " + text)
```

程式說明

- 2-5　讀取驗證碼圖形並顯示，然後等待使用者按鍵。
- 6　使用者按鍵後關閉視窗。
- 7　將圖形轉為灰階圖形。
- 8　將圖形轉為反相黑白圖形：threshold 方法會有兩個傳回值，圖片是第 2 個傳回值，第 1 個傳回值以「_」接收，表示將此傳回值棄置。
- 9-21　去除雜點。
  第 13、14 列設定檢查範圍，例如改為「range(-3,4)」就會檢查周邊 7 列，檢查的點共 7x7=49 個點。
  第 20 列可控制要去除的雜點大小，將「if count <= n」的 n 值設為較大的值，可去除較大的雜點，但也可能造成字元的殘缺。
- 22　加粗字元。
- 23　將處理完的驗證碼圖片存檔。
- 24-27　以 Tesseract OCR 辨識並顯示結果。

實戰：Firebase 即時資料庫應用

Firebase 是專為行動應用開發者所提供的後端服務平台，Firebase 所提供的資料庫和傳統資料庫使用表格式資料表儲存資料的方式不同，而是使用 Key、Value 字典型態的結構來儲存資料，使用上不僅輕量，結構相當彈性，而且會立即反應。

Python 可透過python-firebase 模組來存取 Firebase 資料庫，進而開發實用的應用程式。

本章將利用 Python 的功能使用 python-firebase 模組，將英文單字的資料儲存在 Firebase 即時資料庫中，使用者可以使用英文單字查詢中文說明。

13.1 Firebase 即時資料庫

Firebase 資料庫是一種新型的資料庫，它和傳統資料庫使用表格式資料表儲存資料的方式不同，而是使用 Key、Value 等字典型態的結構來儲存資料，在短時間內掀起很大的風潮。

13.1.1 Firebase 即時資料庫簡介

Firebase 資料庫公司成立於 2011 年 9 月，主要是提供雲端服務與後端即時服務，製造許多產品供開發人員打造網路或行動裝置程式，最主要的產品為即時資料庫 Firebase，其 API 允許開發人員自不同的客戶端儲存與同步資料，成立才 3 年就吸引了近 11 萬用戶註冊。

2014 年底 Google 公司宣布買下 Firebase，並將相關技術納入 Google Cloud 平台，讓 Google Cloud 平台更容易打造網路與行動裝置程式。

簡言之，Firebase 資料庫是一個雲端即時資料庫，其最特別之處在於：設計者可在應用程式中設定監聽事件，當 Firebase 資料庫的資料有變動時，應用程式會收到訊息，再根據訊息做出回應。

目前 Firebase 資料庫的免費方案為：

- 同時 100 個連線
- 1 GB 儲存量
- 10 GB 流量限制

13.1.2 建立 Firebase 即時資料庫

要建立 Firebase 資料庫必須先申請帳號，登入後才能使用 Firebase 資料庫。使用者可以在 Firebase 網站申請帳號，因 Firebase 已被 Google 公司收購，所以使用 Google 帳號也可以登入 Firebase 網站。大部分使用者應都已有 Google 帳號，使用 Google 帳號登入 Firebase 是最常用的方式;如果還沒有 Google 帳號，就先申請一個吧！

以 Google 帳號登入 Firebase 建立 Firebase 資料庫 APP 的操作為：

1. 於 Chrome 瀏覽器網址列輸入「https://console.firebase.google.com/」開啟 Firebase 網站，於帳號選取頁面選擇要登入的帳號。

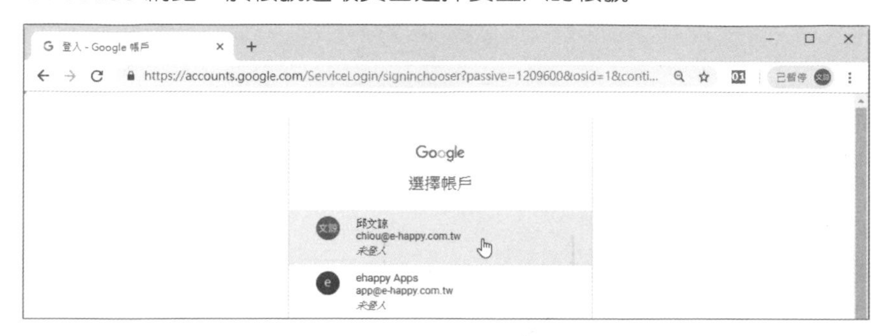

2. 進入 Firebase 網站，按 **新增專案** 鈕會出現 **新增專案** 對話方塊，在 **新增專案** 對話方塊 **專案名稱** 欄輸入專案名稱，例如：「ChiouNewApp」、**數據分析位置** 欄從下拉式選單中選擇 **台灣**，核選 **我接受控管者對控管者的相關條款**、**我同意在我的應用程式中使用 Firebase 服務**，然後按 **建立專案** 鈕即完成 APP 的建立。

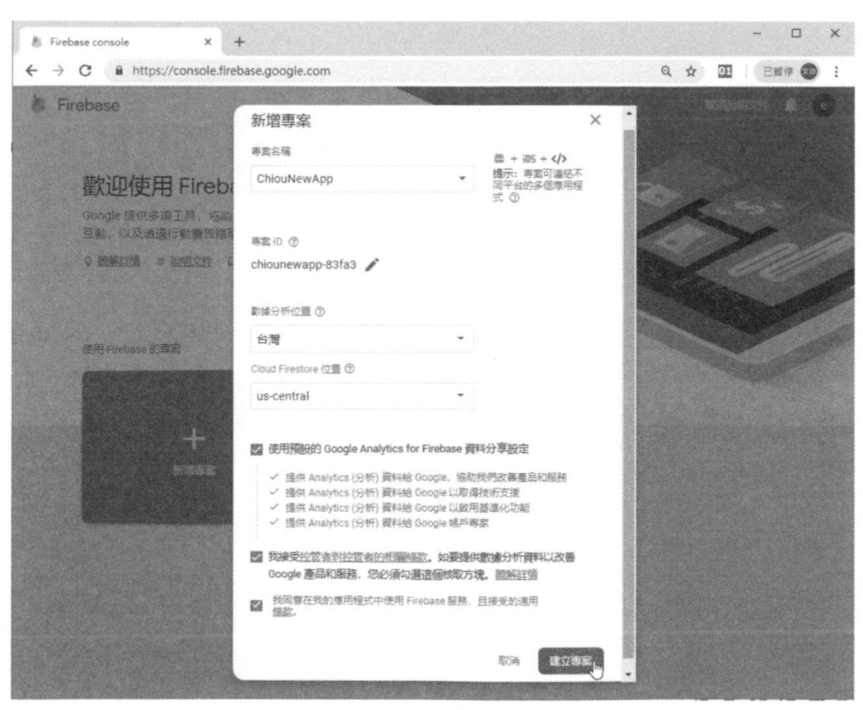

3. 點選 **Database** ，按 **建立資料庫** 鈕，在 **Cloud Firestore 安全性規則** 對話方塊中核選 **以測試模式啟動** ，然後按 **啟用** 鈕即可以看到建立的專案和資料庫。

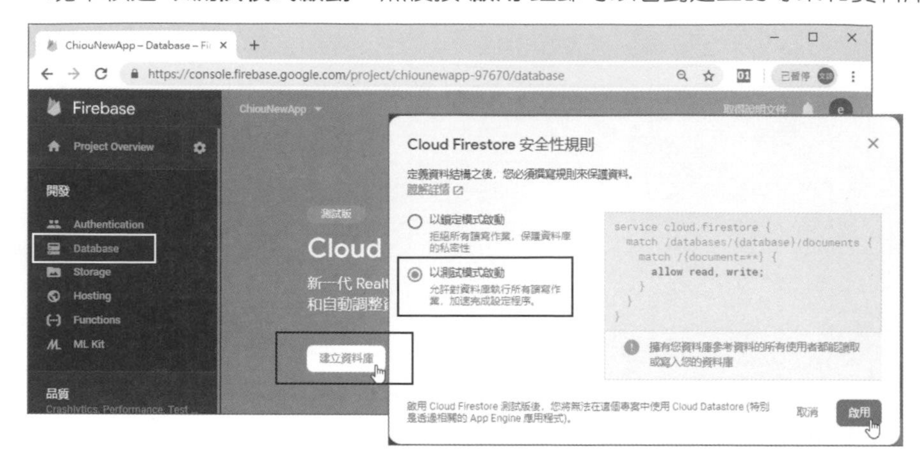

4. 預設會使用 **Cloud Firestore 測試版**，在下拉式選單中點選 **Realtime Database**，切換到 **Realtime Database** 模式。

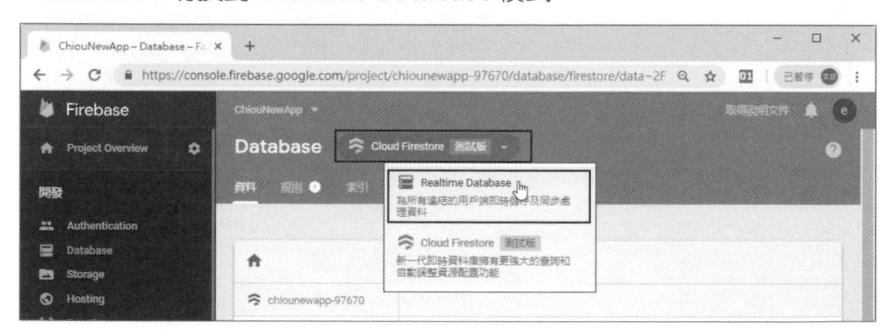

5. 切換到 **Realtime Database** 模式後，即可以看到建立的專案和資料庫網址。專案名稱必須是世界唯一，如果建立的專案和別人建立的專案名稱產生衝突，系統會自動在原來專案後面再加入字元，如本例為「chiounewapp-97670」。

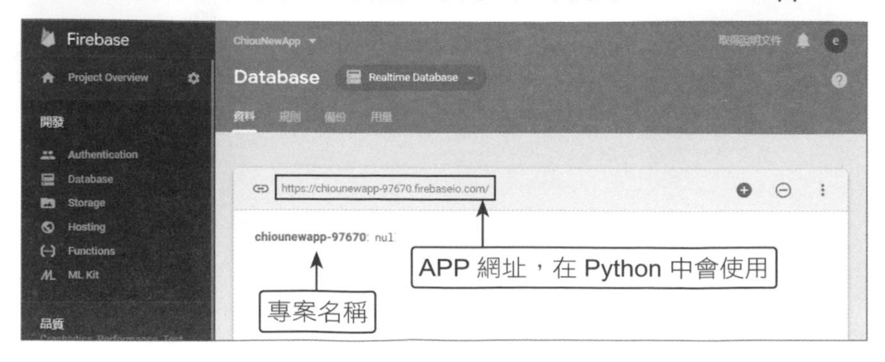

13.1.3 新增 Firebase 即時資料庫資料

Firebase 資料是以樹狀結構建立，可以建立多層次資料。每一筆資料是以「鍵 - 值 (Key-Value)」方式儲存，使用時可以「鍵」名稱來取得其對應的「值」。

建立第一層資料

最簡單的 Firebase 資料就是只有一層的資料，建立方法為：

1. 於 APP 管理頁面點選 **null** 右方 ✚ 圖示就會新增第一層資料，接著在 **名稱** 欄位輸入「鍵」名稱 (Key)，**值** 欄位輸入資料內容 (value)，點選 **新增** 鈕就會新增一筆資料。注意上方網址就是 Firebase 資料庫位址，此網址在 Python 程式中會使用。

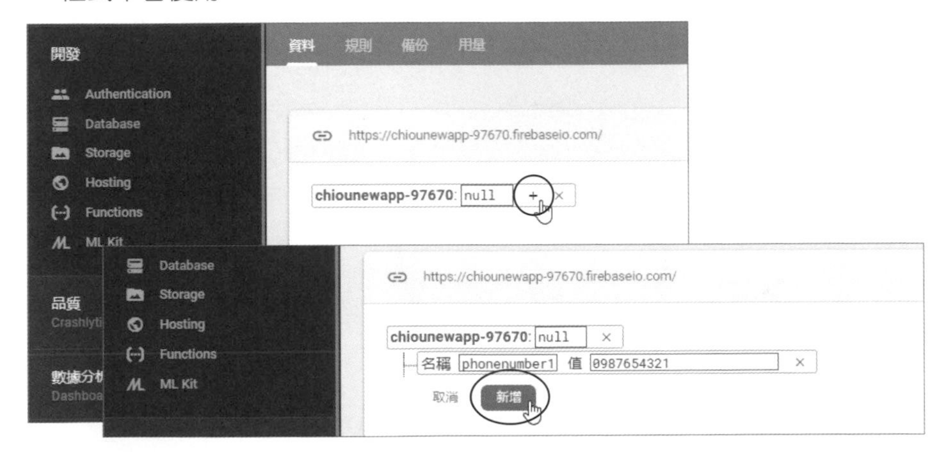

2. 若要再新增資料可點選 APP 名稱右方 ✚ 圖示重複步驟 1 操作。

3. 若要刪除資料可點選該筆資料右方 ✖ 圖示，再於確認對話方塊中點選 **刪除鈕** 即可刪除該筆資料。

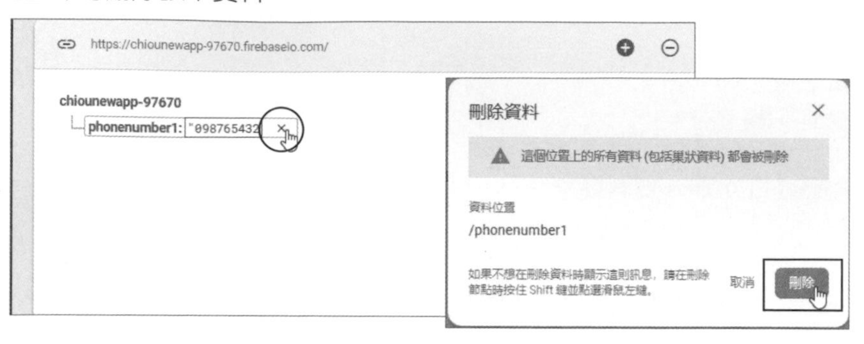

13.1.4 設定資料庫的權限

如果要讓其他使用者存取自己建立的資料庫，必須設定 **規則** 頁籤中 rules 中的 read 和 write 的值都為 true。建立資料庫時，在 **Cloud Firestore 安全性規則** 對話方塊中核選 **以測試模式啟動** 建立的資料庫即會自動設定 read 和 write 的值都為 false，請更改為 true，然後按 **發佈** 鈕發佈。完成後如下圖。

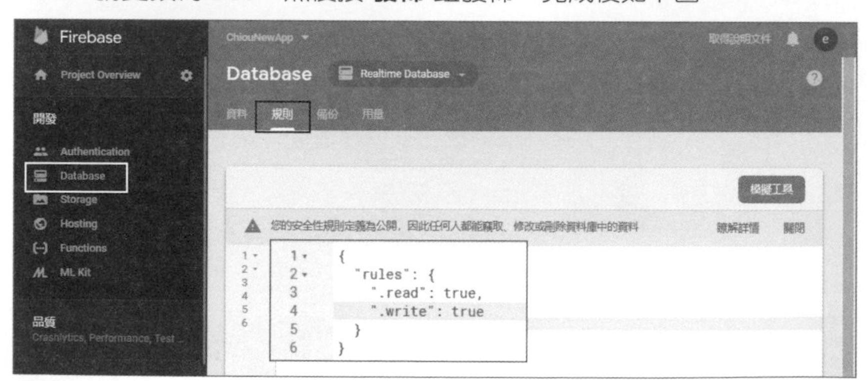

13.2 連結 Firebase 資料庫

使用 Python 程式透過 python-firebase 模組就可以存取 Firebase 資料庫。

13.2.1 使用 python-firebase 模組

首先必須安裝 python-firebase 模組，如下：

```
pip install -v python-firebase==1.2
```

安裝 python-firebase 模組之後，即可以匯入模組，並利用 FirebaseApplication 方法建立 firebase 物件。

```
from firebase import firebase
url = 'https://chiouapp01-a6172.firebaseio.com/
fb = firebase.FirebaseApplication(url, None)
```

參數 url 是資料庫的網址，「https://chiouapp01-a6172.firebaseio.com/」是我們參考前面建立的新的 APP 名稱，也就是資料庫的最上層節點，也可以使用相對路徑，例如：

```
fb = firebase.FirebaseApplication('/student', None)
```

則資料庫儲存位置是「https://chiouapp01-a6172.firebaseio.com/student」。

第二個參數表示建立不成功的傳回值，一般設定為 None。

13.2.2 firebase 物件的方法

利用 firebase 物件的方法即可以操作資料庫，包括新增 、修改和刪除資料。

firebase 提供下列方法：

方法	說明
post(url,dada)	在 url 節點新增一筆資料。
get(url,None)	讀取得指定節點的資料。
delete(url+id,None)	刪除指定節點中編號 id 的資料。
put(url,data=word,name=id)	新增或更新指定節點的資料。

post(url,data)

post 方法會在 url 節點新增一筆資料，data 為資料內容，例如：在 test 節點新增一筆資料，資料內容為字串「Python」(<post.py>)

```
from firebase import firebase
url = 'https://chiouapp01-a6172.firebaseio.com/'
fb = firebase.FirebaseApplication(url, None)
fb.post('/test', "Python")
```

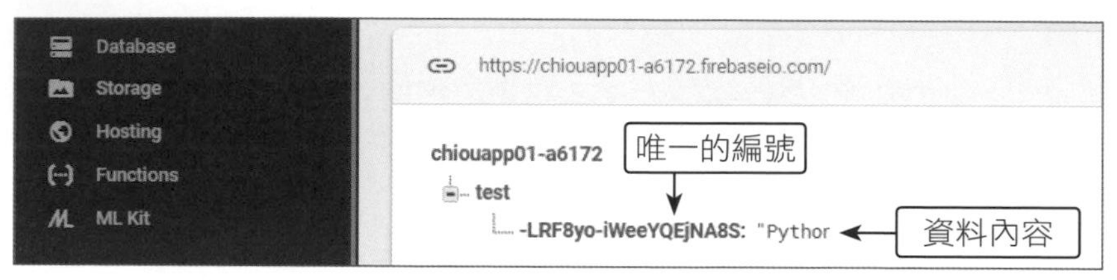

也可以建立 dict 型別資料。

```
fb.post('/test', {"name":"David"})
```

執行之後就會在專案 chiouapp01 的 test 節點建立一筆 dict 型別資料。

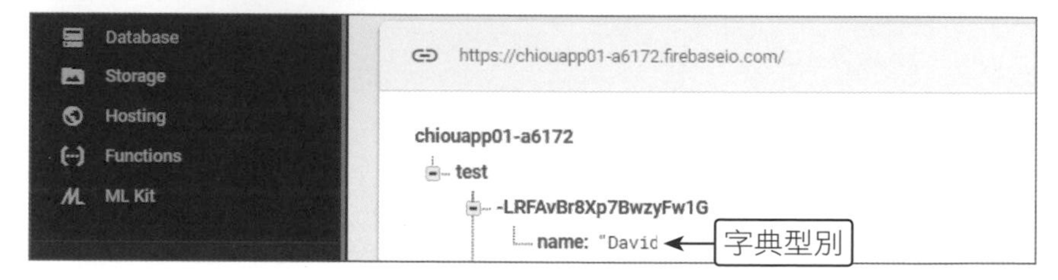

成功建立的資料會傳回一個 dict 物件，並自動產生一個唯一的編號，日後資料要查詢、編輯或刪除都必須依據這個編號，可以從返回值的 name 鍵中取得這個編號。(<post2.py>)

```
from firebase import firebase
url = 'https://chiouapp01-a6172.firebaseio.com/'
fb = firebase.FirebaseApplication(url, None)
dict1 = fb.post('/test', {"name":"David"})
print(dict1["name"])
```

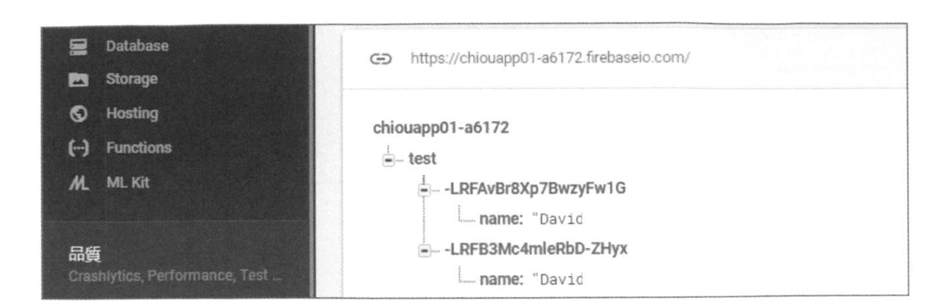

請注意：再次執行後可看到同樣資料又建立了一次，但其編號不相同。這意謂新增資料前必須先檢查資料是否已存在，這部份留在日後再加以說明。

了解之後，我們把問題稍微擴大，在 students 節點一次建立三筆資料，而且每一筆資料中包括 name、no 兩個欄位。(<input.py>)

```
from firebase import firebase
students = [{'no':1 ,'name':'李天龍'},
            {'no':2,'name':'高一人'},
            {'no':3,'name':'洪大同'}]
url = 'https://chiouapp01-a6172.firebaseio.com/'
fb = firebase.FirebaseApplication(url, None)
for student in students:
    fb.post('/students', student)
    print("{} 儲存完畢".format(student))
```

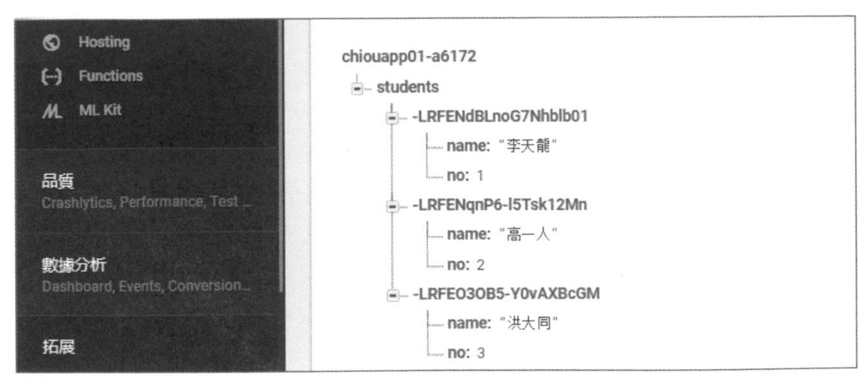

get(url, None)

get 方法讀取得指定 url 節點的資料，成功傳回 dict 型別資料，第二個參數設為 None 傳回節點所有資料，也可以指定 id 傳回指定的資料。例如：讀取 students 節點的資料。(<read.py>)

```
import time
from firebase import firebase
url = 'https://chiouapp01-a6172.firebaseio.com/'
fb = firebase.FirebaseApplication(url, None)
students = fb.get('/students', None)
for key,value in students.items():
    print("id={}\tno={}\tname={}".format(key,value["no"],value["name"]))
    time.sleep(1)
```

```
IPython console
Console 1/A
id=-LRFENdBLnoG7Nhblb01 no=1    name=李天龍
id=-LRFENqnP6-l5Tsk12Mn no=2    name=高一人
id=-LRFEO3OB5-Y0vAXBcGM no=3    name=洪大同
```

delete(url+id ,None)

delete 方法刪除指定 url 節點中編號 id 的資料，第二個參數也可以設定 id 刪除指定的資料。例如：刪除 students 節點編號為 "-LRFENdBLnoG7Nhblb01" 的資料。

```
id="-LRFENdBLnoG7Nhblb01"
fb.delete('/students/' + key_id,None)
# 或 fb.delete('/students/',key_id)
```

在實務上，我們必須根據內容去找出這筆資料的 id，才能對這筆資料作後續編輯處理。以前面建立包括 name、no 兩個欄位範例為例。

首先，將所有資料讀至 datas 字典變數中。

```
from firebase import firebase
url = 'https://chiouapp01-a6172.firebaseio.com/'
fb = firebase.FirebaseApplication(url, None)
datas=fb.get('/students', None)
```

現在 datas 的結構如下：

```
{id1:{'no':1 ,'name':'李天龍'},
 id2:{'no':2,'name':'高一人'},
 id3:{'no':3,'name':'洪大同'}}
```

接著，定義一個從「no」鍵中，根據 no 數值號碼查詢該筆資料 id 的自訂函式，如果資料已經存在就傳回其 id (也就是 Key)，否則就傳回空字串。

```
def CkeckKey(no):
    key_id=""
    if datas != None:
        for key in datas:
            if no==datas[key]["no"]: # 找到鍵名稱
                key_id = key
                break
    return key_id
```

利用 CkeckKey() 就可以判斷資料是否存在，並加以刪除。例如：若 no=1 的資料存在，就將它刪除。

```
no = 1
key_id = CkeckKey(no)
if key_id != "":      # 判斷鍵是否存在
    fb.delete('/students/' + key_id,None)
else:
    print("資料不存在")
```

範例：刪除指定的資料

students 節點已建立三筆資料，每一筆資料中包括 name、no 兩個欄位，刪除 no 欄位指定數值編號的資料。

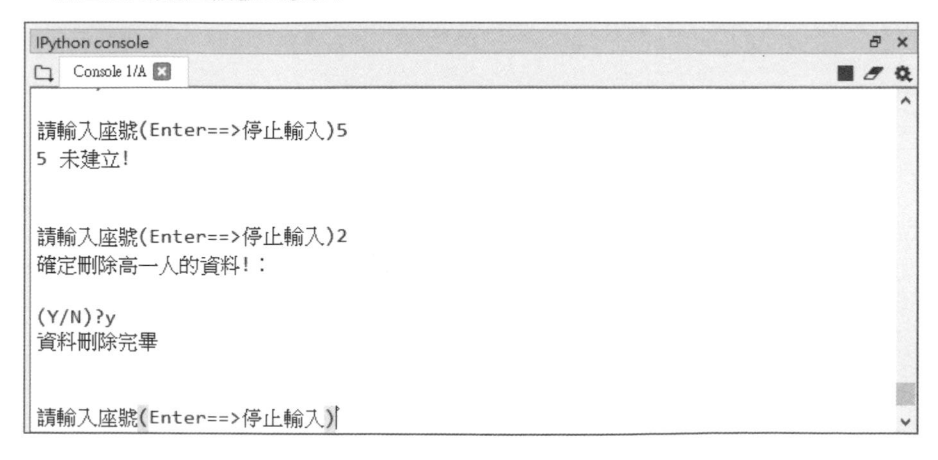

執行後，2 號資料已被刪除。

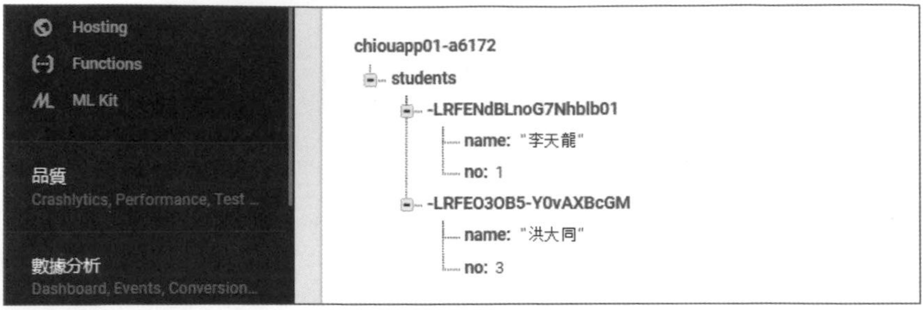

Hosting
Functions
ML Kit
品質
Crashlytics, Performance, Test ...
數據分析
Dashboard, Events, Conversion...

chiouapp01-a6172
- students
  - -LRFENdBLnoG7Nhblb01
    - name: "李天龍"
    - no: 1
  - -LRFE03OB5-Y0vAXBcGM
    - name: "洪大同"
    - no: 3

程式碼：ch13\delete.py

```
1   def CkeckKey(no):
2       key_id=""
3       if datas != None:
4           for key in datas:
5               if no==datas[key]["no"]: # 找到鍵名稱
6                   key_id = key
7                   break
8       return key_id
9   
10  ### 主程式從這裡開始 ###
11  
12  from firebase import firebase
13  url = 'https://chiouapp01-a6172.firebaseio.com/'
14  fb = firebase.FirebaseApplication(url, None)
15  
16  while True:
17      datas=fb.get('/students', None)
18      no = input("請輸入座號(Enter==>停止輸入)")
19      if no=="": break
20      key_id = CkeckKey(int(no))
21      if key_id != "":    # 判斷鍵是否存在
22          print("確定刪除{}的資料!:".format(datas[key_id]["name"]))
23          yn=input("(Y/N)?")
24          if (yn=="Y" or yn=="y"):
25              fb.delete('/students/'+key_id,None)
26          print("資料刪除完畢\n")
27      else:
28          print("{} 未建立!\n".format(no))
```

程式說明

- 1~8　　自訂函式 CkeckKey 依據數值 no 找到該筆資料 id。
- 16~28　重複執行輸入 no 後，刪除指定 no 的資料。
- 19　　按 **Enter** 鍵結束程式。
- 20　　CkeckKey(int(no)) 查詢該編號的 id 值，注意，no 必須轉換為數值。
- 25　　以 fb.delete('/students/' + key_id,None) 刪除 students 節點中指定 id (key_id) 的這筆資料。

比較細心的讀者會發現，第 17 列 datas=fb.get('/students', None) 動作放在 while 迴圈內，實際上是每執行一次就會再讀取一次，這在資料量龐大時會造成負擔，改進的程式如下：(<delete_adv.py>)。將第 18 列改在 13 列迴圈外，只讀取一次存入 datas 變數中，但這樣當資料刪除之後，會造成 datas 字典變數和 students 節點不同步，必須再刪除 datas 字典變數中該筆資料，第 27 行 datas.pop(key_id) 就是根據其 id 將資料自 datas 字典變數中移除。

程式碼：ch13\delete_adv.py

```
1   def CkeckKey(no):
…略
8
10  ### 主程式從這裡開始 ###
11
12  from firebase import firebase
13  url = 'https://chiouapp01-dedce.firebaseio.com'
14  fb = firebase.FirebaseApplication(url, None)
15  datas=fb.get('/students', None)
16
17  while True:
18  #    datas=fb.get('/students', None)
19      no = input("請輸入座號(Enter==>停止輸入)")
20      if no=="": break
21      key_id = CkeckKey(int(no))
22      if key_id != "":     # 判斷鍵是否存在
23          print("確定刪除{}的資料!:".format(datas[key_id]["name"]))
24          yn=input("(Y/N)?")
25          if (yn=="Y" or yn=="y"):
26              fb.delete('/students/'+key_id,None)
27              datas.pop(key_id)
28          print("資料刪除完畢\n")
```

```
29        else:
30            print("{} 未建立！\n".format(no))
```

put(url , data=word, name=id)

put 方法會更新指定 url 節點的資料 , data 為資料內容，name 為 id (也就這筆資料的 Key) ，若 id 不存在會新增一筆資料。

例如：在 test 節點，建立一筆資料，資料的 id 指定為 "mykey"，資料內容為 {"name":"Lin"}。(<put1.py>)

```
fb.put(url + '/test/', data={"name":"Lin"}, name="mykey")
```

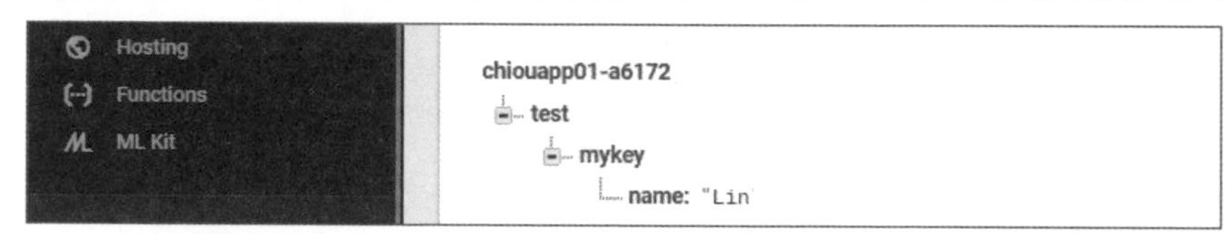

若 id 已存在則會更改其內容，例如：更改 mykey 內容為 {"name":"Mary"}。(<put2.py>)

```
fb.put(url + '/test/', data={"name":"Mary"}, name="mykey")
```

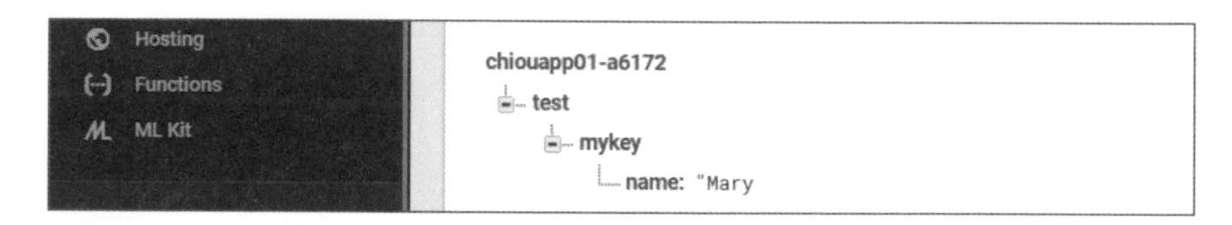

範例：修改指定的資料

students 節點已建立三筆資料，每一筆資料中包括 name、no 兩個欄位，輸入 no 欄位可修改指定數值編號的資料。

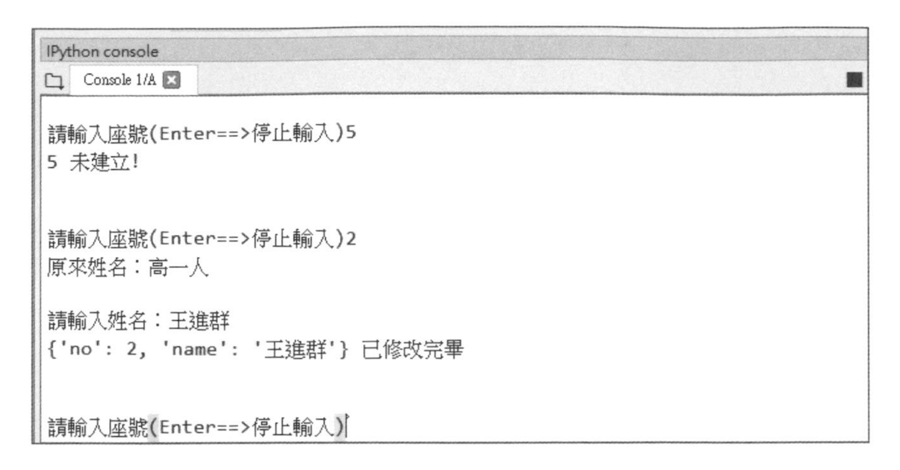

執行後，2 號資料已被連續修改。

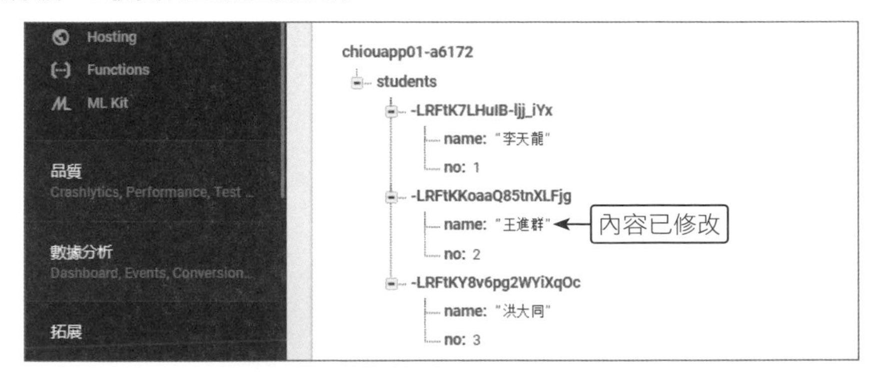

程式碼：ch13\edit.py

```
1    def CkeckKey(no):
2~7  ... 同上一範例
8        return key_id
9
10   ### 主程式從這裡開始 ###
11
12   from firebase import firebase
13   import time
14
15   url = 'https://chiouapp01-a6172.firebaseio.com/'
16   fb = firebase.FirebaseApplication(url, None)
17   datas=fb.get('/students', None)
18
19   while True:
20       no = input("請輸入座號(Enter==>停止輸入)")
21       if no=="": break
```

```
22        key_id = CkeckKey(int(no))
23        if key_id != "":        # 判斷鍵是否存在
24            print("原來姓名：{}".format(datas[key_id]["name"]))
25            name=input("請輸入姓名：")
26            data = {"no":int(no),"name":name}
27            datas[key_id]=data
28            fb.put(url + '/students/', data=data, name=key_id)
29            time.sleep(2)
30            print("{} 已修改完畢\n".format(data))
31        else:
32            print("{} 未建立!\n".format(no))
```

程式說明

- 1~8　自訂函式 CkeckKey 依據數值 no 找到該筆資料 id。
- 17　將 students 節點資料讀取到 datas 變數中。
- 19~32　重複執行輸入 no 後，修改指定 no 的資料。
- 21　按 **Enter** 鍵結束程式。
- 22　CkeckKey(int(no)) 查詢該編號的 id 值，注意：no 必須轉換為數值。
- 24　以 datas[key_id]["name"] 取得該筆資料的鍵名稱為 name 的欄位內容。
- 25~26　輸入新的姓名並組成 data 字典。
- 27　datas[key_id]=data 更新 datas 字典該筆資料。
- 28　更新 students 節點中指定 id 的這筆資料內容。

範例：避免資料新增

前面已經談到，post 方法會新增一筆資料，但如果同樣的資料內容再執行 post 方法，則同樣資料會再重複建立 (不過 Key 不一樣)，為了避免這個問題，新增資料前，必須先檢查資料是否已經存在。

在 students 節點建立三筆資料，每一筆資料中包括 name、no 兩個欄位，若資料已經建立則不再重複新增。

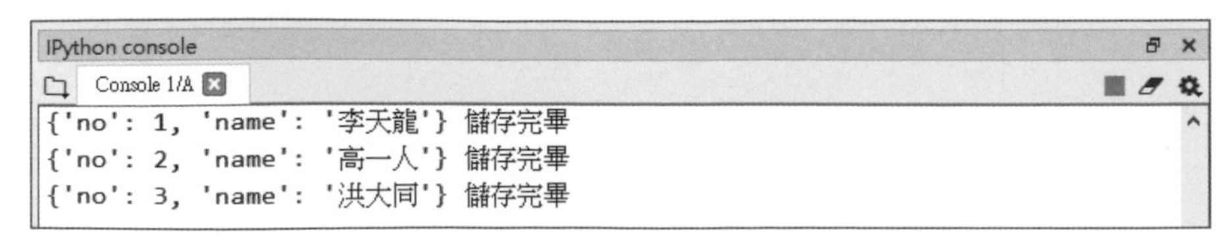
IPython console
Console 1/A
{'no': 1, 'name': '李天龍'} 儲存完畢
{'no': 2, 'name': '高一人'} 儲存完畢
{'no': 3, 'name': '洪大同'} 儲存完畢

程式再執行一次，資料並不會重複新增。

程式碼：ch13\input2.py

```
1   def CkeckKey(no):
2~7 ... 同上一範例
8      return key_id
9
10  ### 主程式從這裡開始 ###
11
12  from firebase import firebase
13
14  students = [{'no':1 ,'name':'李天龍'},
15              {'no':2,'name':'高一人'},
16              {'no':3,'name':'洪大同'}]
17
18  url = 'https://chiouapp01-a6172.firebaseio.com/'
19  fb = firebase.FirebaseApplication(url, None)
20
21  datas=fb.get('/students', None)
22
23  for student in students:
24      no=student["no"] # 讀取鍵名稱
25      if CkeckKey(no) == "":        # 判斷鍵是否存在
26          fb.post('/students', student)
27          print("{} 儲存完畢".format(student))
```

程式說明

- 1~8　自訂函式 CkeckKey 依據數值 no 找到該筆資料 id。
- 23~27　依序新增每一筆資料。
- 25　以 CkeckKey 自訂函式檢查資料是否已經建立。

13.3 實戰：英文單字王 Firebase 版

學習英文是許多人一輩子的功課，在這個應用實例中我們將開發一個幫助學習英文單字的系統，使用者執行程式後，選擇查詢即可查詢該英文單字的中文翻譯。

13.3.1 英文單字王標準版

因為這個範例的資料必須要儲存在 Firebase 的資料庫中，以下先以程式完成資料匯入的動作。

應用程式資料匯入

這個範例中將使用 CSV 檔案當作資料的來源，CSV 是一種通用而簡單的資料格式，首先利用程式將 <eword.csv> 檔中的英文單字全部存到 Firebase 資料庫的 English 節點中。

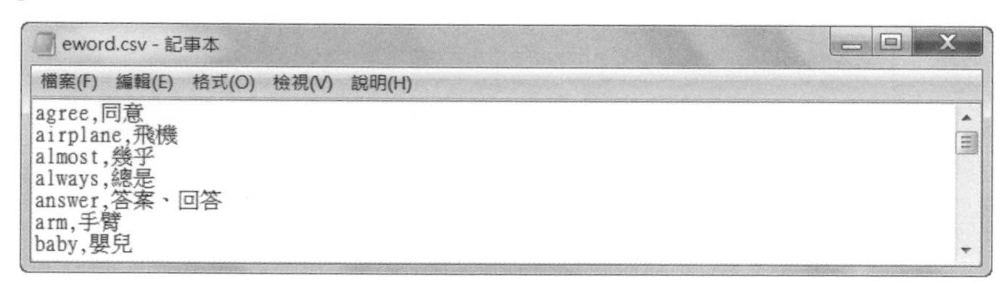

每一筆資料格式都是「{ id:{'eword':' 英文單字 ','cword':' 中文翻譯 '}}」，其中 eword、cword 都是字串型別。

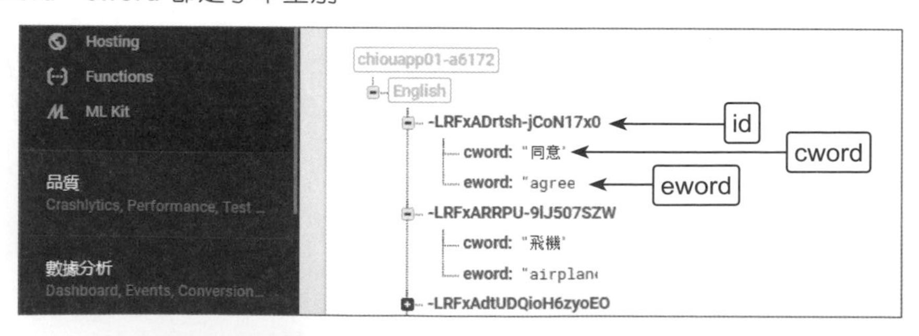

程式碼：ch13\readcsv.py

```
1   def CkeckKey(no):
2       key_id=""
3       if datas != None:
```

```
4          for key in datas:
5              if no==datas[key]["eword"]: # 讀取鍵名稱
6                  key_id = key
7                  break
8      return key_id
9
10 ### 主程式從這裡開始 ###
11
12 from firebase import firebase
13
14 url = 'https://chiouapp01-a6172.firebaseio.com/English'
15 fb = firebase.FirebaseApplication(url, None)
16 datas=fb.get(url, None)
17
18 with open('eword.csv','r', encoding = 'UTF-8-sig') as f:
19     for line in f:
20         eword,cword = line.rstrip('\n').split(',')
21         word={'eword':eword,'cword':cword}
22         if CkeckKey(eword) == "":        # 判斷鍵是否存在
23             fb.post(url, word)
24             print(word)
25     print("\n 轉換完畢 !")
```

程式說明

- 1~8　自訂函式 CkeckKey 依據數值 no 找到該筆資料 id。
- 14　請注意 url 節點設為「https://chiouapp01-a6172.firebaseio.com/English」節點，而不是「https://chiouapp01-a6172.firebaseio.com」節點。
- 16　讀取「https://chiouapp01-a6172.firebaseio.com/English」節點。
- 18~25　讀取 csv 檔後依序新增每一筆資料到資料庫中。
- 22~24　若資料不存在就新增該筆資料。

應用程式總覽

本範例已執行前面的 <readcsv.py> 建立 English 節點資料庫，按下 **查詢單字** 可以查詢英文單字的中文翻譯，也可新增、修改和刪除英文單字。(<eword.py>)

執行程式後，在主功能表選擇 **3** 可以顯示前面已建立資料庫中的英文單字和中文翻譯。

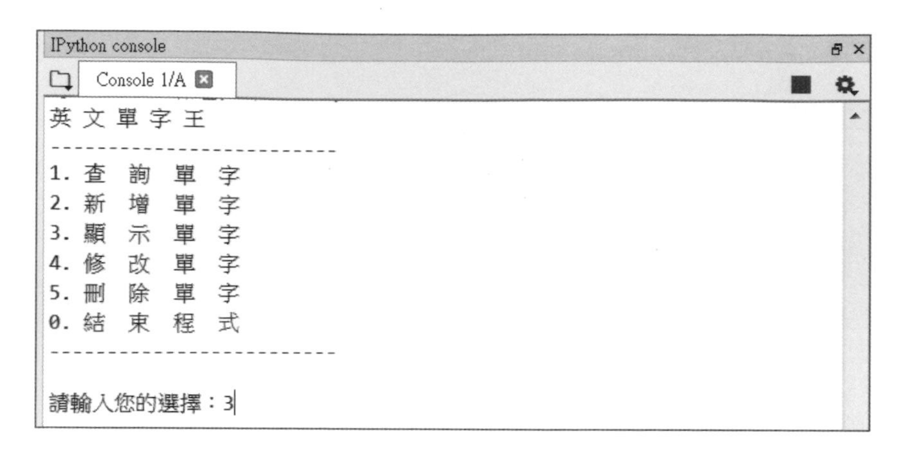

每一頁會顯示 15 筆，您可以改變第 44 列 page 的值，按下 **Enter** 鍵會顯示下一頁，按下 **Q** 鍵會返回主選單。

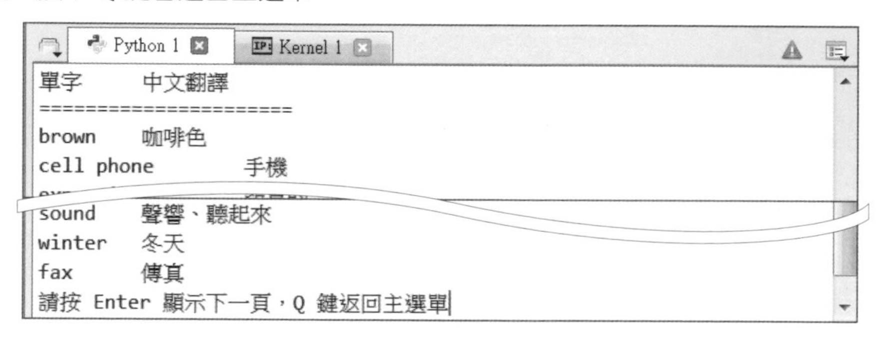

在主功能選擇 **1** 可以查詢英文單字，並顯示其中文翻譯。

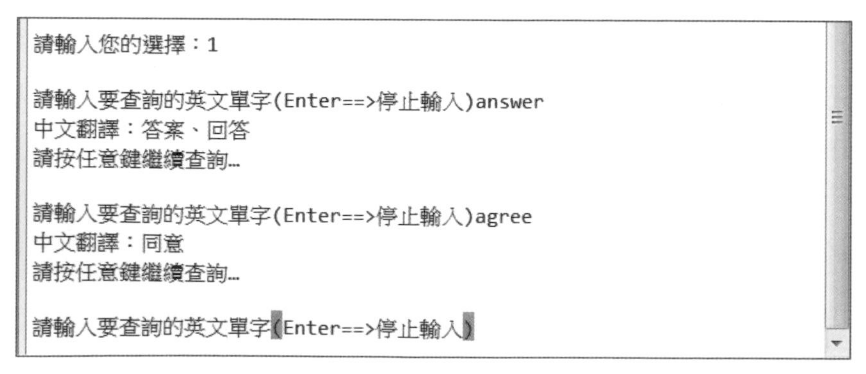

在主功能選擇 **2** 可以新增新的英文單字，例如：輸入單字 test、中文翻譯：測試。

```
請輸入英文單字(Enter==>停止輸入)test
請輸入中文翻譯：測試
{'cword': '測試', 'eword': 'test'}已被儲存完畢
請輸入英文單字(Enter==>停止輸入)
```

在主功能選擇 **4** 可以修改英文單字，例如：更改單字 test 的中文翻譯為測驗。

```
請輸入要修改的英文單字(Enter==>停止輸入)test
原來中文翻譯：測試
請輸入中文翻譯：測驗
{'cword': '測驗', 'eword': 'test'} 已修改完畢
```

在主功能選擇 **5** 可以刪除指定的英文單字，例如刪除單字 test 。

```
請輸入要刪除的英文單字(Enter==>停止輸入)test
確定刪除{'cword': '測驗', 'eword': 'test'}的資料!：
(Y/N)?y
資料刪除完畢

請輸入要刪除的英文單字(Enter==>停止輸入)test
test 未建立!

請輸入要刪除的英文單字(Enter==>停止輸入)
```

應用程式內容

程式碼：ch13\eword.py

```
1    def menu():
2        os.system("cls")
3        print(" 英 文 單 字 王 ")
4        print("-------------------------")
5        print("1. 查  詢  單  字 ")
6        print("2. 新  增  單  字 ")
7        print("3. 顯  示  單  字 ")
8        print("4. 修  改  單  字 ")
9        print("5. 刪  除  單  字 ")
10       print("0. 結  束  程  式 ")
11       print("-------------------------")
```

第 1~11 列自定函式 menu 定義選項功能表。

程式碼：ch13\eword.py

```
13   def CkeckKey(no):
14       key_id=""
15       if datas != None:
16           for key in datas:
17               if no==datas[key]["eword"]: # 讀取鍵名稱
18                   key_id = key
19                   break
20       return key_id
```

程式說明

- **13~20**　自訂函式 CkeckKey 依據字串 no 找到該筆資料 id，注意：參數 no 為字串型別。

程式碼：ch13\eword.py

```
22   def input_data():
23       global datas
24       while True:
25           eword =input("請輸入英文單字(Enter==>停止輸入)")
26           if eword=="": break
27           key_id = CkeckKey(eword)
28           if key_id != "":        # 判斷鍵是否存在
29               print("{} 單字已存在!".format(datas[key_id]))
30               continue
31           cword=input("請輸入中文翻譯:")
32           word={'eword':eword,'cword':cword}
33           key_id=fb.post(url, word)["name"]
34           time.sleep(2)
35           if datas == None: datas = dict()
36           datas[key_id]=word
37           print("{}已被儲存完畢".format(word))
```

程式說明

- **22~37**　自訂函式 input_data 可連續新增資料，按下 **Enter** 才停止輸入並返回主功能表。
- **27**　查詢該單字是否已存在，並取回其 id。
- **28~30**　若資料已存在，不再新增該筆資料。
- **31~33**　若資料不存在，輸入中文翻譯，並將資料寫回資料庫中。資料輸入成功會傳回一個 dict 物件，並自動產生一個唯一的編號，以 key_id=fb.post(url, word)["name"] 可以從 name 鍵中取得這個編號。

- 35　如果資料庫中並未建立任何資料，設定 datas 為空的 dict 以避免第 36 設定 datas[key_id]=word 時找不到 datas 的錯誤。
- 36　將該筆資料加入 datas 字典變數中，保持 datas 變數和資料庫同步。

程式碼：ch13\eword.py

```
39  def disp_data():
40      global datas
41      datas=fb.get(url, None)
42      if datas != None:
43          n,page=0,15
44          for key in datas:
45              if n % page ==0:
46                  print("單字\t中文翻譯")
47                  print("=====================")
48              print("{}\t{}".format(datas[key]["eword"],
                  datas[key]["cword"]))
49              n+=1
50              if n == page:
51                  c=input("請按 Enter 顯示下一頁，Q 鍵返回主選單")
52                  if c.upper() == "Q":return
53                  n=0
54          c=input("請按任意鍵返回主選單")
```

程式說明

- 39~54　自訂函式 disp_data 以每頁 15 筆資料方式分頁顯示資料。
- 40~41　宣告 datas 為全域變數，因此第 41 列會更新 datas 變數為資料庫取得的資料。

程式碼：ch13\eword.py

```
56  def search_data():
57      while True:
58          eword =input("請輸入要查詢的英文單字(Enter==> 停止輸入)")
59          if eword=="": break
60          key_id = CkeckKey(eword)
61          if key_id != "":        # 判斷鍵是否存在
62              print("中文翻譯：{}".format(datas[key_id]["cword"]))
63          else:
64              print("{} 未建立!\n".format(eword))
65          input("請按任意鍵繼續查詢…")
```

程式說明

- 56~65　自訂函式 search_data 查詢英文單字。
- 62　依據該筆資料的 id 即可以取得其內容，datas[key_id]["cword"] 可以取得中文翻譯。

程式碼：ch13\eword.py

```
67  def edit_data():
68      while True:
69          eword =input("請輸入要修改的英文單字 (Enter==> 停止輸入 )")
70          if eword=="": break
71          key_id = CkeckKey(eword)
72          if key_id != "":        # 判斷鍵是否存在
73              print("原來中文翻譯：{}".format(datas[key_id]["cword"]))
74              cword=input("請輸入中文翻譯：")
75              word={'eword':eword,'cword':cword}
76              datas[key_id]=word
77              fb.put(url + '/', data=word, name=key_id)
78              time.sleep(2)
79              print("{} 已修改完畢\n".format(word))
80          else:
81              print("{} 未建立!\n".format(eword))
```

程式說明

- 67~81　自訂函式 edit_data 修改英文單字。
- 72~74　英文單字存在才允許修改，並輸入新的中文翻譯。
- 75~77　將資料寫回資料庫中，同時以 datas[key_id]=word 更新 datas 字典中的該筆資料。

程式碼：ch13\eword.py

```
83  def delete_data():
84      while True:
85          eword =input("請輸入要刪除的英文單字 (Enter==> 停止輸入 )")
86          if eword=="": break
87          key_id = CkeckKey(eword)
88          if key_id != "":        # 判斷鍵是否存在
89              print("確定刪除{}的資料!：".format(datas.get(key_id)))
90              yn=input("(Y/N)?")
91              if (yn=="Y" or yn=="y"):
92                  fb.delete(url + '/' + key_id,None)
```

```
93                  datas.pop(key_id)
94                  print(" 資料刪除完畢 \n")
95          else:
96              print("{} 未建立 !\n".format(eword))
```

程式說明

- 83~96　自訂函式 delete_data 刪除英文單字。
- 88~94　檢查資料是否存在，若資料存在，再輸入 **Y** 確認刪除。

程式碼：ch13\eword.py

```
99   ### 主程式從這裡開始 ###
100
101  import time,os
102  from firebase import firebase
103
104  url = 'https://chiouapp01-a6172.firebaseio.com/English'
105  fb = firebase.FirebaseApplication(url, None)
106  datas=fb.get(url, None)
107
108  while True:
109      menu()
110      choice = input(" 請輸入您的選擇：")
111      try:
112          choice = int(choice)
113          if choice==1:
114              search_data()
115          elif choice==2:
116              input_data()
117          elif choice==3:
118              disp_data()
119          elif choice==4:
120              edit_data()
121          elif choice==5:
122              delete_data()
123          else:
124              break
125      except:
126          print("\n 不合法按鍵 !")
127          time.sleep(1)
128  print(" 程式執行完畢！ ")
```

程式說明

- 104~106 建立 Firebase 資料庫連線。
- 104 讀取「https://chiouapp01-a6172.firebaseio.com/English」節點資料。 請注意：本範例將 url 節點設為「https://chiouapp01-a6172.firebaseio.com/English」節點，而不是「https://chiouapp01-a6172.firebaseio.com」節點。
- 108~127 依 choice 的輸入值，執行各項操作，同時補捉不合法的按鍵輸入。

13.3.2 英文單字王進階版

以 post 方法建立的資料會自動產生一個唯一的 id (Key)，但有時也常常為了取得這個 id 而讓程式更難處理，以英文單字王標準版來說，它的資料結構如下：

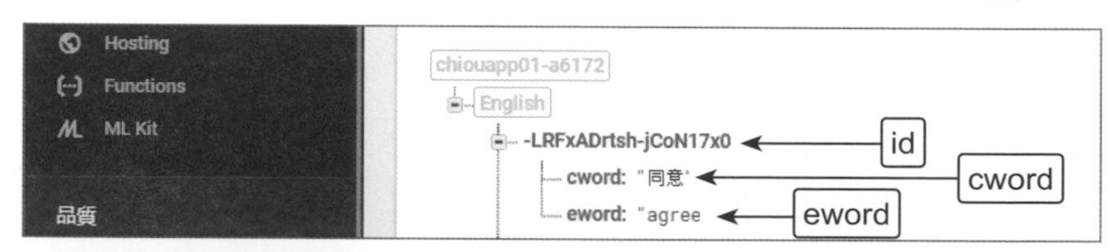

如果將每筆資料改為 {eword:cword} 的結構，會讓程式更簡化。也就是 id (Key) 就是英文單字，而資料內容 (Value) 就是中文翻譯。如下：

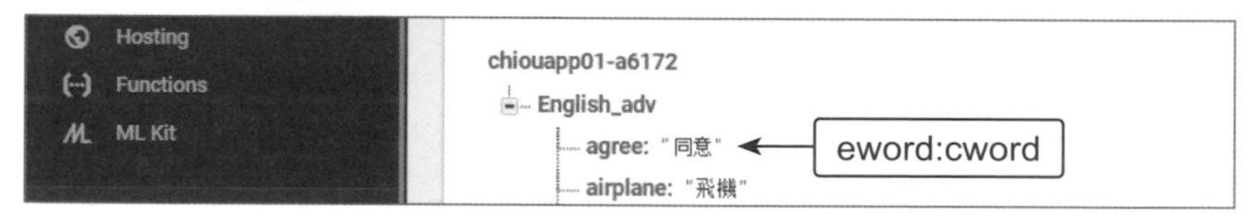

要達到這個需求，就必須使用 put 方法了。例如：在 English_adv 節點建立「{'agree':' 同意 '}」這筆資料。

```
url = 'https://chiouapp01-a6172.firebaseio.com/English_adv/'
fb = firebase.FirebaseApplication(url, None)
eword='agree'
cword=' 同意 '
fb.put(url, data=cword,name=eword)
```

應用程式資料匯入

本範例執行結果和前面範例完全相似，並在 **3. 顯示單字** 操作中加入以英文單字由小到大排序的功能。

請先執行 <readcsv_adv.py> 建立 English_adv 節點資料庫，執行後會讀取 <eword_less.csv> 檔中的模擬資料，只載入 6 筆資料。

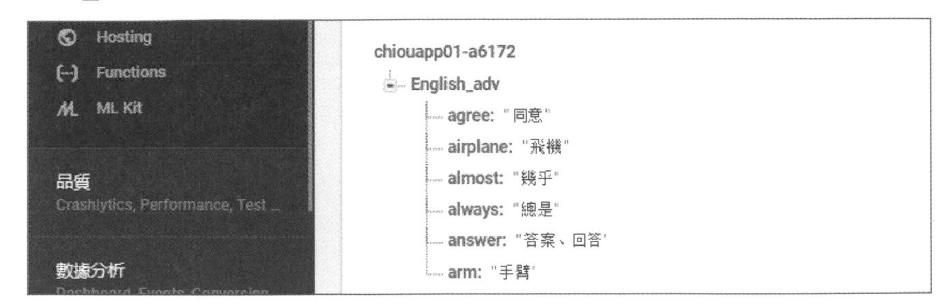

應用程式內容

程式碼：ch13\eword_adv\readcsv_adv.py

```
1    def CkeckKey(no):
…     同上
13
14   url = 'https://chiouapp01-a6172.firebaseio.com/English_adv/'
15   fb = firebase.FirebaseApplication(url, None)
16   datas=fb.get(url, None)
17
18   with open('eword_less.csv','r', encoding = 'UTF-8-sig') as f:
19       for line in f:
20           eword,cword = line.rstrip('\n').split(',')
21           if CkeckKey(eword) == "":        # 判斷鍵是否存在
22               fb.put(url, data=cword,name=eword)
23               print(eword,":",cword)
24       print("\n 轉換完畢！")
```

程式說明

- 22　以 put 方法新增資料，資料的 Key 為 eword ，Value 為 cword 。

因為大部份程式碼和前面範例相似，我們只列出需要對照的部份。

程式碼：ch13\eword_adv\eword_adv.py

```
22   def input_data():
23       global datas
24       while True:
25           eword =input(" 請輸入英文單字 (Enter==> 停止輸入 )")
26           if eword=="": break
27           key_id = CkeckKey(eword)
```

```
28          if key_id != "":        # 判斷鍵是否存在
29              print("{} 單字已存在 !".format(datas.get(key_id)))
30              continue
31          cword=input(" 請輸入中文翻譯 : ")
32          fb.put(url, data=cword,name=eword)
33          time.sleep(2)
34          if datas == None: datas = dict()
35          datas[eword]=cword
36          print(eword,":",cword," 已被儲存完畢 !")
```

程式說明

- 25　輸入英文單字，這個英文單字就是 dict 資料的 Key。
- 29　datas.get(key_id) 可以取得值，即中文翻譯。
- 32　新增資料。
- 35　將該筆資料加入 datas 字典變數中，保持 datas 變數和資料庫同步。

程式碼：ch13\eword_adv\eword_adv.py

```
38  def disp_data():
39      global datas
40      datas=fb.get(url, None)
41      if datas != None:
42          dc_sort = sorted(datas.items(),key = operator.itemgetter(0))
43          n,page=0,15
44          for item in dc_sort:
45              if n % page ==0:
46                  print(" 單字 \t 中文翻譯 ")
47                  print("======================")
48              key=item[0]
49              print("{}\t{}".format(key,item[1]))
... 略
```

程式說明

- 42　將 datas 字典依英文單字排序後指派給 dc_sort 串列變數，key = operator.itemgetter(0) 表示第 0 個欄位 (Key 欄位) 排序。
- 49　串列項目 item 中 item[0]、item[1] 分別是英文單字和中文翻譯 。

程式碼：ch13\eword_adv\eword_adv.py

```
57  def search_data():
58      while True:
59          eword =input("請輸入要查詢的英文單字(Enter==>停止輸入)")
60          if eword=="": break
61          key_id = CkeckKey(eword)
62          if key_id != "":        # 判斷鍵是否存在
63              print("中文翻譯：{}".format(datas[key_id]))
…略
```

程式說明

- 63　依據該筆資料的 id 即可以取得其內容，datas.get(key_id) 可以取得中文翻譯。

程式碼：ch13\eword_adv\eword_adv.py

```
68  def edit_data():
69      while True:
70          eword =input("請輸入要修改的英文單字(Enter==>停止輸入)")
71          if eword=="": break
72          key_id = CkeckKey(eword)
73          if key_id != "":        # 判斷鍵是否存在
74              print("原來中文翻譯：{}".format(datas[key_id]))
75              cword=input("請輸入中文翻譯：")
76              datas[key_id]=cword
77              fb.put(url + '/', data=cword, name=key_id)
… 略
```

程式說明

- 75~77　更改 Key 為 key_id 的資料，同時以 datas[key_id]=cword 更新 datas 字典中的該筆資料。

程式碼：ch13\eword_adv\eword_adv.py

```
83  def delete_data():
84      while True:
85          eword =input("請輸入要刪除的英文單字(Enter==>停止輸入)")
86          if eword=="": break
87          key_id = CkeckKey(eword)
88          if key_id != "":        # 判斷鍵是否存在
89              print("確定刪除 {} 的資料！".format(datas[key_id]),end="")
90              yn=input("(Y/N)?")
```

```
91                  if (yn=="Y" or yn=="y"):
92                      fb.delete(url + '/' + key_id,None)
93                      datas.pop(key_id)
…略
```

程式說明

- 92　刪除指定的英文單字 (Key 為 key_id)。
- 93　自 datas 定典中移除該筆資料。

程式碼：ch13\eword_adv\eword_adv.py

```
99   ### 主程式從這裡開始 ###
100
101  import time,os
102  from firebase import firebase
103  import operator
104
105  url = 'https://chiouapp01-a6172.firebaseio.com/English_adv'
106  fb = firebase.FirebaseApplication(url, None)
107  datas=fb.get(url, None)
108
… 選項選擇程式略
```

程式說明

- 103　資料排序必須匯入 operator 模組。
- 105　url　為「https://chiouapp01-a6172.firebaseio.com/English_adv」，即專案下的 English_adv 節點。

本章 <eword_adv2> 目錄中，提供架構如下圖的範例程式，其中每筆資料的 Key 為英文單字，資料內容為 { 英文單字 : 中文翻譯 }，讀者請自行參考。

其中 <readcsv_adv2.py> 會在 English_adv2 節點建立 6 筆資料，<eword_adv2.py> 則是包括新增、查詢、修改、刪除的主程式。

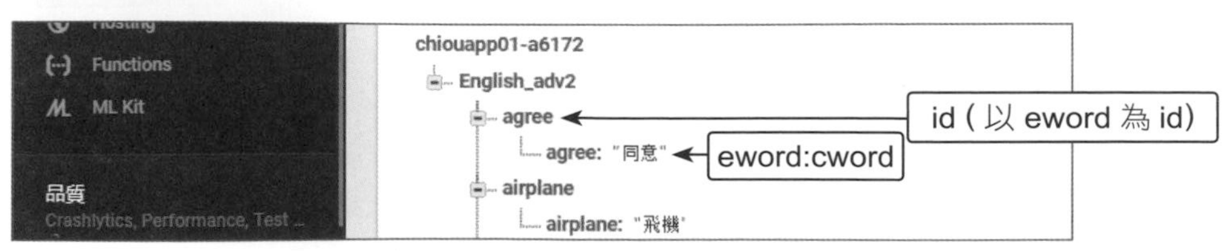

此外 <eword_tkinter> 目錄的 <eword_tkinter.py> 是以 tkinter 視窗介面設計的「英文單字王」專案，有興趣的讀者可自行參考。

實戰：批次更改資料夾檔案名稱與搜尋

Python 對於檔案處理有很突出的表現，也是很多人經常使用的功能。

在這一章當中，將統整 Python 檔案處理的技巧，例如大批檔案的複製、依指定的名稱儲存檔案、找出重複的照片、將所有圖檔更改為相同的大小等需求，以實際的範例進行說明。

除此之外，使用者也可以利用 Python 程式進行檔案內容文字的搜尋，只要指定資料夾或檔案，甚至是整台電腦，都可以在極短的時間內完成搜尋的動作。

14.1 檔案管理應用

這一章我們要利用前面介紹的技巧，設計一些實用的範例，包括大批檔案的複製、依指定的名稱儲存檔案、找出重複的照片、將所有的圖檔更改為相同的大小，方便製作網頁。

在日常生活中，也會有這樣的經驗，經常遺忘以前建立的檔案內容，我們也可以利用 Python 程式幫忙搜尋，甚至可以找遍整個電腦的所有檔案。

14.1.1 實戰：依指定的編號儲存檔案

首先利用 os.walk 方法將大批的圖檔依指定的編號複製存檔，os.walk 方法會搜尋指定目錄及子目錄下的所有檔案。

應用程式總覽

讀取目前目錄及子目錄下所有的 jpg 檔，複製到該目錄下的 <output2> 目錄，檔名依 <p0.jpg>、<p1.jpg>…依序編號。

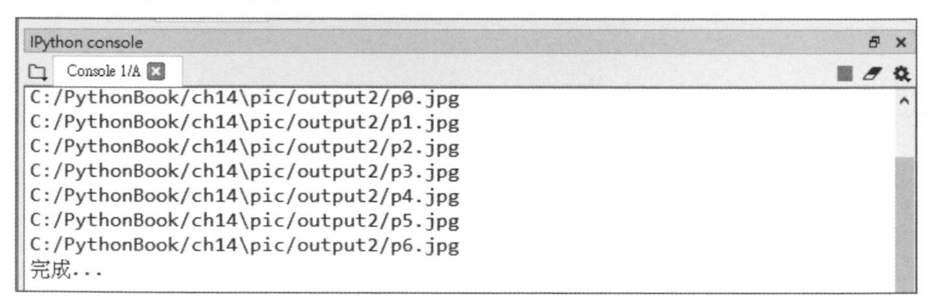

在本範例檔的 <pic> 子目錄中找到 jpg 檔，並將檔名改為 <p0.jpg>~<p6.jpg> 後儲存在 <output2> 目錄。

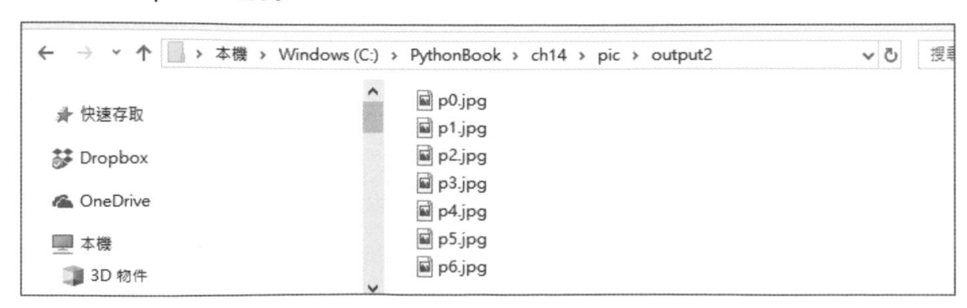

應用程式內容

程式碼：ch14\photoRenum.py

```
1   import os,shutil
2   cur_path=os.path.dirname(__file__) # 取得目前路徑
3   sample_tree=os.walk(cur_path)
4   output_dir = 'output2'
5   
6   for dirname,subdir,files in sample_tree:
7       allfiles=[]
8       basename= os.path.basename(dirname)
9       if basename == output_dir:  # output2 目錄不再重複處理
10          continue
11  
12      for file in files:  # 讀取所有 jpg 檔名，存入 allfiles 串列中
13          ext=file.split('.')[-1]
14          if ext=="jpg": # 讀取 *.jpg to allfiles
15              allfiles.append(file)
16  
17      if len(allfiles)>0: # 將 jpg 存入 output 目錄中
18          target_dir = dirname + '/' + output_dir
19          if not os.path.exists(target_dir):
20              os.mkdir(target_dir)
21  
22          counter=0
23          for file in allfiles:
24              filename=file.split('.')[0] # 主檔名
25              m_filename = "p" + str(counter)
26              destfile = target_dir +'/'+ m_filename +
                    '.jpg' # 加上完整路徑
27              srcfile=dirname + "/" + file
28              print(destfile)
29              shutil.copy(srcfile,destfile); # 複製檔案
30              counter +=1
31  
32  print(" 完成 ...")
```

程式說明

- 2~3　取得目前路徑，並以 os.walk() 搜尋目前路徑及其子目錄。
- 4　儲存檔案的資料夾為 output2。
- 6~30　讀取資料夾名稱、下一層資料夾串列和資料夾中所有檔案串列。

- 8~10　如果是 output2 資料夾不必處理，因為 17~30 會產生 output2 資料夾，並將 .jpg 複製到 output2 資料夾中，為了避免第二次執行再對 output2 進行處理，因此在第 9 列設定 output2 資料夾不予處理。
- 12~15　讀取所有 jpg 檔名，存入 allfiles 串列中。
- 13　將檔案的副檔名存至 ext 變數中。
- 17~30　確認有檔案才處理，避免產生誤動作。
- 18~20　如果 output2 資料夾未建立，建立 output2 資料夾。
- 23~30　逐一複製所有的 jpg 檔，來源檔為 srcfile，是以 srcfile=dirname + "/" + file 組成完整路徑名稱。
- 26　destfile 是目標檔案，是由 target_dir + '/' + m_filename + '.jpg' 組成完整路徑名稱，即 <output2/p0.jpg>、<output2/p1.jpg> …。
- 29　複製檔案。

14.1.2 實戰：大批檔案複製搬移及重新命名

在電腦檔案的操作中，常會有需要將大量的檔案重新命名後再分別整理到指定的資料夾，Python 可以利用它特殊的檔案處理能力，輕鬆的完成任務。

應用程式總覽

在這個範例中使用者希望能對目前目錄及子目錄下的所有的 mp3 檔進行處理，除了濾除不合法字元，再依新的命名原則更改檔名後再複製到 <output> 目錄中。

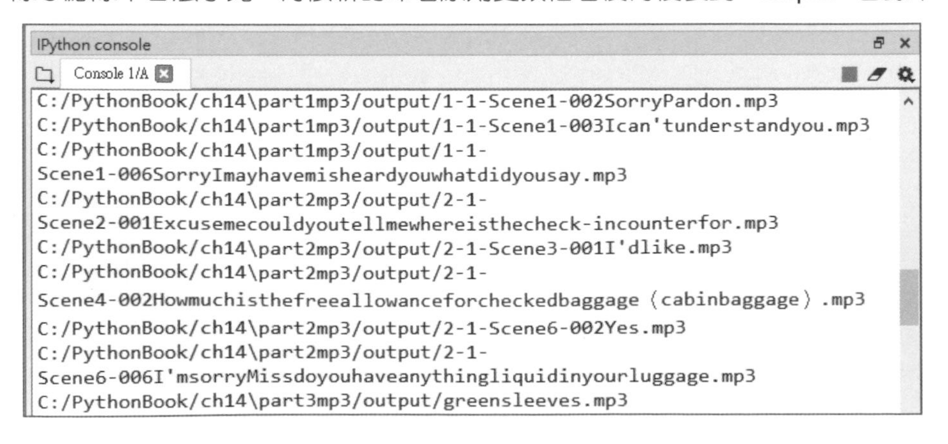

在本範例檔的 <part1mp3>、<part2mp3>、<part3mp3> 子目錄中找到 mp3 檔，並將檔名中不合法字元濾除後，以新的合法檔名複製到 <output> 目錄。

例如：原來 <part1mp3> 的 <1-1-Scene 1-002 Sorry、Pardon.mp3> 檔中名含有不合法字元「、」，執行後 <part1mp3> 的 <output> 會產生 <1-1-Scene1-002SorryPardon.mp3> 檔案，檔名中不合法的字元「、」已被去除。

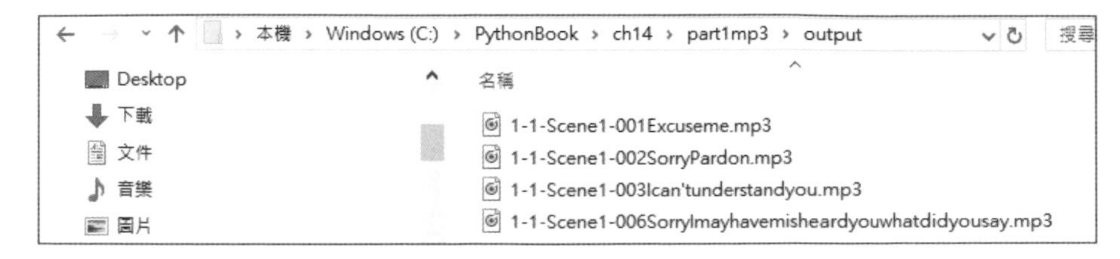

應用程式內容

程式碼：ch14\mp3Copy.py

```
1    import os,shutil
2    output_dir = 'output'
3    cur_path=os.path.dirname(__file__) # 取得目前路徑
4    sample_tree=os.walk(cur_path)
5
6    for dirname,subdir,files in sample_tree:
7       allfiles=[]
8       basename= os.path.basename(dirname)
9       if basename == output_dir:  # output 目錄不再重複處理
10         continue
11
12      for file in files:  # 讀取所有 mp3 檔名，存入 allfiles 串列中
13         ext=file.split('.')[-1]
14         if ext=="mp3": # 讀取 *.mp3 to allfiles
15            allfiles.append(file)
16
17      if len(allfiles)>0: # 將 mp3 存入 output 目錄中
18         target_dir = dirname + '/' + output_dir
19         if not os.path.exists(target_dir):
20            os.mkdir(target_dir)
21
22         for file in allfiles:
23            filename=file.split('.')[0] # 主檔名
24            m_filename =""
25            for c in filename: # 將主檔名中不合法的字元去除
26               if c==" " or c=="." or c=="," or c=="、"
                   or c=="，" or c=="(" or c==")":
27                  m_filename += ""  # 去除不合法字元
28               else:
29                  m_filename += c
```

```
30
31            destfile = "{}.{}".format(target_dir+'/'+
                m_filename, ext) # 加上完整路徑
32            srcfile=dirname + "/" + file
33            print(destfile)
34            shutil.copy(srcfile,destfile); # 複製檔案
35
36    print("完成...")
```

程式說明

- 2　　　儲存檔案的資料夾為 output。
- 8~10　　如果是 output 資料夾不必重理處理。
- 12~15　讀取所有 mp3 檔名，存入 allfiles 串列中。
- 22~34　逐一處理所有的 mp3 檔。
- 23　　　取得檔案的主檔名。
- 25~29　去除檔名中不合法的字元，包括「" "」、「.」、「,」、「 、」、「 ，」、「(」、「)」等字元，這些要濾除的字元可視實際狀況調整。
- 34　　　複製檔案到 <output> 資料夾。

14.1.3 實戰：找出重複的照片

電腦的檔案因為經過複製及搬移，難免有許多檔名相同的照片，但內容可能不一樣。利用 hashlib.md5() 可以輕易比較兩張照片是否相同。

應用程式總覽

讀取目前目錄及子目錄下的所有的 png 和 jpg 檔，比對是否有重複的照片並列出。

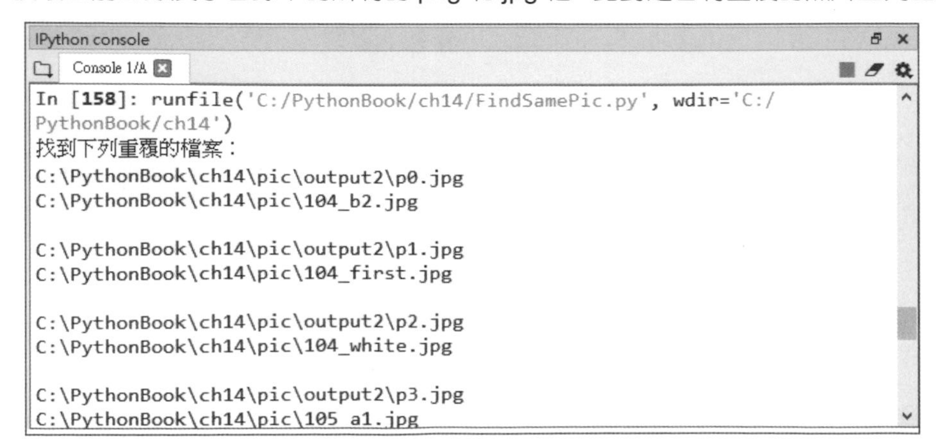

應用程式內容

程式碼：ch14\FindSamePic.py

```
1  import os,hashlib
2  cur_path=os.path.dirname(__file__) # 取得目前路徑
3  sample_tree=os.walk(cur_path)
4
5  allmd5s = dict()
6  n=0
7  for dirname,subdir,files in sample_tree:
8      allfiles=[]
9      for file in files:  # 取得所有 .png .jpg 檔，存入 allfiles 串列中
10         ext=file.split('.')[-1]
11         if ext=="png" or ext=="jpg":
12             allfiles.append(dirname +'/'+file)
13
14     if len(allfiles)>0:
15         for imagefile in allfiles:
16             img_md5 = hashlib.md5(open(imagefile,'rb').read()).digest()
17             if img_md5 in allmd5s:
18                 if n==0:
19                     print("找到下列重複的檔案：")
20                 n+=1
21                 print(os.path.abspath(imagefile))
22                 print(allmd5s[img_md5] + "\n")
23             else:
24                 allmd5s[img_md5] = os.path.abspath(imagefile)
25
26 print("完成...")
```

程式說明

- 1　匯入 hashlib 模組。
- 8~12　讀取所有 png 和 jpg 檔，存入 allfiles 串列中。
- 14~24　逐一取出照片檔並和其目錄下 (包含所有子目錄) 的所有照片，比較是否相同。
- 16　建立 md5 編碼 img_md5。
- 17~22　如果 img_md5 編碼存在 allmd5s 串列中，表示該張照片重複。
- 23~24　否則將 img_md5 加入 allmd5s 串列中。

14.1.4 實戰：更改圖檔為相同的大小

製作網頁時，為了網路傳輸速度考量，會將圖片的解析度降低或更改所有的圖檔為相同的大小，但圖片並不是一、二張，這時如果能用 Python 協助大量的處理，也是很不錯的選擇。

照片大小的處理必須使用 Image 物件。首先必須匯入 Image 模組：

```
from PIL import Image
```

匯入之後就可以 Image.open(file) 建立編輯該照片的 Image 物件，再利用該物件的方法更改照片大小。

例如：建立 Image 物件 img，先以 size 屬性取得照片寬度、高度，以 resize() 方法調整寬度、高度後以 save() 方法儲存，最後以 close() 方法結束物件。

```
from PIL import Image
img = Image.open(file)
w,h = img.size
img = img.resize((image_width,int(image_width/float(w)*h)))
img.save(target_dir+'/'+filename)
img.close()
```

應用程式總覽

讀取目前目錄及子目錄下所有的 png 和 jpg 檔，將照片寬度設定為 800 pixel，高度依比例調整，並將新的檔案複製到 <resized_photo> 目錄。

```
IPython console
Console 1/A
<C:/PythonBook/ch14\pic/resized_photo/104_b2.jpg> 複製完成!
<C:/PythonBook/ch14\pic/resized_photo/104_first.jpg> 複製完成!
<C:/PythonBook/ch14\pic/resized_photo/104_white.jpg> 複製完成!
<C:/PythonBook/ch14\pic/resized_photo/105_a1.jpg> 複製完成!
<C:/PythonBook/ch14\pic/resized_photo/105_cad.jpg> 複製完成!
<C:/PythonBook/ch14\pic/resized_photo/105_cup.jpg> 複製完成!
<C:/PythonBook/ch14\pic/resized_photo/105_logo.jpg> 複製完成!
<C:/PythonBook/ch14\pic/resized_photo/newmark.png> 複製完成!
<C:/PythonBook/ch14\pic\output2/resized_photo/p0.jpg> 複製完成!
<C:/PythonBook/ch14\pic\output2/resized_photo/p1.jpg> 複製完成!
<C:/PythonBook/ch14\pic\output2/resized_photo/p2.jpg> 複製完成!
```

應用程式內容

程式碼：ch14\photoReSize.py

```
1   import os
2   from PIL import Image
3
4   image_dir = 'resized_photo'
5   image_width = 800
6
7   cur_path=os.path.dirname(__file__) # 取得目前路徑
8   sample_tree=os.walk(cur_path)
9
10  for dirname,subdir,files in sample_tree:
11      allfiles=[]
12      basename= os.path.basename(dirname)
13      if basename == image_dir:  # resized_photo 目錄不再重複處理
14          continue
15      for file in files:  # 取得所有 .png .jpg 檔，存入 allfiles 串列中
16          ext=file.split('.')[-1]
17          if ext=="png" or ext=="jpg":
18              allfiles.append(dirname +'/'+file)
19
20      if len(allfiles)>0:
21          target_dir = dirname + '/' + image_dir
22          if not os.path.exists(target_dir):
23              os.mkdir(target_dir)
24          for file in allfiles:
25              pathname,filename = os.path.split(file)
26              img = Image.open(file)
27              w,h = img.size
28              img = img.resize((image_
width,int(image_width/float(w)*h)))
29              img.save(target_dir+'/'+filename)
30              print("<{}> 複製完成！".format(target_dir+'/'+filename))
31              img.close()
32
33  print(" 完成 ...")
```

程式說明

- 2　from PIL import Image 匯入模組。
- 5　設定照片寬度為 800 pixel。
- 15~18　讀取所有 png 和 jpg 檔，存入 allfiles 串列中。
- 24~31　逐一取出照片檔並調整其寬度、高度後儲存在 <resized_photo> 目錄中。

14.2 在多檔中尋找指定的文字

這個單元將利用 Python 程式在多檔案中搜尋指定的內容，包括文字檔及 Word 文件檔，當然也可以藉由更多不同的模組擴充檔案搜尋的種類。

14.2.1 實戰：在多文字檔中搜尋

首先探討文字檔的搜尋，一樣是使用 os.walk 加大搜尋的範圍，讓它可以搜遍指定目錄和其子目錄。

應用程式總覽

讀取目前目錄及子目錄下所有的 py 和 txt 文字檔，搜尋這些檔案中是否包含指定的文字內容「shutil」。

```
IPython console
Console 1/A
在 C:/PythonBook/ch14/FindKeyWord.py，第 4 列找到「shutil」。
在 C:/PythonBook/ch14/FindKeyWord3.py，第 4 列找到「shutil」。
在 C:/PythonBook/ch14/mp3Copy.py，第 1 列找到「shutil」。
在 C:/PythonBook/ch14/mp3Copy.py，第 34 列找到「shutil」。
在 C:/PythonBook/ch14/photoRenum.py，第 1 列找到「shutil」。
在 C:/PythonBook/ch14/photoRenum.py，第 29 列找到「shutil」。
在 C:/PythonBook/ch14/shutil_1.py，第 1 列找到「shutil」。
在 C:/PythonBook/ch14/shutil_1.py，第 4 列找到「shutil」。
完成...
```

應用程式內容

程式碼：ch14\FindKeyWord.py

```
1   import os
2   cur_path=os.path.dirname(__file__) # 取得目前路徑
3   sample_tree=os.walk(cur_path)
4   keyword="shutil"
5
6   for dirname,subdir,files in sample_tree:
7       allfiles=[]
8       for file in files:  # 取得所有 .py .txt 檔，存入 allfiles 串列中
9           ext=file.split('.')[-1]
10          if ext=="py" or ext=="txt":
11              allfiles.append(dirname +'/'+file)
```

```
12
13     if len(allfiles)>0:
14         for file in allfiles:  # 讀取 allfiles 串列所有檔案
15             try:
16                 fp = open(file, "r", encoding = 'UTF-8')
17                 article = fp.readlines()
18                 fp.close
19                 line=0
20                 for row in article:
21                     line+=1
22                     if keyword in row:
23                         print("在 {}，第 {} 列找到「{}」。"
                               .format(file,line,keyword))
24             except:
25                 print("{} 無法讀取 ..." .format(file))
26
27 print("完成 ...")
```

程式說明

- 8~11　讀取所有 py 和 txt 檔，存入 allfiles 串列中。
- 13~25　逐一讀取所有檔後一列一列比對是否找到指定的字元，讀取檔案最好以 try...except 補捉錯誤，以防程式中止。

14.2.2 實戰：在 Word 檔中搜尋

接著我們擴大到 Word 檔中搜尋，並且以 docx 副檔名為搜尋目標，首先必須安裝 python-docx 模組，如下：

```
pip install -v python-docx==0.8.7
```

匯入 docx 模組後，利用 docx.Document() 方法可以建立 docx 物件讀取指定的 docx 檔，每個 docx 檔案包含多個 paragraphs 段落，可以 text 屬性讀取 paragraphs 段落內容。

例如：讀取「簡介 .docx 」檔並顯示所有段落內容。(<readdocx.py>)

```
import docx
doc = docx.Document("簡介 .docx")
for p in doc.paragraphs:
    print(p.text)
```

應用程式總覽

讀取目前目錄及子目錄下所有 docx 的 Word 文字檔，搜尋這些檔案中是否含有指定的文字內容「籃球」。

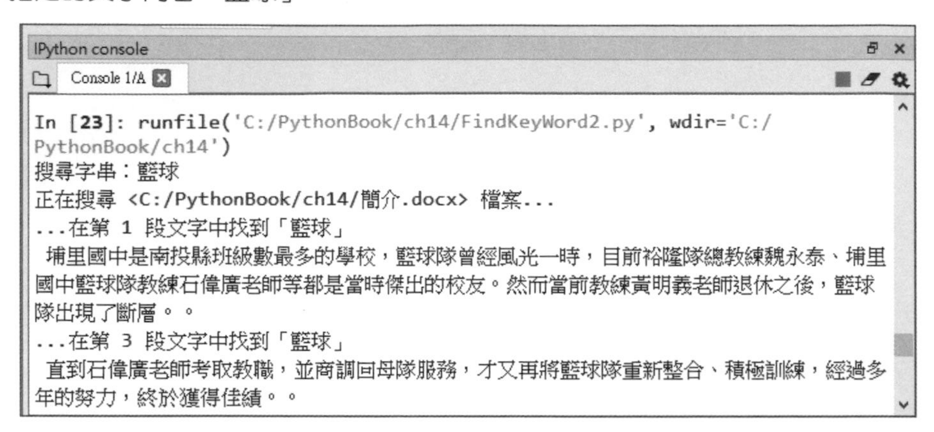

IPython console
Console 1/A
In [23]: runfile('C:/PythonBook/ch14/FindKeyWord2.py', wdir='C:/PythonBook/ch14')
搜尋字串：籃球
正在搜尋 <C:/PythonBook/ch14/簡介.docx> 檔案...
...在第 1 段文字中找到「籃球」
埔里國中是南投縣班級數最多的學校，籃球隊曾經風光一時，目前裕隆隊總教練魏永泰、埔里國中籃球隊教練石偉廣老師等都是當時傑出的校友。然而當前教練黃明義老師退休之後，籃球隊出現了斷層。。
...在第 3 段文字中找到「籃球」
直到石偉廣老師考取教職，並商調回母隊服務，才又再將籃球隊重新整合、積極訓練，經過多年的努力，終於獲得佳績。。

應用程式內容

程式碼：ch14\FindKeyWord2.py

```
1   import os,docx
2   cur_path=os.path.dirname(__file__) # 取得目前路徑
3   sample_tree=os.walk(cur_path)
4
5   keyword=" 籃球 "
6   print(" 搜尋字串：{}" .format(keyword))
7
8   for dirname,subdir,files in sample_tree:
9       allfiles=[]
10      for file in files:  # 取得所有 .docx 檔，存入 allfiles 串列中
11          ext=file.split('.')[-1]
12          if ext=="docx": # get *.docx to allfiles
13              allfiles.append(dirname +'/'+file)
14
15      for file in allfiles:
16          print(" 正在搜尋 <{}> 檔案 ...".format(file))
17          try:
18              doc = docx.Document(file)
19              line=0
20              for p in doc.paragraphs:
21                  line+=1
```

```
22              if keyword in p.text:
23                  print("... 在第 {} 段文字中找到「{}」\n {}。"
                      .format(line,keyword,p.text))
24          except:
25              print(" 無法讀取 {} 檔案 ..." .format(file))
26
27  print("\n 搜尋完畢 ...")
```

程式說明

- 1、18　匯入 docx 模組，建立 docx 物件。
- 8~13　讀取所有 docx 檔，存入 allfiles 串列中。
- 15~25　逐一讀取所有檔案，讀取檔案最好以 try...except 補捉錯誤，以防程式中止。
- 20~23　逐一讀取所有段落比對是否找到指定的文字。

比較好的搜尋方式是從 Anaconda Prompt 視窗，以「python FindKeyWord3.py 搜尋文字」指令，將 <FindKeyWord3.py> 檔案以 python 編譯後執行，並且可同時搜尋 .py、.txt 和 .docx 等檔案。

例如：搜尋「shutil」文字。

```
python FindKeyWord3.py shutil
```

例如：搜尋「籃球」文字。

```
python FindKeyWord3.py 籃球
```

請注意：Python 應用程式 <FindKeyWord3.py> 的路徑不可以包含中文路徑，本例是將書附光碟中第 <ch14> 章所有內容複製到 <C:\PythonBook> 目錄下，即 <C:\PythonBook\ch14>，然後開啟 Anaconda Prompt 視窗執行。如下：

```
C:\WINDOWS\system32\cmd.exe

C:\PythonBook\ch14>python FindKeyWord3.py shutil
C:\PythonBook\ch14
在 C:\PythonBook\ch14/FindKeyWord.py，第 4 列找到「shutil」。
在 C:\PythonBook\ch14/FindKeyWord3.py，第 4 列找到「shutil」。
在 C:\PythonBook\ch14/mp3Copy.py，第 1 列找到「shutil」。
在 C:\PythonBook\ch14/mp3Copy.py，第 34 列找到「shutil」。
在 C:\PythonBook\ch14/photoRenum.py，第 1 列找到「shutil」。
在 C:\PythonBook\ch14/photoRenum.py，第 29 列找到「shutil」。
在 C:\PythonBook\ch14/shutil_1.py，第 1 列找到「shutil」。
在 C:\PythonBook\ch14/shutil_1.py，第 4 列找到「shutil」。
C:\PythonBook\ch14\data/~$簡介.docx 無法讀取...
完成...

C:\PythonBook\ch14>python FindKeyWord3.py 籃球
C:\PythonBook\ch14
在 C:\PythonBook\ch14/FindKeyWord2.py，第 5 列找到「籃球」。
...在第 1 段文字中找到「籃球」
```

完整程式請參考 <FindKeyWord3.py>，因大部程式碼已在前面說明過，這裡只列出需要對照部份。

程式碼：ch14\FindKeyWord3.py

```
1    import os,docx,sys
2
3    if len(sys.argv) == 1:
4        keyword="shutil"
5        print(" 語法：Python FindKeyWord3.py 搜尋字串 \n")
6    else:
7        keyword=sys.argv[1]
8
9   #cur_path=os.path.dirname(__file__) # 取得目前路徑
10   cur_path=os.getcwd()
```

程式說明

- 1、3　匯入 sys 模組，並以 len(sys.argv) 取得參數的個數，如果我們是在 Anaconda Prompt 視窗執行「python FindKeyWord3.py 籃球」指令，則參數的個數將是 2，索引第 0 、1 個參數分別是「FindKeyWord3.py」和「籃球」。
- 7　設定索引第 1 個參數為「籃球」搜尋字串。
- 10　改用 os.getcwd() 取得現在的路徑名稱。

程式碼：ch14\FindKeyWord3.py

```
21       if len(allfiles)>0:
22           for file in allfiles:  # 讀取 allfiles 串列所有檔案
23               try:
24                   if file.split('.')[-1]=="docx": # .docx
25~30                    處理 docx 搜尋
31                   else:  # .py or .txt
32~39                    處理 .py or .txt 搜尋
40               except:
41                   print("{} 無法讀取 ..." .format(file)
```

- 21~41　同時加入 .docx、.py 和 .txt 檔的搜尋。

實戰：音樂播放器

Python 也有處理多媒體檔案的能力，除了圖片之外，音樂、音效的播放也很重要。

如果要播放音效，可以利用 pygame 模組中的 mixer 物件。mixer 物件中可以使用 Sound 和 music 物件進行音效的播放。不同的是 Sound 物件適合播放較短的音效，如 OGG 和 WAV 音效檔；而 music 物件除了也可以播放 OGG 和 WAV 音效檔，也可以播放時間較久的 MP3 音效檔，並進行相關的控制。

15.1 關於音樂與音效的播放

pygame 是一個適合開發遊戲的模組，可以建立包括標籤、按鈕、圖形等視窗介面的應用程式。此外，使用 pygame 模組也可以播放音效。

15.1.1 使用 pygame 模組

首先必須安裝 pygame 模組，如下：

```
pip install -v pygame==1.9.4
```

安裝 pygame 模組之後，即可以匯入模組，並從 pygame 匯入 mixer 物件。

```
from pygame import mixer
```

15.1.2 mixer 物件

mixer 物件可以播放音效，使用 mixer 前必須以 init() 初始化。

```
from pygame import mixer
mixer.init()
```

mixer 物件中提供 Sound 和 music 物件可以播放音效，其中 Sound 可播放 OGG 和 WAV 等音效檔，較適合播放短的音效，而 music 除了可以播放 OGG 和 WAV 音效檔，也可以播放 MP3 音效檔，較適合播放長的音效。

音效檔不可使用中文

請注意：不管是 **Sound** 或 **music** 物件，其播放的音效檔名不可使用中文，否則執行會產生錯誤。

15.2 音效播放

15.2.1 Sound 物件

mixer 物件的 Sound 方法可以建立 Sound 物件，再利用 Sound 物件播放音效。語法：

```
物件 = mixer.Sound(音效檔名)
```

例如：建立 Sound 物件 sound ，播放 <hit.wav> 音效一次。(<sound1.py>)

```
from pygame import mixer
mixer.init()
sound = mixer.Sound("wav/hit.wav")
sound.play()
```

利用 Sound 提供的方法，可以控制音效的播放，Sound 物件提供下列方法：

方法	說明
play(loops=0)	播放音效，loops 表示播放次數，預設為 0 表示播放 1 次，loops=5 可播放 6 次，loops=-1 可重複播放。
stop()	結束播放。
set_volume(value)	設定播放的音量，音量由最小至最大為 0.0 ~ 1.0。
get_volume(value)	取得目前播放的音量。

15.2.2 實戰：音效播放器

接著在這個範例中要利用 Sound 物件實做一個音效播放器。

應用程式總覽

程式在執行後預設會將 WAV 音效檔載入清單中，按下選項 **1** 即可開始播放，同時顯示「正在播放 xxx 音效訊息」。

播放過程中，可以按下選項 **2** 、**3** 播放清單中的上一首、下一首音效，按選項 **4** 停止播放，按選項 **5** 則會結束應用程式並結束音效播放。

```
IPython console
Console 1/A
wav 播放器
-------------------------------------
1. 播  放
2. 上一首
3. 下一首
4. 停止播放
0. 結束程式
-------------------------------------

請輸入您的選擇：1
```

應用程式內容

程式碼：ch14\wavPlayer.py

```
...
25  ### 主程式從這裡開始 ###
26
27  from pygame import mixer
28  import glob,os
29  mixer.init()
30
31  source_dir = "wav/"
32  wavfiles = glob.glob(source_dir+"*.wav")
33  index=0
34  status=""
35  sound = mixer.Sound(wavfiles[index])
36
37  while True:
38      menu(status)
39      choice = int(input("請輸入您的選擇："))
40      if choice==1:
41           playwav(wavfiles[index])
42      elif choice==2:
43          index +=1
44          if index==len(wavfiles):
45              index=0
46          playNewwav(wavfiles[index])
47      elif choice==3:
48          index -=1
49          if index<0:
50              index=len(wavfiles)-1
```

```
51            playNewwav(wavfiles[index])
52        elif choice==4:
53            sound.stop()
54            status="停止播放"
55        else:
56            break
57
58    sound.stop()
59    print("程式執行完畢！")
```

程式說明

- 31~32　載入 wav 檔到 wavfiles 清單中。
- 35　建立 Sound 音效播放物件。
- 40~41　輸入 1 以自訂的 playwav() 程序播放音效檔。
- 42~51　輸入 2 或 3 以自訂的 playNewwav() 程序重新載入音效檔，並重新播放音效。
- 52~54　輸入 4 以 stop() 方法停止音效播放。

程式碼：ch14\wavPlayer.py

```
1   def menu(status):
2       os.system("cls")
3       print("wav 播放器  {}".format(status))
4       print("----------------------------------------")
5       print("1. 播  放 ")
6       print("2. 上一首 ")
7       print("3. 下一首 ")
8       print("4. 停止播放 ")
9       print("0. 結束程式 ")
10      print("----------------------------------------")
11
12  def playwav(song):
13      global status,sound
14      sound = mixer.Sound(wavfiles[index])
15      sound.play(loops = 0)
16      status=" 正在播放 {}".format(wavfiles[index])
17
18  def playNewwav(song):
19      global status,sound
20      sound.stop()
21      sound = mixer.Sound(wavfiles[index])
22      sound.play(loops = 0)
23      status=" 正在播放 {}".format(wavfiles[index])
```

程式說明

- 1~10　建立功能表。
- 12~16　播放音效檔一次，並顯示正在播放的音效檔名。
- 18~23　停止目前播放的音效，重新載入音效檔並播放。

15.3 音樂播放

15.3.1 music 物件

music 除了可以播放 OGG 和 WAV 音效檔，也可以播放 MP3 音效檔，較適合播放長的音效，而且可以調整音效播放的位置和暫停播放，功能較 Sound 物件強大。

mixer 的 music 物件提供下列方法：

方法	說明
load(filename)	停止原來播放的歌曲，載入檔名為 filename 的歌曲。
play(loops=0, start=0.0)	播放歌曲，loops 表示播放次數，預設為 0 表示播放 1 次，loops=5 可播放 6 次，loops=-1 可重複播放。
stop()	結束播放。
pause()	暫停播放。
unpause()	以 pause() 暫停，要繼續播放必須使用 unpause()。
set_volume(value)	音量由最小至最大為 0.0 ~ 1.0。
get_busy()	檢查歌曲是否已播放，True 為已播放，Flase 未播放。

例如：播放 <mario.mp3> 歌曲一次。(<music1.py>)

```
from pygame import mixer
mixer.init()
mixer.music.load('mp3/mario.mp3')
mixer.music.play()
```

15.3.2 實戰：MP3 音樂播放器

接著在這個範例中要利用 music 物件實做一個 MP3 音樂播放器。

應用程式總覽

從歌曲清單中，選擇指定的歌曲，按下 **播放** 鈕即可開始播放，同時顯示「正在播放 xxx 歌曲訊息」。

歌曲播放的過程中，可以暫停、停止播放，也可以調整聲音大小，按下 **結束** 鈕則會結束應用程式並結束音效播放。

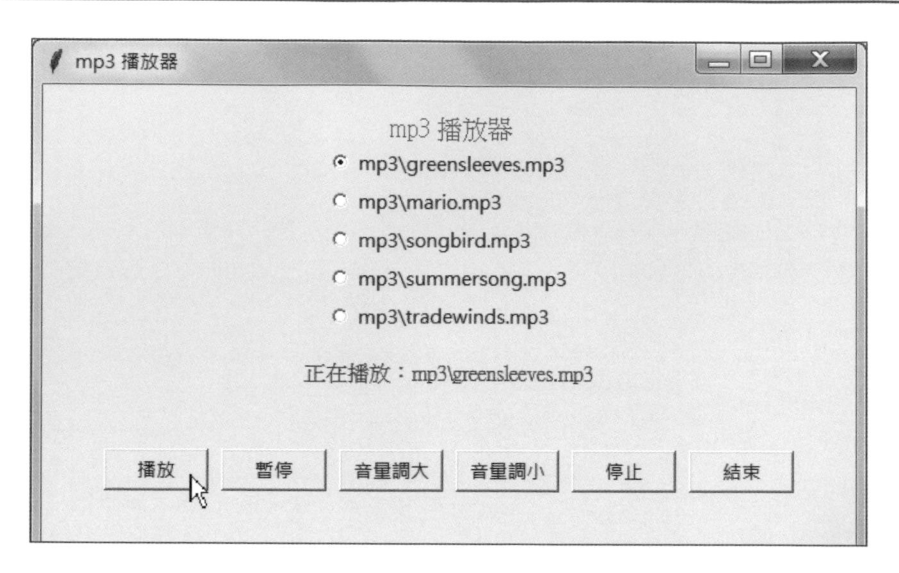

應用程式內容

程式碼：ch14\mp3Play.py

```
...
52    ### 主程式從這裡開始 ###
53
54    import tkinter as tk
55    from pygame import mixer
56    import glob
57
58    mixer.init()
59    win=tk.Tk()
60    win.geometry("640x380")
61    win.title("mp3 播放器 ")
62
63    labeltitle = tk.Label(win, text="\nmp3 播放器 ",
        fg="red",font=(" 新細明體 ",12))
64    labeltitle.pack()
65
66    frame1 = tk.Frame(win)   # mp3 歌曲容器
67    frame1.pack()
68
69    source_dir = "mp3/"
70    mp3files = glob.glob(source_dir+"*.mp3")
71
```

```
72  playsong=preplaysong = ""
73  index = 0
74  volume=0.6
75  choice = tk.StringVar()
76
77  for mp3 in mp3files:  #建立歌曲選項按鈕
78      rbtem = tk.Radiobutton(frame1,text=mp3,variable=choice,
          value=mp3,command=choose)
79      if(index==0):  #選取第 1 個選項按鈕
80          rbtem.select()
81          playsong=preplaysong=mp3
82      rbtem.grid(row=index, column=0, sticky="w")
83      index += 1
84
85  msg = tk.StringVar()
86  msg.set("\n 播放歌曲：")
87  label = tk.Label(win, textvariable=msg,fg="blue",font=("新細明體",10))
88  label.pack()
89  labelsep = tk.Label(win, text="\n")
90  labelsep.pack()
91
92  frame2 = tk.Frame(win)  # 按鈕容器
93  frame2.pack()
94  button1 = tk.Button(frame2, text=" 播放 ", width=8,command=playmp3)
95  button1.grid(row=0, column=0, padx=5, pady=5)
96  button2 = tk.Button(frame2, text=" 暫停 ", width=8,command=pausemp3)
97  button2.grid(row=0, column=1, padx=5, pady=5)
98  button3 = tk.Button(frame2,text="音量調大", width=8,command=increase)
99  button3.grid(row=0, column=2, padx=5, pady=5)
100 button4 = tk.Button(frame2,text="音量調小", width=8,command=decrease)
101 button4.grid(row=0, column=3, padx=5, pady=5)
102 button5 = tk.Button(frame2, text=" 停止 ", width=8,command=stopmp3)
103 button5.grid(row=0, column=4, padx=5, pady=5)
104 button6 = tk.Button(frame2, text=" 結束 ", width=8,command=exitmp3)
105 button6.grid(row=0, column=5, padx=5, pady=5)
106 win.protocol("WM_DELETE_WINDOW", exitmp3)
107 win.mainloop()
```

程式說明

- **77~83** 建立歌曲選項按鈕。
- **85~88** 建立顯示播放歌曲的 label。

- 92~105　建立 6 個按鈕。
- 106　按視窗右上角的 [x] 鈕會觸發 exitmp3 自訂函式，結束應用程式，並強制將音樂停止。

程式碼：ch14\mp3Play.py

```
1   def choose(): # 選曲
2       global playsong
3       msg.set("\n 播放歌曲：" + choice.get())
4       playsong=choice.get()
5
6   def pausemp3(): # 暫停
7       mixer.music.pause()
8       msg.set("\n 暫停播放 {}".format(playsong))
9
10  def increase(): # 音量大
11      global volume
12      volume +=0.1
13      if volume>=1:
14          volume=1
15      mixer.music.set_volume(volume)
16
17  def decrease(): # 音量小
18      global volume
19      volume -=0.1
20      if volume<=0.3:
21          volume=0.3
22      mixer.music.set_volume(volume)
23
24  def playmp3(): # 播放
25      global status,playsong,preplaysong
26      if playsong==preplaysong: # 同一首歌曲
27          if not mixer.music.get_busy():
28              mixer.music.load(playsong)
29              mixer.music.play(loops=-1)
30          else:
31              mixer.music.unpause()
32          msg.set("\n 正在播放：{}".format(playsong))
33      else: # 更換歌曲
34          playNewmp3()
35          preplaysong=playsong
36
```

```
37    def playNewmp3(): #播放新曲
38        global playsong
39        mixer.music.stop()
40        mixer.music.load(playsong)
41        mixer.music.play(loops=-1)
42        msg.set("\n正在播放：{}".format(playsong))
43
44    def stopmp3(): #停止播放
45        mixer.music.stop()
46        msg.set("\n停止播放")
47
48    def exitmp3(): # 結束
49        mixer.music.stop()
50        win.destroy()
```

程式說明

- 1~4　自訂函式 choose 選擇播放的歌曲。
- 6~8　自訂函式 pausemp3 暫停播放歌曲。
- 10~15　自訂函式 increase 將音量調大，音量大小設定由 0.3~1.0。
- 17~22　自訂函式 decrease 將音量調小。
- 24~35　自訂函式 playmp3 播放歌曲。
- 26　判斷按下 **播放** 鈕時，是否是同首歌曲。
- 27　以 mixer.music.get_busy() 檢查該歌曲是否正在播放，若是就以 mixer.music.unpause() 繼續播放，否則重新載入歌曲並播放。
- 33~35　如果不是同一首歌曲，表示使用者點選選項鈕改變了選擇的歌曲，這時就要使用 playNewmp3 播放新曲。
- 37~42　自訂函式 playNewmp3 播放新的歌曲。
- 44~46　自訂函式 stopmp3 停止播放。
- 48~50　自訂函式 exitmp3 結束應用程式，強制將音樂停止並關閉視窗。

Memo

Chapter 16

實戰：自動化高鐵訂票

Chrome 瀏覽器的 Katalon Recorder 擴充功能可以產生讓 Selenium 執行的程式碼，使得 Selenium 能夠以程式輕鬆完成網頁自動化。

Selenium 提供許多方法取得網頁元素 (element)，取得的網頁元素其 location 屬性儲存該網頁元素的位置 (x、y 座標)，size 屬性儲存該網頁元素的大小 (長度及寬度)，我們可以利用這些資訊擷取網頁元素圖形。

本專題採取變通的方式：先擷取高鐵訂票網頁的驗證碼圖形，接著顯示驗證碼圖形讓使用者輸入，其餘訂票過程就由程式自動完成。

16.1 Katalon Recorder 擴充功能

第六章提及 Selenium 模組可讓網頁自動化，而 Chrome 瀏覽器的 Katalon Recorder 擴充功能可以產生讓 Selenium 執行的程式碼，使得 Selenium 網頁自動化能夠以程式輕鬆完成。

16.1.1 安裝 Katalon Recorder

Katalon Recorder 的主要功能是記錄瀏覽器操作過程，並且輸出成各種程式語言程式碼。

安裝 Katalon Recorder 的操作為：開啟 Chrome 瀏覽器，按右上角 ⋮ 鈕，點選 **更多工具 / 擴充功能**。

按左上角 ☰ 鈕，點選 **開啟 Chrome 線上應用程式**，於搜尋文字方塊輸入「Katalon Recorder」後按 **Enter** 鍵。

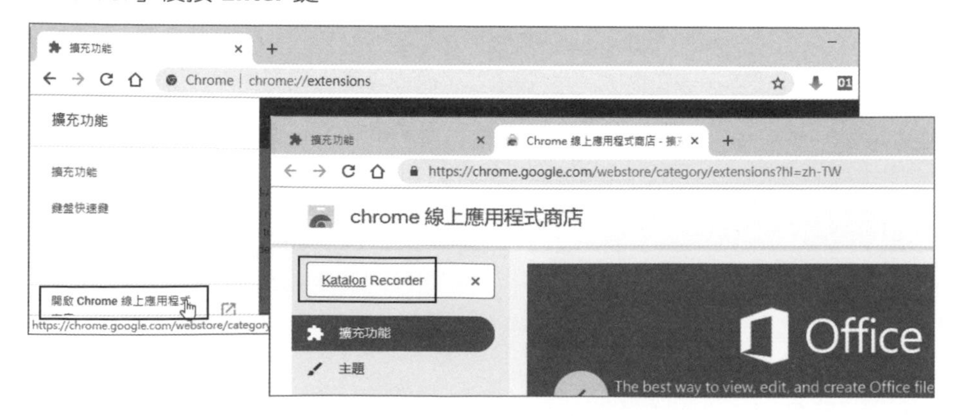

於第一個項目 **Katalon Recorder (Selenium)** 按 **加到 Chrome** 鈕，於確認對話方塊按 **新增擴充功能** 鈕就完成安裝。

安裝完成後在瀏覽器右上方會新增 Katalon Recorder 圖示。

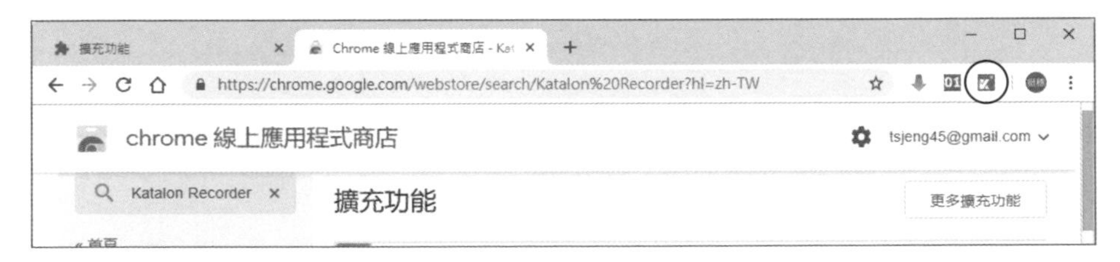

16.1.2 **使用 Katalon Recorder**

以高鐵訂票首頁操作示範 Katalon Recorder 記錄瀏覽器操作過程並輸出程式碼：在 Chrome 瀏覽器開啟「https://irs.thsrc.com.tw/IMINT/」高鐵訂票首頁，點按 圖示開啟 Katalon Recorder，點選 **Record** 開始記錄瀏覽器操作。

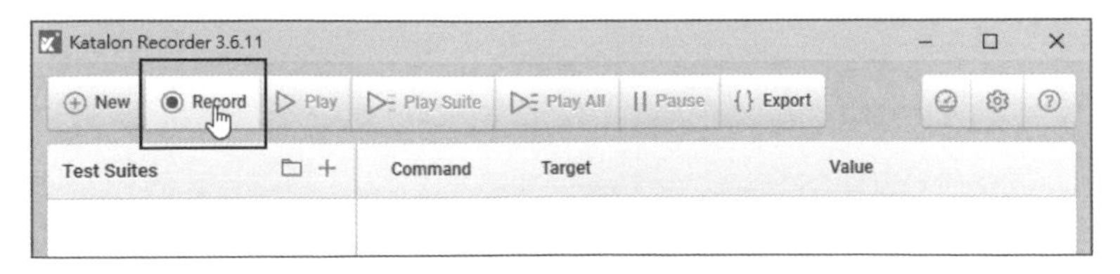

在瀏覽器進行以下操作：

1. 在首頁按 **我同意** 鈕。
2. 在 **起程站** 下拉式選單點選 **台北**。
3. 在 **到達站** 下拉式選單點選 **台中**。
4. **車廂種類** 欄位點選 **商務車廂**。
5. **座位喜好** 欄位點選 **靠窗優先**。

6. **訂位方式** 欄位點選 **直接輸入車次號碼**。

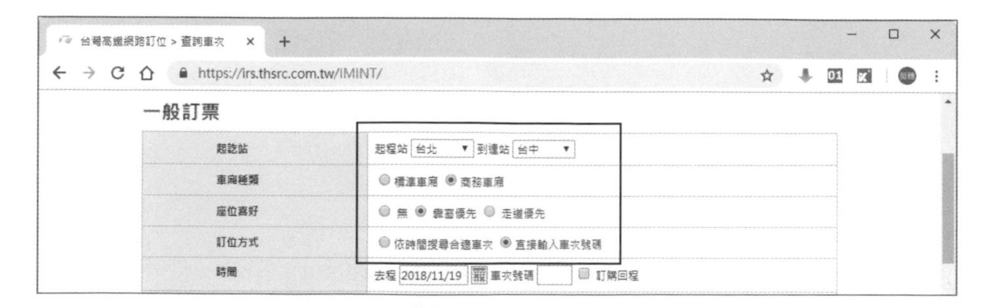

切換到 Katalon Recorder，點選 **Stop** 停止記錄瀏覽器操作。

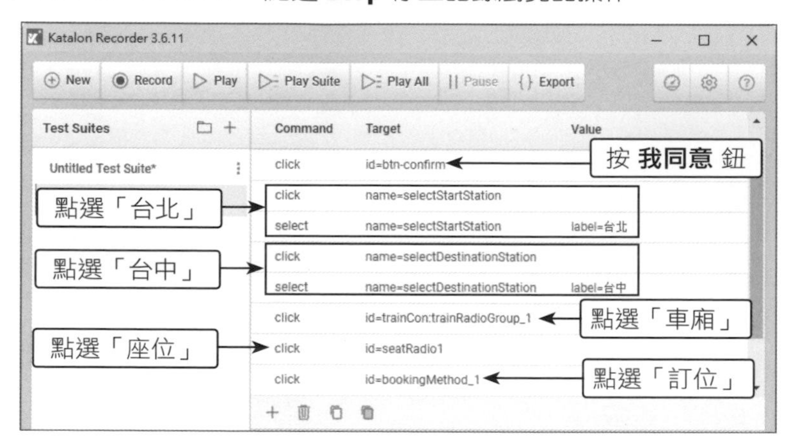

點選上方 **Export** 鈕，於 **Export Test Case as Script** 對話方塊中 **Format** 欄位下拉式選單點選 **Python 2 (Webdrive + unittest)**，下方就會顯示 Python 2 程式碼，程式碼位於 test_untitled_test_case 函式中，複製下面方框內程式碼，下一小節將會使用。目前 Katalon Recorder 只支援 Python 2.x。

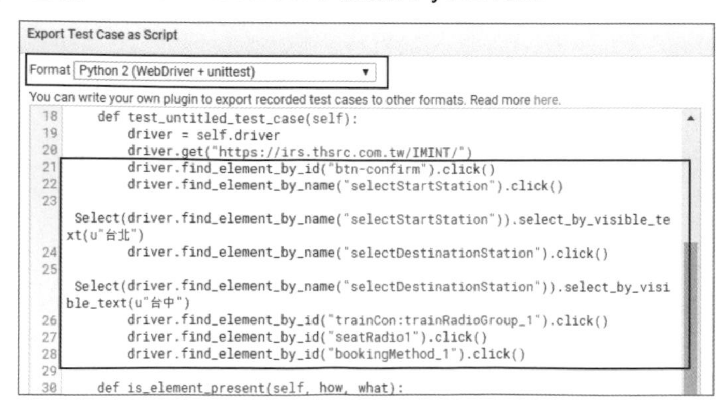

16.1.3 以程式操作瀏覽器

有了 Katalon Recorder 產生的程式碼，就可以撰寫程式來進行瀏覽器操作。

產生的程式碼是以「Select」來執行下拉式選單選取動作：

```
Select(driver.find_element_by_name("selectStartStation")).
  select_by_visible_text(u" 台北 ")
```

但 Python 3 不支援「Select」，因此必須改寫「Select」指令。使用開發者工具觀察 **起程站** 及 **到達站** 的原始碼雷同，都是使用「option」來建立選項，因此可用「find_element_by_xpath」來尋找選項。

起程站

```
<select name="selectStartStation" class="text1"> == $0
  <option selected="selected" value>請選擇...</option>
  <option value="1">南港</option>
  <option value="2">台北</option>
  <option value="3">板橋</option>
  <option value="4">桃園</option>
  <option value="5">新竹</option>
  <option value="6">苗栗</option>
  <option value="7">台中</option>
  <option value="8">彰化</option>
  <option value="9">雲林</option>
  <option value="10">嘉義</option>
  <option value="11">台南</option>
  <option value="12">左營</option>
</select>
```

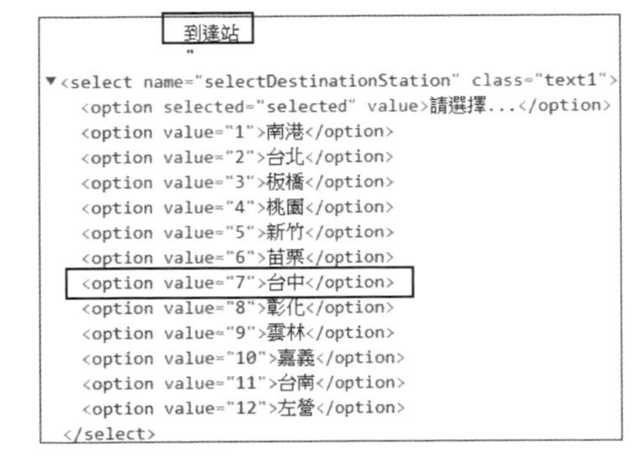
到達站

```
<select name="selectDestinationStation" class="text1">
  <option selected="selected" value>請選擇...</option>
  <option value="1">南港</option>
  <option value="2">台北</option>
  <option value="3">板橋</option>
  <option value="4">桃園</option>
  <option value="5">新竹</option>
  <option value="6">苗栗</option>
  <option value="7">台中</option>
  <option value="8">彰化</option>
  <option value="9">雲林</option>
  <option value="10">嘉義</option>
  <option value="11">台南</option>
  <option value="12">左營</option>
</select>
```

起程站 的「台北」站程式碼為：

```
driver.find_element_by_xpath("(//option[@value='2'])[1]").click()
```

表示選取第一個 ([1])「option」標籤、value 屬性值為 2 的項目。

到達站 的「台中」站程式碼為：

```
driver.find_element_by_xpath("(//option[@value='7'])[2]").click()
```

表示選取第二個 ([2])「option」標籤、value 屬性值為 7 的項目。

ch16\katalon1.py

```
1 from selenium import webdriver
2 from time import sleep
3
4 url = 'https://irs.thsrc.com.tw/IMINT/'   # 高鐵訂票網頁
5 driver = webdriver.Chrome()
6 driver.get(url)
```

```
 7 sleep(1)  #加入等待
 8
 9 delay = 0.3
10 driver.find_element_by_id("btn-confirm").click()
11 sleep(delay)
12 driver.find_element_by_name("selectStartStation").click()
13 sleep(delay)
14 #Select(driver.find_element_by_name("selectStartStation")).
     select_by_visible_text(u"台北")
15 driver.find_element_by_xpath("(//option[@value='2'])[1]").click()
16 sleep(delay)
17 driver.find_element_by_name("selec DestinationStation").click()
18 sleep(delay)
19 #Select(driver.find_element_by_name("selectDestinationStation")).
     select_by_visible_text(u"台中")
20 driver.find_element_by_xpath("(//option[@value='7'])[2]").click()
21 sleep(delay)
22 driver.find_element_by_id("trainCon:trainRadioGroup_1").click()
23 sleep(delay)
24 driver.find_element_by_id("seatRadio1").click()
25 sleep(delay)
26 driver.find_element_by_id("bookingMethod_1").click()
```

14 及 19 列是 Katalon Recorder 產生的程式碼，執行時會有錯誤；15 及 20 列為修正的程式碼。由於程式執行速度太快，操作瀏覽器需要少許時間，因此在每個操作的程式列後面都加入延遲時間 (sleep(delay))，否則程式容易發生錯誤。

執行時會開啟瀏覽器依序執行前一小節的瀏覽器操作 (起始站選「台北」、到達站選「台中」等)，如果看不清瀏覽器變動情形，可將第 9 列 delay 變數值加大 (如 delay=1)，就可讓操作速度變慢。

安裝 Selenium 及 chromedriver.exe

執行本程式需安裝 Selenium 模組及 chromedriver.exe 驅動程式，若尚未安裝，請參考第六章安裝 Selenium 及 chromedriver.exe 才能正常執行程式。

16.2 擷取網頁元素圖形

Selenium 提供許多方法取得網頁元素 (element) 及屬性，我們可以利用這些資訊擷取網頁元素圖形。

16.2.1 儲存瀏覽器頁面圖形

擷取網頁元素圖形的第一步是先將瀏覽器頁面儲存為圖形檔案，再由此圖形擷取網頁元素圖形。要注意系統設定的顯示器文字大小會影響網頁元素的位置，如果在放大顯示器文字情況下儲存瀏覽器頁面圖形，會造成網頁元素圖形擷取錯誤。目前很多筆電預設會放大顯示器文字，必須先將顯示器文字調整為正常尺寸。調整顯示器文字的方法為：執行 **開始 / 設定**。於 **顯示器 / 變更主要顯示器上的應用程式及文字大小** 下拉式選單中點選 **100%**。

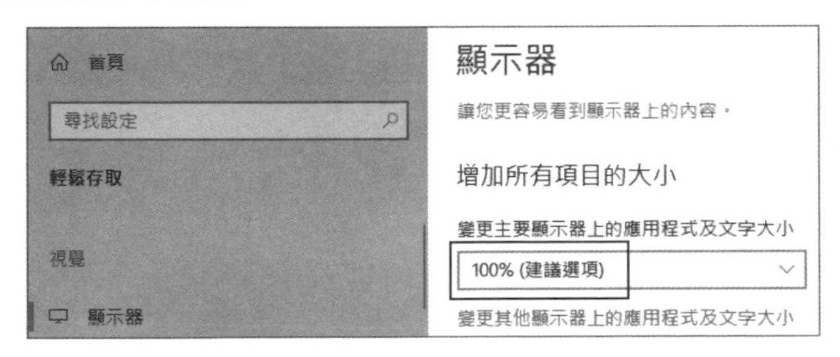

儲存瀏覽器頁面圖形的程式為：

ch16\getBrowerImage.py

```
 1 from selenium import webdriver
 2 from time import sleep
 3
 4 url="http://irs.thsrc.com.tw/IMINT"
 5 driver=webdriver.Chrome()
 6 driver.get(url)
 7 driver.maximize_window()
 8 driver.find_element_by_id("btn-confirm").click()
 9 sleep(0.3)
10 driver.save_screenshot("wholepage.png")
```

程式說明

- 1-2　含入 Selenium 及 time 模組。
- 4-6　開啟台灣高鐵訂票網頁。

- 7　　將瀏覽器顯示最大化。
- 8-9　　按 **我同意** 鈕。
- 10　　儲存瀏覽器顯示頁面，檔名為 <wholepage.png>。

16.2.2 擷取圖形

擷取一張圖片的部分圖形是使用 pillow 模組的 crop 方法，pillow 模組在安裝 Anaconda 時已自動安裝，只要匯入即可使用：

```
from PIL import Image
```

首先使用 pillow 模組開啟圖片檔案，語法為：

```
圖片變數 = Image.open(圖片路徑)
```

例如開啟 <test.jpg> 後存於 img 變數：

```
img = Image.open("test.jpg")
```

接著使用 crop 方法擷取指定範圍圖片，語法為：

```
圖片變數.crop((左上角x座標, 左上角y座標, 右下角x座標, 右下角y座標))
```

例如擷取 img 圖片中 (50,50) 到 (200,200) 的圖像存於 img2 變數：

```
img2 = img.crop((50, 50, 200, 200))
```

要擷取網頁元素圖形需先得知網頁元素位置。取得網頁元素的方法，以高鐵訂票網頁取得最上方標頭為例，以開發者工具得知標頭的 id 為「header」：

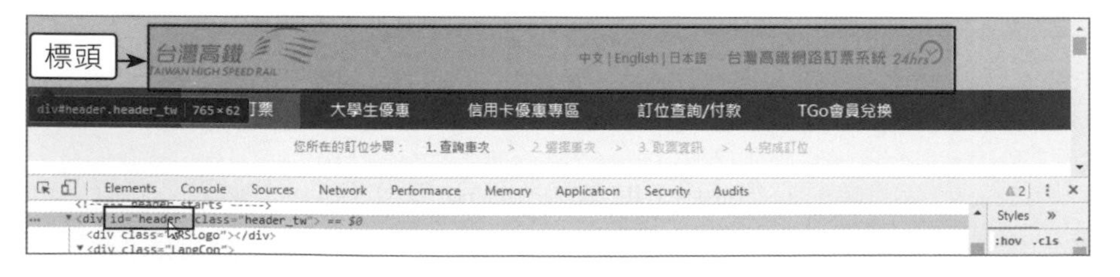

可以使用 Selenium 的 find_element_by_id 取得 id 為「header」的元素：

```
element=driver.find_element_by_id('header')
```

「element」為變數名稱。

element 的 location 屬性儲存元素的左上角座標：location['x'] 為左上角 x 座標，location['y'] 為左上角 y 座標。

element 的 size 屬性儲存元素的尺寸：size['width'] 為元素寬度，size['height'] 為元素高度。元素的左上角 x 座標加上元素寬度就是元素右下角 x 座標，左上角 y 座標加上元素高度就是元素右下角 y 座標，如此就可擷取網頁元素圖形。

最後以 save 方法儲存檔案，語法為：

```
圖片變數 .save( 存檔路徑 )
```

程式碼：ch16\getElementImage.py

```
 1 from selenium import webdriver
 2 from PIL import Image
 3 from time import sleep
 4 
 5 url="http://irs.thsrc.com.tw/IMINT"
 6 driver=webdriver.Chrome()
 7 driver.get(url)
 8 driver.maximize_window()
 9 driver.find_element_by_id("btn-confirm").click()
10 sleep(0.3)
11 driver.save_screenshot("wholepage.png")
12 element=driver.find_element_by_id('header')  #取得網頁元素
13 #取得網頁元素位置
14 left=element.location['x']
15 top=element.location['y']
16 right=element.location['x'] + element.size['width']
17 bottom=element.location['y'] + element.size['height']
18 
19 img=Image.open("wholepage.png")
20 img2=img.crop((left,top,right,bottom))
21 img2.save('crop.png')
```

程式說明

- 2　擷圖處理必須使用 PIL 模組 (pillow 模組)。
- 12　以 find_element_by_id 方法依 id 找到「header」網頁元素。
- 14-15　取得網頁元素的左上角位置。
- 16-17　計算網頁元素的右下角位置。
- 19　讀入瀏覽器網頁圖片。
- 20　依照網頁元素位置擷取圖片。
- 21　將擷取的圖片存至 <crop.png> 檔。

16.3 實戰：自動化高鐵訂票

高鐵訂票需輸入驗證碼，此驗證碼相當難破解。本專題採取變通的方式：先擷取高鐵訂票網頁的驗證碼圖形，接著顯示驗證碼圖形讓使用者輸入，其餘訂票過程就由程式自動完成。

16.3.1 應用程式總覽

本專題使用 simple-imshow 模組顯示驗證碼圖形讓使用者觀看以便填寫驗證碼，因此需先安裝 simple-imshow 模組。在命令提示字元視窗輸入下面指令安裝：

```
pip install simple-imshow
```

執行 <THSRticket1.py> 前請確認顯示器文字設定為正常尺寸 (100%，設定方式請參考前一小節)。另外要在 60 列程式輸入身分證字號。

程式執行後會自動開啟高鐵訂票網頁，請回到 Spyder，在右下角 **IPython Console** 視窗會顯示驗證碼圖形，輸入驗證碼後按 **Enter** 鍵。

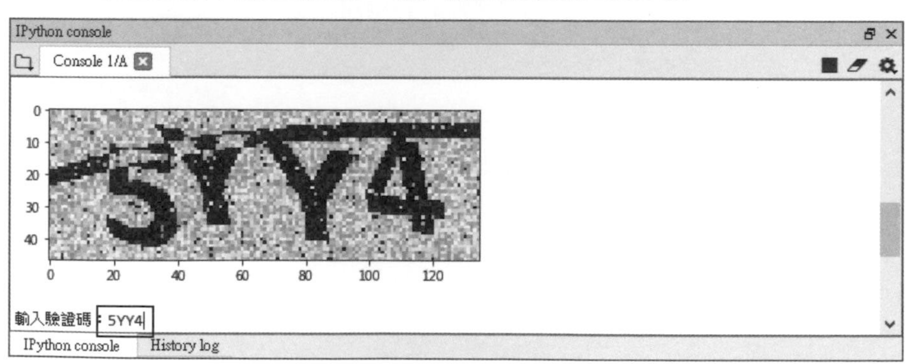

立刻回到瀏覽器，瀏覽器會自動完成所有訂票程序。

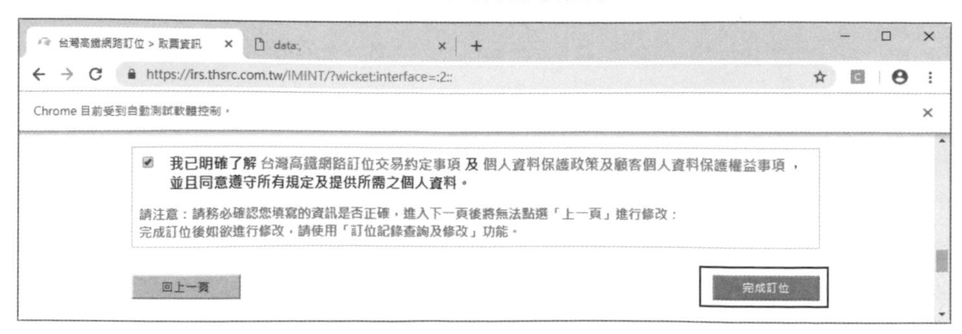

書附光碟程式刻意將程序停在訂單尚未送出狀態 (沒有按 **完成訂票** 鈕)，以免測試時訂了一堆高鐵車票。使用者若真的要訂車票，可將程式第 72 列註解移除，即可自動完成訂票。

16.3.2 訂票程式碼

本專題程式 26-72 列為使用 Chrome 的 Katalon Recorder 產生的程式碼，其中第 28、32 及 42 列下拉選單原始程式為「Select」語法，已將其修改為「find_element_by_xpath」語法。

程式碼：ch16\THSRticket1.py

```
 1 from selenium import webdriver
 2 from time import sleep
 3 from PIL import Image
 4 from simshow import simshow  #以 pip install simple-imshow 安裝模組
 5
 6 delay = 0.3
 7 url = 'https://irs.thsrc.com.tw/IMINT/'  #高鐵訂票網頁
 8 driver = webdriver.Chrome()
 9 driver.maximize_window()
10 driver.get(url)
11 sleep(delay)  #加入等待
12 driver.find_element_by_id("btn-confirm").click()
13 sleep(delay)
14 driver.save_screenshot('tem.png')  #擷取螢幕後存檔
15 captchaid = driver.find_element_by_id('BookingS1Form_
     homeCaptcha_passCode')  #驗證碼圖形 id
16 #取得圖形位置
17 x1 = captchaid.location['x']
18 y1 = captchaid.location['y']
19 x2 = x1 + captchaid.size['width']
20 y2 = y1 + captchaid.size['height']
21 image1 = Image.open('tem.png')  #讀取螢幕圖形
22 image2 = image1.crop((x1, y1, x2, y2))  #擷取驗證碼圖形
23 image2.save('captcha.png')  #圖形存檔
24 simshow(image2)  #顯示圖形
25 captchatext = input('輸入驗證碼：')
26
27 driver.find_element_by_name("selectStartStation").click()
28 sleep(delay)
29 driver.find_element_by_xpath("(//option[@value='2'])[1]").click()
```

```
30 sleep(delay)
31 driver.find_element_by_name("selec DestinationStation").click()
32 sleep(delay)
33 driver.find_element_by_xpath("(//option[@value='7'])[2]").click()
34 sleep(delay)
35 driver.find_element_by_id("seatRadio1").click()
36 sleep(delay)
37 driver.find_element_by_id("ToTimePicker").click()
38 sleep(delay)
39 driver.find_element_by_xpath("//tbody/tr[3]/td[3]").click()
40 sleep(delay)
41 driver.find_element_by_name("toTimeTable").send_keys("\n")
42 sleep(delay)
43 driver.find_element_by_xpath("(//option[@value='800A'])[1]").click()
44 sleep(delay)
45 driver.find_element_by_name("homeCaptcha:securityCode").send_keys("\n")
46 sleep(delay)
47 driver.find_element_by_name("homeCaptcha:securityCode").clear()
48 sleep(delay)
49 driver.find_element_by_name("homeCaptcha:securityCode").
     send_keys(captchatext)
50 sleep(delay)
51 driver.find_element_by_id("SubmitButton").click()
52 sleep(delay)
53 driver.find_element_by_xpath("(//input[@name='
     TrainQueryDataViewPanel:TrainGroup'])[3]").click()
54 sleep(delay)
55 driver.find_element_by_name("SubmitButton").click()
56 sleep(delay)
57 driver.find_element_by_id("idNumber").click()
58 sleep(delay)
59 driver.find_element_by_id("idNumber").clear()
60 sleep(delay)
61 driver.find_element_by_id("idNumber").send_keys("身分證字號")
62 sleep(delay)
63 driver.find_element_by_id("mobileInputRadio").click()
64 sleep(delay)
65 driver.find_element_by_id("mobilePhone").click()
66 sleep(delay)
67 driver.find_element_by_id("mobilePhone").clear()
68 sleep(delay)
69 driver.find_element_by_id("mobilePhone").send_keys("0922735901")
```

```
70 sleep(delay)
71 driver.find_element_by_name("agree").click()
72 sleep(delay)
73 #driver.find_element_by_id("isSubmit").click()
74 print('完成訂票！')
```

程式說明

- 4　含入顯示圖形的 simple-imshow 模組。
- 6　設定延遲時間為 0.3 秒。
- 7-8　開啟瀏覽器。
- 9　設定瀏覽器最大化。
- 10　開啟高鐵訂票網頁。
- 12-13　按 **我同意** 鈕。
- 14　將瀏覽器網頁存為 <tem.png> 圖形檔。
- 12　取得驗證碼網頁元素。
- 17-20　取得驗證碼網頁元素的左上角及右下角座標。
- 21-23　擷取驗證碼圖形存為 <captcha.png> 圖形檔。
- 24　顯示驗證碼圖形。
- 25　讓使用者輸入驗證碼。
- 27-74　自動訂票程序，由 Katalon Recorder 產生的程式碼貼入修改而成。
- 29、33　修改「Select」為「xpath」。
- 41、45　修改「click」為「send_keys("\n")」。
- 74　按 **完成訂位** 鈕的程式碼。此列註解的話就沒有送出訂票，如果要自動完成訂票就將此列程式註解取消。

建立讀者訂票程序

本專題程式操作的資料不一定符合讀者的需求，讀者可參考**16.1** 節操作自己的訂票程序，再將 **Katalon Recorder** 產生的程式碼取代 **26-74** 列程式，記得要修改「**Select**」開頭的程式碼。

也可使用 **Chrome** 開發者工具了解各列程式碼所代表的操作，依照自己需求修改網頁元素值。

Python 初學特訓班(第三版)：從快速入門到主流應用全面實戰

作　　者：文淵閣工作室 編著　鄧文淵 總監製
企劃編輯：王建賀
文字編輯：江雅鈴
設計裝幀：張寶莉
發 行 人：廖文良

發 行 所：碁峰資訊股份有限公司
地　　址：台北市南港區三重路 66 號 7 樓之 6
電　　話：(02)2788-2408
傳　　真：(02)8192-4433
網　　站：www.gotop.com.tw
書　　號：ACL056700
版　　次：2019 年 04 月三版
　　　　　2019 年 12 月三版六刷
建議售價：NT$480

國家圖書館出版品預行編目資料

Python 初學特訓班 / 文淵閣工作室編著. -- 三版. -- 臺北市：碁峰資訊, 2019.04
面；　公分
ISBN 978-986-502-101-6(平裝)
1.Python(電腦程式語言)
312.32P97　　108005124

讀者服務

- 感謝您購買碁峰圖書，如果您對本書的內容或表達上有不清楚的地方或其他建議，請至碁峰網站:「聯絡我們」\「圖書問題」留下您所購買之書籍及問題。(請註明購買書籍之書號及書名，以及問題頁數，以便能儘快為您處理)
http://www.gotop.com.tw

- 售後服務僅限書籍本身內容，若是軟、硬體問題，請您直接與軟體廠商聯絡。

- 若於購買書籍後發現有破損、缺頁、裝訂錯誤之問題，請直接將書寄回更換，並註明您的姓名、連絡電話及地址，將有專人與您連絡補寄商品。